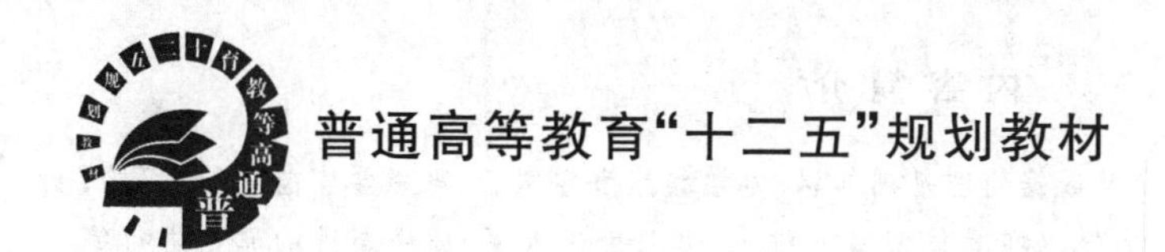

大学物理实验教程

主　编　杨　瑛

副主编　张红美　孔德国　郑文轩

北京邮电大学出版社

·北京·

内容简介

本书包括绪论；测量误差、不确定度及数据处理基础知识；力学和热力学实验；电磁学实验；光学实验；近代物理实验；设计性与研究性实验等内容。在具体实验安排上，遵照由浅入深、循序渐进的原则进行编写，保留了长期教学实践证明对培养学生科学实验能力行之有效的典型实验，又增加了近代科技中具有代表性的实验，增添了一些具有时代信息的综合性和设计性实验项目，以期进一步加强学生分析和解决实际问题能力同时，也让学生了解科学发展的新方向。

图书在版编目(CIP)数据

大学物理实验教程 / 杨瑛主编. -- 北京：北京邮电大学出版社，2015.8

ISBN 978－7－5635－4447－9

Ⅰ. ①大… Ⅱ. ①杨… Ⅲ. ①物理学—实验—高等学校—教材 Ⅳ. ①O4－33

中国版本图书馆 CIP 数据核字(2015)第 176052 号

书 名 大学物理实验教程
主 编 杨 瑛
责任编辑 张保林
出版发行 北京邮电大学出版社
社 址 北京市海淀区西土城路 10 号(100876)
电话传真 010-82333010 62282185(发行部) 010-82333009 62283578(传真)
网 址 www.buptpress3.com
电子信箱 ctrd@buptpress.com
经 销 各地新华书店
印 刷 北京泽宇印刷有限公司
开 本 787 mm×1 092 mm 1/16
印 张 12.5
字 数 312 千字
版 次 2015 年 8 月第 1 版 2015 年 8 月第 1 次印刷

ISBN 978－7－5635－4447－9 定 价：28.00 元

前　言

大学物理是一门实验性课程，大学物理实验课程的开设有助于培养学生动手操作能力和科学探索精神。通过大学物理实验可以加强学生对理论的理解、提高分析和解决实际问题的能力，是从理论到实际的结合。大学物理实验课程作为高等院校开设的一门公共必修课，对培养学生的分析问题、解决问题、动手操作能力和严谨的科学探索精神起着重要的引领作用。在实验中，学生将通过相互协作、配合完成实验，并且养成爱护公物、自觉维护实验室纪律的好习惯。

本教材共有3个章节40个实验内容，包括力学、热学、电磁学和光学各大篇章的实验内容，分为误差与数据处理、基础实验和综合设计性实验。为了方便本校学生使用，本教材中的实验仪器已经按实验室仪器更新速度进行编写，避免了以往教材与仪器不配套的不便。

本书由塔里木大学工程基础系教师杨瑛、张红美、孔德国和郑文轩共同编写、审校。教材适用于普通高等院校非物理专业的理、工、农、医类各专业的大学物理实验课教学，也可作为大学物理实验课程教学参考书。

本教材在编写过程中，得到了学校有关部门和领导的大力支持和帮助，参阅和借鉴了同类教材和相关文献资料，在此一并表示感谢！

由于时间仓促和编者水平有限，书中难免存在不妥和错误之处，恳请读者批评指正！

编者

2015年8月

目　录

第一章　误差理论及数据处理

物理实验的任务不仅是定性地观察各种自然现象，更重要的是定量地测量相关物理量。而对事物定量地描述又离不开数学方法和进行实验数据的处理。因此，误差分析和数据处理是物理实验课的基础。本章将从测量及误差的定义开始，逐步介绍有关误差和实验数据处理的方法和基本知识。误差理论及数据处理是一切实验结果中不可缺少的内容，是不可分割的两部分。误差理论是一门独立的学科。随着科学技术事业的发展，近年来误差理论基本的概念和处理方法也有很大发展。误差理论以数理统计和概率论为其数学基础，研究误差性质、规律及如何消除误差。实验中的误差分析，其目的是对实验结果作出评定，最大限度地减小实验误差，或指出减小实验误差的方向，提高测量质量，提高测量结果的可信赖程度。对低年级大学生，这部分内容难度较大，本课程尽限于介绍误差分析的初步知识，着重点放在几个重要概念及最简单情况下的误差处理方法，不进行严密的数学论证，减小学生学习的难度，有利于学好物理实验这门基础课程。

第一节　测量与误差

一、测量

物理实验是以测量为基础的。研究物理现象、了解物质特性、验证物理原理都要进行测量。测量可分直接测量和间接测量两大类。“直接测量”指无须对被测的量与其他实测的量进行函数关系的辅助计算而直接测出被测量的量。例如用天平和砝码测物体的质量、用电流计测电路中的电流等都是直接测量。“间接测量”指利用直接测量的量与被测的量之间已知的函数关系，从而得到该被测量的量。例如通过测量物体的体积和质量，再用公式计算出物体的密度。有些物理量既可以直接测量，也可以间接测量，这主要取决于使用的仪器和测量方法。

如果对某一待测量进行多次测量，假定每次测量的条件相同，即测量仪器、方法、环境和操作人员都不变，测得一组数据 $x_1, x_2, x_3, \cdots, x_n$。尽管各次测量结果并不完全相同，但没有任何理由判断某一次测量更为精确，只能认为测量的精确程度是相同的。于是将这种具有同样精确程度的测量称为等精度测量，这样的一组数据称为测量列。由于在实验中一般无法保持测量条件完全不变，所以严格的等精度测量是不存在的。当某些条件的变化对测量结果影响不大或可以忽略时，可视这种测量为等精度测量。在物理实验中，凡是要求对待测量进行多次测量的均指等精度测量，本课程中有关测量误差与数据处理的讨论，都是以等精度测量为前提的。

二、误差

任何测量结果都有误差，这是因为测量仪器、方法、环境及实验者等都不可能完美无缺。分析测量中可能产生的各种误差并尽可能消除其影响，对测量结果中未能消除的误差作出合理估计，是实验的重要内容。

待测量的大小在一定条件下都有一个客观存在的值，称为真值。真值是一个理想的概念，一般是不可知的。我们通常所说的真值主要有以下三类：

(1) 理论真值或定义真值　如三角形的三个内角之和等于180°等；

(2) 计量学约定真值　由国际计量大会决议约定的真值，如基本物理常数中的冰点绝对温度 $T_0=273.15$ K，真空中的光速 $c=2.997\,924\,58\times10^8$ m · s^{-1}等；

(3) 标准器相对真值　用比被校仪器高级的标准器的量值作为相对真值，例如，用1.0级、量程为2 A的电流表测得某电路电流为1.80 A，改用0.1级、量程为2 A的电流表测同样电流时为1.802 A，则可将后者视为前者的相对真值。

误差就是测量值 x 与真值 x_0 之差，用 Δx 表示：

$$\Delta x=x-x_0 \tag{1.1.1}$$

误差的大小反映了测量结果的准确程度。测量误差常用相对误差 E 表示：

$$E=\frac{\Delta x}{x_0}\times100\% \tag{1.1.2}$$

用误差分析的方法来指导实验的全过程，包括以下两个方面：

(1) 为了从测量中正确认识客观规律，必须分析误差的原因和性质，正确地处理测量数据，尽量消除、减少误差，确定误差范围，以便能在一定条件下得到接近真值的结果；

(2) 在设计一项实验时，先对测量结果确定一个误差范围，然后用误差分析方法指导我们合理选择测量方法、仪器和条件，以便能在最有利的条件下，获得恰到好处的预期结果。

三、系统误差

测量误差根据其性质和来源可分为系统误差和随机误差两大类。

系统误差是指在多次测量同一物理量的过程中，保持不变或以可预知方式变化的测量误差的分量。系统误差主要来源有以下几方面：

(1) 仪器的固有缺陷　如仪器刻度不准、零点位置不正确、仪器的水平或铅直未调整、天平不等臂等；

(2) 实验理论近似性或实验方法不完善　如用伏安法测电阻没有考虑电表内阻的影响，用单摆测重力加速度时取 $\sin\theta\approx\theta$ 带来的误差等；

(3) 环境的影响或没有按规定的条件使用仪器　例如标准电池是以20 ℃时的电动势数值作为标称值的，若在30 ℃条件下使用时，如不加以修正就引入了系统误差；

(4) 实验者心理或生理特点造成的误差　如计时的滞后，习惯于斜视读数等。

系统误差一般应通过校准测量仪器、改进实验装置和实验方案、对测量结果进行修正等方法加以消除或尽可能减小。发现并减小系统误差通常是一件困难的任务，需要对整个实验所依据的原理、方法、仪器和步骤等可能引起误差的各种因素进行分析。实验结果是否正确，往往在于系统误差是否已被发现和尽可能消除，因此对系统误差不能忽视。

四、随机误差

随机误差是指在多次测量同一被测量的过程中，绝对值和符号以不可预知的方式变化着的测量误差的分量。随机误差是实验中各种因素的微小变动引起的，主要有以下方面：

(1) 实验装置的变动性　如仪器精度不高，稳定性差，测量示值变动等；

(2) 观察者本人在判断和估计读数上的变动性　主要指观察者的生理分辨本领、感官灵敏程度、手的灵活程度及操作熟练程度等带来的误差；

(3) 实验条件和环境因素的变动性　如气流、温度、湿度等微小的、无规则的起伏变化，电压的波动以及杂散电磁场的不规则脉动等引起的误差。

这些因素的共同影响使测量结果围绕测量的平均值发生涨落变化，这一变化量就是各次测量的随机误差。随机误差的出现，就某一测量而言是没有规律的，当测量次数足够多时，随机误差服从统计分布规律，可以用统计学方法估算随机误差。

除系统误差和随机误差外，还可能发生人为读数、记录上的错误或仪器故障、操作不正确等造成的错误。错误不是误差，要及时发现并在数据处理时予以剔除。

五、仪器量程、精密度、准确度

测量要通过仪器或量具来完成，所以必须对仪器的量程、精密度、准确度等有一定的了解和认识。

量程是指仪器所能测量的范围。如 TW-1 物理天平的最大称量(量程)是 1 000 g，UJ36a 电位差计的量程为 230 mV。对仪器量程的选择要适当，当被测量超过仪器的量程时会损坏仪器，这是不允许的。同时也不应一味选择大量程，因为如果仪器的量程比测量值大很多时，测量误差往往会比较大。

精密度是指仪器所能分辨物理量的最小值，一般与仪器的最小分度值一致，最小分度值越小，仪器的精密度越高。如螺旋测微计(千分尺)的最小分度值为 0.01 mm，即其分辨率为 0.01 mm/刻度，或仪器的精密度为 100 刻度/mm。

准确度是指仪器本身的准确程度。测量是以仪器为标准进行比较，要求仪器本身要准确。由于测量目的不同，对仪器准确程度的要求也不同。按国家规定，电气测量指示仪表的准确度等级 a 分为 0.1、0.2、0.5、1.0、1.5、2.5、5.0 共七级，在规定条件下使用时，其示值 x 的最大绝对误差为

$$\Delta = \pm 量程 \times 准确度等级\% \tag{1.1.3}$$

例如，0.5 级电压表量程为 3 V 时

$$\Delta V = \pm 3 \times 0.5\% = \pm 0.015\text{V}$$

对仪器准确度的选择要适当，在满足测量要求的前提下尽量选择准确度等级较低的仪器。当待测物理量为间接测量时，各直接测量仪器准确度等级的选择，应根据误差合成和误差均分原理，视直接测量的误差对实验最终结果影响程度的大小而定，影响小的可选择准确度等级较低的仪器，否则应选择准确度等级较高的仪器。

第二节　随机误差的处理

随机误差与系统误差的来源和性质不同，所以处理的方法也不同。

一、随机误差的正态分布规律

实践和理论证明，大量的随机误差服从正态分布规律。正态分布的曲线如图 1.2.1 所示。图中的横坐标表示误差 $\Delta x = x_i - x_0$，纵坐标为误差的概率密度 $f(\Delta x)$。应用概率论方法可导出

$$f(\Delta x)=\frac{1}{\sigma\sqrt{2\pi}}e^{-\frac{\Delta x^2}{2\sigma^2}} \tag{1.2.1}$$

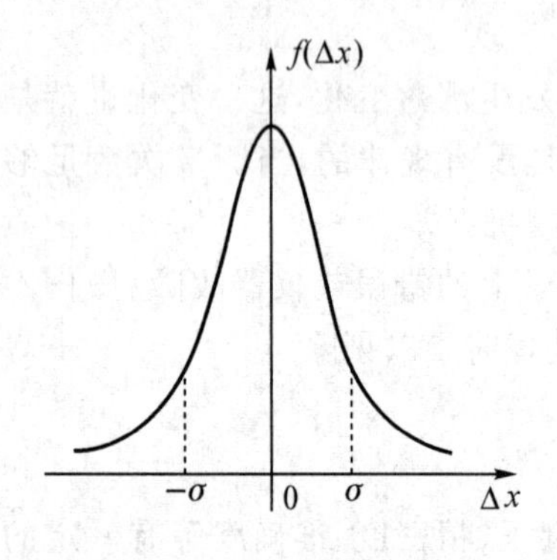

图 1.2.1　随机误差的正态分布

式中的特征量 σ 为

$$\sigma=\sqrt{\frac{\sum \Delta x_i^2}{n}}\ (n\rightarrow\infty) \tag{1.2.2}$$

称为标准误差，其中 n 为测量次数。

服从正态分布的随机误差具有以下特征：

(1) 单峰性　绝对值小的误差出现的概率大于绝对值大的误差出现的概率；

(2) 对称性　绝对值相等的正误差和负误差出现的概率相等；

(3) 有界性　在一定的测量条件下，绝对值很大的误差出现的概率趋于零；

(4) 抵偿性　随机误差的算术平均值随着测量次数的增加而越来越趋于零，即

$$\lim_{n\rightarrow\infty}\frac{1}{n}\sum_{i=1}^{n}\Delta x_i=0 \tag{1.2.3}$$

二、测量结果最佳值——算术平均值

设对某一物理量进行直接多次测量，测量值分别为 $x_1,x_2,x_3,\cdots,x_n$，各次测量值的随机误差为 $\Delta x_i = x_i - x_0$。将随机误差相加

$$\sum_{i=1}^{n}\Delta x_i=\sum_{i=1}^{n}(x_i-x_0)=\sum_{i=1}^{n}x_i-nx_0$$

或

$$\frac{1}{n}\sum_{i=1}^{n}\Delta x_i=\frac{1}{n}\sum_{i=1}^{n}x_i-x_0 \tag{1.2.4}$$

用 $\overline{x}$ 代表测量列的算术平均值：

$$\overline{x}=\frac{1}{n}(x_1+x_2+\cdots+x_n)=\frac{1}{n}\sum_{i=1}^{n}x_i \tag{1.2.5}$$

式(1.2.4)改写为

$$\frac{1}{n}\sum_{i=1}^{n}\Delta x_i=\overline{x}-x_0 \tag{1.2.6}$$

根据随机误差的抵偿特征,即 $\lim\limits_{n\to\infty}\frac{1}{n}\sum\limits_{i=1}^{n}\Delta x_i=0$,于是

$$\bar{x}\to x_0$$

可见,当测量次数相当多时,算术平均值是真值的最佳值,即近真值。

当测量次数 n 有限时,测量列的算术平均值 $\bar{x}$ 仍然是真值 x_0 的最佳估计值。证明如下:假设最佳值为 X 并用其代替真值 x_0,各测量值与最佳值间的偏差为 $\Delta x_i'=x_i-X$,按照最小二乘法原理,若 X 是真值的最佳估计值,则要求偏差的平方和 S 应最小,即

$$S=\sum_{i=1}^{n}(x_i-X)^2\to\min$$

由求极值的法则可知,S 对 X 的微商应等于零

$$\frac{\mathrm{d}S}{\mathrm{d}X}=2\sum_{i=1}^{n}(x_i-X)=0$$

于是

$$nX-\sum_{i=1}^{n}x_i=0$$

即

$$X=\frac{1}{n}\sum_{i=1}^{n}x_i=\bar{x}$$

所以测量列的算术平均值 $\bar{x}$ 是真值 x_0 的最佳估计值。

三、标准误差、置信区间、置信概率

随机误差的大小常用标准误差表示。由概率论可知,服从正态分布的随机误差落在 $[\Delta x,\Delta x+d(\Delta x)]$ 区间内的概率为

$$f(\Delta x)d(\Delta x)$$

由此可见,某次测量的随机误差为一确定值的概率为零,即随机误差只能以确定的概率落在某一区间内。概率密度函数 $f(\Delta x)$ 满足下列归一化条件。

$$\int_{-\infty}^{+\infty}f(\Delta x)d(\Delta x)=1 \tag{1.2.7}$$

所以误差出现在 $(-\sigma,+\sigma)$ 区间内的概率 P 就是图(1.2.1)中该区间内 $f(\Delta x)$ 曲线下的面积

$$P(-\sigma<\Delta x<+\sigma)=\int_{-\sigma}^{+\sigma}f(\Delta x)d(\Delta x)=\int_{-\sigma}^{+\sigma}\frac{1}{\sigma\sqrt{2\pi}}\mathrm{e}^{-\frac{\Delta x^2}{2\sigma^2}}d(\Delta x)=68.3\% \tag{1.2.8}$$

该积分值可由拉普拉斯积分表查得。

标准误差 σ 与各测量值的误差 Δx 有着完全不同的含义。Δx 是实在的误差值,而 σ 并不是一个具体的测量误差值,它反映在相同条件下进行一组测量后,随机误差出现的概率分布情况,只具有统计意义,是一个统计特征量。(1.2.8)式表明,作任一次测量,随机误差落在 $(-\sigma,+\sigma)$ 区间的概率为 68.3%。区间 $(-\sigma,+\sigma)$ 称为置信区间,相应的概率称为置信概率。显然,置信区间扩大,则置信概率提高。置信区间取 $(-2\sigma,+2\sigma)$、$(-3\sigma,+3\sigma)$ 时,相应的置信概率 $P(2\sigma)=95.4\%$、$P(3\sigma)=99.7\%$。定义 $\delta=3\sigma$ 为极限误差,其概率含义是在 1 000次测量中只有 3 次测量的误差绝对值会超过 3σ。由于在一般测量中次数很少超过几十次,因此,可以认为测量误差超出 $\pm3\sigma$ 范围的概率是很小的,故称为极限误差,一般可作

为可疑值取舍的判定标准。图 1.2.2 是不同 σ 值时的 $f(\Delta x)$ 曲线。σ 值小，曲线陡且峰值高，说明测量值的误差集中，小误差占优势，各测量值的分散性小，重复性好。反之，σ 值大，曲线较平坦，各测量值的分散性大，重复性差。

四、随机误差的估算——标准偏差

在有限次测量中可用各次测量值与算术平均值之差——偏差

$$\Delta x_i' = x_i - \overline{x} \tag{1.2.9}$$

代替误差 Δx_i 来估算有限次测量中的标准误差，得到的结果就是单次测量的标准偏差，用 S_x 表示，它只是 σ 的一个估算值。由误差理论可以证明标准偏差的计算式为

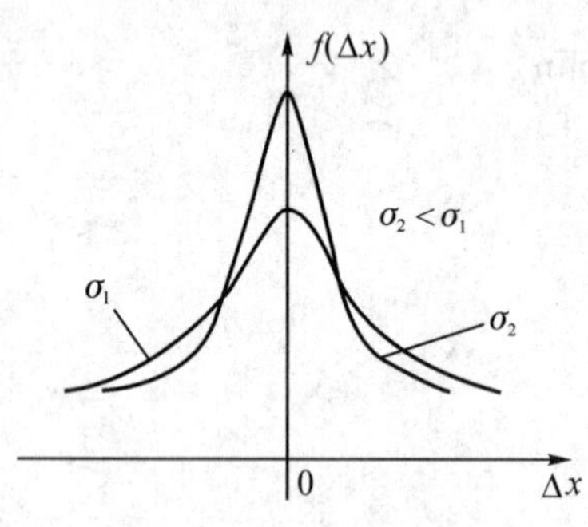

图 1.2.2　不同 σ 的概率密度曲线

$$S_x = \sqrt{\frac{\sum (x_i - \overline{x})^2}{n-1}} \tag{1.2.10}$$

这一公式称为贝塞尔公式。

同理，按 $\Delta x_i'$ 计算的极限误差为

$$\delta_x = 3S_x \tag{1.2.11}$$

S_x 和 δ_x 的物理意义与 σ 和 δ 的相同。

目前各种函数计算器都具备误差统计功能，可以直接计算测量列的算术平均值、标准偏差等。同学们应熟练使用函数计算器对实验数据进行处理。

五、间接测量的标准偏差传递

直接测量的结果有误差，由直接测量值经过运算而得到的间接测量的结果也会有误差，这就是误差的传递。

设间接测量量 N 与各独立的直接测量量 $x,y,z,\cdots$ 的函数关系为 $N=f(x,y,z,\cdots)$，在对 $x,y,z,\cdots$ 进行有限次测量的情况下，间接测量的最佳值为

$$\overline{N} = f(\overline{x}, \overline{y}, \overline{z}, \cdots) \tag{1.2.12}$$

在只考虑随机误差的情况下，每次直接测量的结果为

$$\overline{x} \pm S_{\overline{x}}, \overline{y} \pm S_{\overline{y}}, \overline{z} \pm S_{\overline{z}}, \cdots$$

由于误差是微小量，因此由数学中全微分公式可以推导出标准偏差的传递公式为

$$S_{\overline{N}} = \sqrt{\left(\frac{\partial f}{\partial x}\right)^2 S_{\overline{x}}^2 + \left(\frac{\partial f}{\partial y}\right)^2 S_{\overline{y}}^2 + \left(\frac{\partial f}{\partial z}\right)^2 S_{\overline{z}}^2 + \cdots} \tag{1.2.13}$$

式(1.2.13)不仅可以用来计算间接测量量 N 的标准偏差，而且还可以用来分析各直接测量量的误差对最后结果的误差的影响大小，从而为改进实验提出了方向。在设计一项实验时，误差传递公式能为合理地组织实验、选择测量仪器提供重要的依据。

一些常用函数标准偏差的传递公式如下表 1.2.1 所示。

表 1.2.1

函数表达式	标准偏差传递公式
$N=x\pm y$	$S_{\overline{N}}=\sqrt{S_{\overline{x}}^2+S_{\overline{y}}^2}$

续表

函数表达式	标准偏差传递公式
$N=xy$ 或 $N=\frac{x}{y}$	$\frac{S_{\bar{N}}}{N}=\sqrt{\left(\frac{S_{\bar{x}}}{x}\right)^2+\left(\frac{S_{\bar{y}}}{y}\right)^2}$
$N=kx$	$S_{\bar{N}}=\lvert k\rvert S_{\bar{x}}$；$\frac{S_{\bar{N}}}{N}=\frac{S_{\bar{x}}}{x}$
$N=x^n$	$\frac{S_{\bar{N}}}{N}=n\frac{S_{\bar{x}}}{x}$
$N=\sqrt[n]{x}$	$\frac{S_{\bar{N}}}{N}=\frac{1}{n}\frac{S_{\bar{x}}}{x}$
$N=\frac{x^p y^q}{z^r}$	$\frac{S_{\bar{N}}}{N}=\sqrt{p^2\left(\frac{S_{\bar{x}}}{x}\right)^2+q^2\left(\frac{S_{\bar{y}}}{y}\right)^2+r^2\left(\frac{S_{\bar{z}}}{z}\right)^2}$
$N=\sin x$	$S_{\bar{N}}=\lvert\cos x\rvert S_{\bar{x}}$
$N=\ln x$	$S_{\bar{N}}=\frac{S_{\bar{x}}}{x}$

第三节　测量不确定度及其估算

一、不确定度的基本概念

不确定度是指由于测量误差的存在而对被测量值不能肯定的程度，是表征被测量的真值所处的量值范围的评定。实验结果不仅要给出测量值 X，同时还要标出测量的总不确定度 U，最终写成 $x=X\pm U$ 的形式，这表示被测量的真值在 $(X-U, X+U)$ 的范围之外的可能性(或概率)很小。显然，测量不确定度的范围越窄，测量结果就越可靠。

引入不确定度概念后，测量结果的完整表达式中应包含：①测量值；②不确定度；③单位和置信度。我国的《国家计量规范——测量误差及数据处理》(JJG1027-91)中把置信度 $P=0.95$ 作为广泛采用的约定概率，当取 $P=0.95$ 时，可不必注明。

与误差表示方法一样，引入相对不确定度 E_x，即不确定度的相对值

$$E_x=\frac{U_x}{X}\times 100\% \tag{1.3.1}$$

二、不确定度的简化估算方法

由于误差的复杂性，准确计算不确定度已经超出了本课程的范围。因此物理实验中采用具有一定近似性的不确定度估算方法。

不确定度按其数值的评定方法可归并为两类分量：多次测量用统计方法评定的 A 类分量 U_A；用其他非统计方法评定的 B 类分量 U_B。总不确定度由 A 类分量和 B 类分量按"方、和、根"的方法合成，即

$$U=\sqrt{U_A^2+U_B^2} \tag{1.3.2}$$

1. A类分量的估算

在只进行有限次测量时，随机误差不完全服从正态分布规律，而是服从 t 分布（又称学生分布）规律。此时对随机误差的估计，要在贝塞尔公式的基础上乘上一个因子。在相同条件下对同一被测量作 n 次测量，不确定度的A类分量等于测量值的标准偏差 S_x 乘以因子 $t_P(n-1)/\sqrt{n}$，即

$$U_A=\frac{t_P(n-1)}{\sqrt{n}}S_x \tag{1.3.3}$$

式中 $t_P(n-1)$ 是与测量次数 n、置信概率 P 有关的量，置信概率 P 及测量次数 n 确定后，$t_P(n-1)$ 也就确定了，可从专门的数据表中查得。在 $P=0.95$ 时，$t_P(n-1)/\sqrt{n}$ 的部分数据可以从下表1.3.1中查得。

表 1.3.1

测量次数 n	2	3	4	5	6	7	8	9	10
$t_P(n-1)/\sqrt{n}$	8.98	2.48	1.59	1.24	1.05	0.93	0.84	0.77	0.72

当测量次数 $n=6\sim8$ 时，取 $t_P(n-1)/\sqrt{n}\approx1$ 误差并不很大。这时式(1.3.3)可简化为

$$U_A=S_x \tag{1.3.4}$$

有关的计算表明，在 $n=6\sim8$ 时，作 $U_A=S_x$ 近似，置信概率近似为0.95或更大，即足以保证被测量的真值落在 $\bar{x}\pm S_x$ 范围内的概率接近或大于0.95。所以我们可以直接把 S_x 的值当作测量结果的总不确定度的A类分量 U_A。当然，测量次数 n 不在上述范围或要求误差估计比较精确时，要从有关数据表中查出相应的因子 $t_P(n-1)/\sqrt{n}$ 的值。

2. B类分量的简化估算

作为基础训练，在物理实验中一般只考虑仪器误差所带来的总不确定度的B类分量。

测量是用仪器或量具进行的，任何仪器都存在误差。仪器误差一般是指误差限，即在正确使用仪器的条件下，测量结果与真值之间可能产生的最大误差，用 $\Delta_{仪}$ 表示。仪器误差产生的原因和具体误差分量的分析计算已超出了本课程的要求范围。我们约定，大多数情况下简单地把仪器误差 $\Delta_{仪}/\sqrt{3}$（均匀分布）直接当作总不确定度中用非统计方法估计的B类分量 U_B，即

$$U_B=\Delta_{仪}/\sqrt{3} \tag{1.3.5}$$

物理实验中几种常用仪器的仪器误差见下表1.3.2。

表 1.3.2

仪器名称	量　程	分度值(准确度等级)	仪器误差
钢直尺	0～300 mm	1 mm	±0.1 mm
游标卡尺	0～300 mm	0.02,0.05,0.1 mm	分度值
螺旋测微计(一级)	0～100 mm	0.01 mm	±0.004 mm
WL-1物理天平	1 000 g	50 mg	±50 mg
水银温度计	−30～300 ℃	0.2,0.1 ℃	分度值
读数显微镜		0.01 mm	±0.004 mm

续表

仪器名称	量　程	分度值(准确度等级)	仪器误差
数字式测量仪器			最末一位的一个单位或按仪器说明估算
指针式电表		a=0.1,0.2,0.5,1.0,1.5,2.5,5.0	±量程×a%

3. 总不确定度的合成

由式(1.2.2)、(1.2.3)和(1.2.5)知,总不确定度

$$U=\sqrt{\left(\frac{t_P(n-1)}{\sqrt{n}}S_x\right)^2+(\Delta_{仪}/\sqrt{3})^2} \tag{1.3.6}$$

当取 $P=0.95$,$n=6\sim8$ 时

$$U=\sqrt{S_x^2+(\Delta_{仪}/\sqrt{3})^2} \tag{1.3.7}$$

式(1.3.7)是物理实验中常用的不确定度估算公式,希望大家能记住。

4. 单次测量的不确定度

当实验中只要求测量一次时,取 $U=\Delta_{仪}/\sqrt{3}$ 并不意味着只测一次比多次测量时 U 的值小,只说明 $\Delta_{仪}/\sqrt{3}$ 和用 $\sqrt{U_A^2+(\Delta_{仪}/\sqrt{3})^2}$ 估算出的结果相差不大。

【例 1】 用螺旋测微计(0.01 mm)测量某一铜环的厚度七次,测量数据如下表 1.3.3:

表 1.3.3

i	1	2	3	4	5	6	7
H_i/mm	9.515	9.514	9.518	9.516	9.515	9.513	9.517

求 H 的算术平均值、标准偏差和不确定度,写出测量结果。

【解】 $\overline{H}=\frac{1}{7}\sum_{i=1}^{7}H_i=\frac{1}{7}(9.515+9.514+\cdots+9.517)=9.515\ \text{mm}$

$$S_H=\sqrt{\frac{1}{7-1}\sum_{i=1}^{7}(H_i-\overline{H})^2}$$

$$=\sqrt{\frac{1}{6}[(9.515-9.515)^2+(9.514-9.515)^2+\cdots+(9.517-9.515)^2]}$$

$$=0.001\,8\ \text{mm}$$

$$U_H=\sqrt{S_H^2+(\Delta_{仪}/\sqrt{3})^2}=\sqrt{0.001\,8^2+0.005^2}=0.005\ \text{mm}$$

所以 $H=9.515\pm0.005$ mm

计算结果表明,H 的真值以 95%的置信概率落在[9.510,9.520] mm 区间内。

三、间接测量的不确定度

对于间接测量 $N=f(x,y,z,\cdots)$,设各直接测量结果为 $x=\overline{x}\pm U_x$,$y=\overline{y}\pm U_y$,$z=\overline{z}\pm U_z$,…,则间接测量结果的不确定度 U_N 可套用标准偏差传递公式进行估算,即

$$U_N=\sqrt{\left(\frac{\partial f}{\partial x}\right)^2U_x^2+\left(\frac{\partial f}{\partial y}\right)^2U_y^2+\left(\frac{\partial f}{\partial z}\right)^2U_z^2+\cdots} \tag{1.3.8}$$

如果我们先对间接测量量 $N=f(x,y,z,\cdots)$ 函数式两边取自然对数，再求全微分可得到计算相对不确定度的公式如下

$$\frac{U_N}{N}=\sqrt{\left(\frac{\partial \ln f}{\partial x}\right)^2U_x^2+\left(\frac{\partial \ln f}{\partial y}\right)^2U_y^2+\left(\frac{\partial \ln f}{\partial z}\right)^2U_z^2+\cdots} \tag{1.3.9}$$

当间接测量所依据的数学公式较为复杂时，计算不确定度的过程也较为繁琐。如果函数形式主要以和差形式出现时，一般采用式(1.3.8)；而函数形式主要以积、商或乘方、开方等形式出现时，用式(1.3.9)会使计算过程较为简便。

【例 2】 已知某铜环的外径 $D=(2.995\pm0.006)$ cm，内径 $d=(0.997\pm0.003)$ cm，高度 $H=(0.9516\pm0.0005)$ cm，求该铜环的体积及其不确定度，并写出测量结果。

【解】 $V=\frac{\pi}{4}(D^2-d^2)H=\frac{3.1416}{4}(2.995^2-0.997^2)\times0.9516=5.961\ \text{cm}^3$

$$\ln V=\ln\frac{\pi}{4}+\ln(D^2-d^2)+\ln H$$

$$\frac{\partial \ln V}{\partial D}=\frac{2D}{D^2-d^2},\ \frac{\partial \ln V}{\partial d}=-\frac{2d}{D^2-d^2},\ \frac{\partial \ln V}{\partial H}=\frac{1}{H}$$

$$\frac{U_V}{V}=\sqrt{\left(\frac{2D}{D^2-d^2}\right)^2U_D^2+\left(-\frac{2d}{D^2-d^2}\right)^2U_d^2+\left(\frac{1}{H}\right)^2U_H^2}$$

$$=\sqrt{\left(\frac{2\times2.995\times0.006}{2.995^2-0.997^2}\right)^2+\left(\frac{2\times0.997\times0.003}{2.995^2-0.997^2}\right)^2+\left(\frac{0.0005}{0.9516}\right)^2}$$

$$=0.0046$$

$$U_V=0.0046\times V=0.0046\times5.961=0.027\ \text{cm}^3$$

所以
$$V=(5.961\pm0.027)\ \text{cm}^3$$

第四节　有效数字及运算规则

一、有效数字的基本概念

任何测量结果都存在不确定度，测量值的位数不能任意地取舍，要由不确定度来决定，即测量值的末位数要与不确定度的末位数对齐。如体积的测量值 $\bar{V}=5.961\ \text{cm}^3$，其不确定度 $U_V=0.04\ \text{cm}^3$，由不确定度的定义及 U_V 的数值可知，测量值在小数点后的百分位上已经出现误差，因此 $\bar{V}=5.961$ 中的“6”已是有误差的欠准确数，其后面一位“1”已无保留的意义，所以测量结果应写为 $V=(5.96\pm0.04)\ \text{cm}^3$。另外，数据计算都有一定的近似性，计算时既不必超过原有测量准确度而取位过多，也不能降低原测量准确度，即计算的准确性和测量的准确性要相适应。所以在数据记录、计算以及书写测量结果时，必须按有效数字及其运算法则来处理。熟练地掌握这些知识，是普通物理实验的基本要求之一，也为将来科学处理数据打下基础。

测量值一般只保留一位欠准确数，其余均为准确数。所谓有效数字是由所有准确数字

和一位欠准确数字构成的，这些数字的总位数称为有效位数。

一个物理量的数值与数学上的数有着不同的含义。例如，在数学意义上 4.60＝4.600，但在物理测量中(如长度测量)，4.60 cm≠4.600 cm，因为 4.60 cm 中的前两位“4”和“6”是准确数，最后一位“0”是欠准确数，共有三位有效数字。而 4.600 cm 则有四位有效数字。实际上这两种写法表示了两种不同精度的测量结果，所以在记录实验测量数据时，有效数字的位数不能随意增减。

二、直接测量的读数原则

直接测量读数应反映出有效数字，一般应估读到测量器具最小分度值的 1/10。但由于某些仪表的分度较窄、指针较粗或测量基准较不可靠等，可估读 1/5 或 1/2 分度。对于数字式仪表，所显示的数字均为有效数字，无须估读，误差一般出现在最末一位。例如：用毫米刻度的米尺测量长度，如图 1.4.1(a)所示，L＝1.67 cm。“1.6”是从米尺上读出的“准确”数，“7”是从米尺上估读的“欠准确”数，但是有效的，所以读出的是三位有效数字。若如图 1.4.1(b)所示时，L＝2.00 cm，仍是三位有效数字，而不能读写为 L＝2.0 cm 或 L＝2 cm，因为这样表示分别只有两位或一位有效数字。

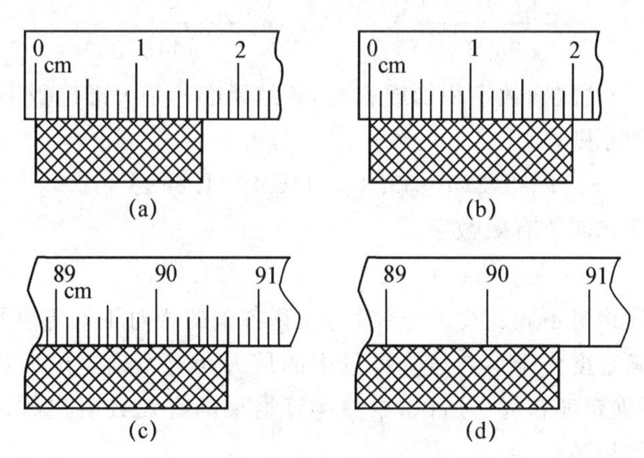

图 1.4.1　直接测量的有效数字

如图 1.4.1(c)所示，L＝90.70 cm 有四位有效数字。若是改用厘米刻度米尺测量该长度时，如图 1.4.1(d)所示，则 L＝90.7 cm，只有三位有效数字。所以，有效数字位数的多少既与使用仪器的精度有关，又与被测量本身的大小有关。

在单位换算或小数点位置变化时，不能改变有效数字位数，而是应该运用科学记数法，把不同单位用 10 的不同幂次表示。例如，1.2 m 不能写作 120 cm、1 200 mm 或 1 200 000 μm，应记为

$$1.2\ \text{m}=1.2\times10^{2}\ \text{cm}=1.2\times10^{3}\ \text{mm}=1.2\times10^{6}\ \mu\text{m}$$

它们都是两位有效数字。反之，把小单位换成大单位，小数点移位，在数字前出现的“0”不是有效数字，如 2.42 mm＝0.242 cm＝0.002 42 m，它们都是三位有效数字。

三、有效数字运算规则

间接测量的计算过程即为有效数字的运算过程，存在不确定度的传递问题。严格说来，

应根据间接测量的不确定度合成结果来确定运算结果的有效数字。但是在不确定度估算之前，可根据下列的有效数字运算法则粗略地算出结果。

有效数字运算的原则是：运算结果只保留一位欠准确数字。

1. 加减运算

根据不确定度合成理论，加减运算结果的不确定度，等于参与运算的各量不确定度平方和的开方，其结果大于参与运算各量中的最大不确定度。如：

$$N=x+y$$

$$U_N=\sqrt{U_x^2+U_y^2}>U_x(\text{或 }U_y)$$

因此，加减运算结果的有效数字的末位应与参与运算的各数据中不确定度最大的末位对齐，即计算结果的欠准确数字与参与运算的各数值中最先出现的欠准确数字对齐。下面例题中在数字上方加一短线的为欠准确数字。

【例 3】 32.1+3.235 和 116.9−1.652 的计算结果各应保留几位数字？

【解】 先观察一下具体计算过程：

$$\begin{array}{r} 32.\overline{1} \\ +\quad 3.23\overline{5} \\ \hline 35.\overline{3}\overline{3}\overline{5} \end{array} \qquad\qquad \begin{array}{r} 116.\overline{9} \\ -\quad 1.65\overline{2} \\ \hline 115.\overline{2}\overline{4}\overline{8} \end{array}$$

可见，一个数字与一个欠准确数字相加或相减，其结果必然是欠准确数字。按照运算结果保留一位欠准确数字的原则，

$$32.1+3.235=35.3,\quad 116.9-1.652=115.2$$

分别为三位有效数字和四位有效数字。

2. 乘除运算

乘除运算结果的相对不确定度，等于参与运算各量的相对不确定度平方和的开方，因此运算结果的相对不确定度大于参与运算各量中的最大相对不确定度。我们知道，有效数字位数越少，其相对不确定度越大。所以，乘除运算结果的有效数字位数，与参与运算各量中有效数字位数最少的相同。

【例 4】 1.111 1×1.11 的计算结果应保留几位数字？

【解】 计算过程如下：

$$\begin{array}{r} 1.111\,\overline{1} \\ \times\quad 1.1\overline{1} \\ \hline \overline{1}\overline{1}\overline{1}\overline{1}\overline{1} \\ 1111\,\overline{1} \\ 1111\,\overline{1} \\ \hline \end{array}$$

因为一个数字与一个欠准确数字相乘，其结果必然是欠准确数字。所以，由上面的运算过程可见，小数点后面第二位的“3”及其后的数字都是欠准确数字，所以

$$1.111\,1\times1.11=1.23$$

为三位有效数字。与上面叙述的乘除运算法则是一致的。

除法是乘法的逆运算，取位法则与乘法相同，这里不再举例说明。

对于一个间接测量，如果它是由几个直接测量值通过相乘除运算而得到的，那么，在进

行测量时应考虑各直接测量值的有效数字位数要基本相仿，或者说它们的相对不确定度要比较接近。如果相差悬殊，那么精度过高的测量就失去意义。

3. 乘方、立方、开方运算

运算结果的有效数字位数与底数的有效位数相同。

4. 函数运算

有效数字的四则运算规则，是根据不确定度合成理论和有效数字的定义总结出来的。所以，对于对数、三角函数等函数运算，原则上也要从不确定度传递公式出发来寻找其运算规则。先看下面两个例子。

【例 5】 $a=3\,068\pm2$，则 $y=\ln a=?$

【解】 按照不确定度传递公式

$$U_y=\frac{1}{a}U_a=\frac{1}{3\,068}\times2=0.000\,7$$

所以
$$y=\ln a=8.028\,8$$

【例 6】 $\theta=60°0'\pm3'$，则 $x=\sin\theta=?$

【解】 由不确定度传递公式

$$U_x=|\cos\theta|U_\theta=|\cos 60°|\frac{3\times\pi}{60\times180}=0.000\,4$$

所以
$$x=\sin 60°0'=0.866\,0$$

当直接测量的不确定度未给出时，上述过程可简化为通过改变自变量末位的一个单位，观察函数运算结果的变化情况来确定其有效数字。例如 $\alpha=20°6'$ 中的“$6'$”是欠准确数字，由计算器运算结果为 $\sin 20°6'=0.343\,659\,695\cdots$，$\sin 20°7'=0.343\,932\,851\cdots$，两种结果在小数点后面第四位出现了差异，所以 $\sin 20°6'=0.343\,6$。同理 $\ln 598=6.393\,590\,754\cdots$，$\ln 599=6.395\,261\,598\cdots$，所以 $\ln 598=6.394$。但是，这种方法是较粗糙的，有时与正确结果会出现明显差异。

5. 常数

公式中的常数，如 π、e、$\sqrt{2}$等，它们的有效数字位数是无限的，运算时一般根据需要，比参与运算的其他量多取一位有效数字即可。例如：

$S=\pi r^2$，$r=6.042$ cm，π 取为 3.141 6，所以 $S=3.141\,6\times6.042^2=114.7\ \text{cm}^2$；

$\theta=129.3+\pi$，π 取为 3.14，$\theta=129.3+3.14=132.4$ rad。

四、测量结果数字取舍规则

数字的取舍采用“四舍六入五凑偶”规则，即欲舍去数字的最高位为 4 或 4 以下的数，则“舍”；若为 6 或 6 以上的数，则“入”；被舍去数字的最高位为 5 时，前一位数为奇数，则“入”，前一位数为偶数，则“舍”。其目的在于使“入”和“舍”的机会均等，以避免用“四舍五入”规则处理较多数据时，因入多舍少而引入计算误差。

例如，将下列数据保留到小数点后第二位：

8.086 1→8.09，8.084 5→8.08，8.085 0→8.08，8.075 4→8.08

通常约定不确定度最多用两位数字表示，且仅当首位为 1 或 2 时保留两位。尾数采用“只进不舍”的原则，在运算过程中只需取两位数字计算即可。

有效数字运算规则和数字取舍规则的采用，目的是保证测量结果的准确度不致因数字取舍不当而受到影响。同时，也可以避免因保留一些无意义的欠准确数字而做无用功，浪费时间和精力。现在由于计算器的应用已十分普及，计算过程多取几位数字也并不花费多少精力，不会给计算带来什么困难。但是，实验结果的正确表达仍然值得重视，实验者应该能正确判断实验结果是几位有效数字，正确结果该怎么表示。

第五节　实验数据处理

数据处理是指从获得数据开始到得出最后结论的整个加工过程，包括数据记录、整理、计算、分析和绘制图表等。数据处理是实验工作的重要内容，涉及的内容很多，这里仅介绍一些基本的数据处理方法。

一、列表法

对一个物理量进行多次测量或研究几个量之间的关系时，往往借助于列表法把实验数据列成表格。其优点是，使大量数据表达清晰醒目，条理化，易于检查数据和发现问题，避免差错，同时有助于反映出物理量之间的对应关系。所以，设计一个简明醒目、合理美观的数据表格，是每一个同学都要掌握的基本技能。

列表没有统一的格式，但所设计的表格要能充分反映上述优点，应注意以下几点：

(1) 各栏目均应注明所记录的物理量的名称(符号)和单位；

(2) 栏目的顺序应充分注意数据间的联系和计算顺序，力求简明、齐全、有条理；

(3) 表中的原始测量数据应正确反映有效数字，数据不应随便涂改，确实要修改数据时，应将原来数据画条杠以备随时查验；

(4) 对于函数关系的数据表格，应按自变量由小到大或由大到小的顺序排列，以便于判断和处理。

二、图解法

图线能够直观地表示实验数据间的关系，找出物理规律，因此图解法是数据处理的重要方法之一。图解法处理数据，首先要画出合乎规范的图线，其要点如下。

(1) 选择图纸　作图纸有直角坐标纸(即毫米方格纸)、对数坐标纸和极坐标纸等，根据作图需要选择。在物理实验中比较常用的是毫米方格纸，其规格多为 17 cm×25 cm。

(2) 曲线改直　由于直线最易描绘，且直线方程的两个参数(斜率和截距)也较易算得。所以对于两个变量之间的函数关系是非线性的情形，在用图解法时应尽可能通过变量代换将非线性的函数曲线转变为线性函数的直线。下面为几种常用的变换方法。

① $xy=c$(c 为常数)。令 $z=\frac{1}{x}$，则 $y=cz$，即 y 与 z 为线性关系。

② $x=c\sqrt{y}$(c 为常数)。令 $z=x^2$，则 $y=\frac{1}{c^2}z$，即 y 与 z 为线性关系。

③ $y=ax^b$(a 和 b 为常数)。等式两边取对数得，$\lg y=\lg a+b\lg x$。于是，$\lg y$ 与 $\lg x$ 为

线性关系，b 为斜率，$\lg a$ 为截距。

④ $y=ae^{bx}$（a 和 b 为常数）。等式两边取自然对数得，$\ln y=\ln a+bx$。于是，$\ln y$ 与 x 为线性关系，b 为斜率，$\ln a$ 为截距。

(3) 确定坐标比例与标度　合理选择坐标比例是作图法的关键所在。作图时通常以自变量作横坐标（x 轴），因变量作纵坐标（y 轴）。坐标轴确定后，用粗实线在坐标纸上描出坐标轴，并注明坐标轴所代表物理量的符号和单位。

坐标比例是指坐标轴上单位长度（通常为 1 cm）所代表的物理量大小。坐标比例的选取应注意以下几点。

① 原则上做到数据中的可靠数字在图上应是可靠的，即坐标轴上的最小分度（1 mm）对应于实验数据的最后一位准确数字。坐标比例选得过大会损害数据的准确度。

② 坐标比例的选取应以便于读数为原则，常用的比例为"1∶1"、"1∶2"、"1∶5"（包括"1∶0.1"、"1∶10"…），即每厘米代表"1、2、5"倍率单位的物理量。切勿采用复杂的比例关系，如"1∶3"、"1∶7"、"1∶9"等。这样不但不易绘图，而且读数困难。

坐标比例确定后，应对坐标轴进行标度，即在坐标轴上均匀地（一般每隔 2 cm）标出所代表物理量的整齐数值，标记所用的有效数字位数应与实验数据的有效数字位数相同。标度不一定从零开始，一般用小于实验数据最小值的某一数作为坐标轴的起始点，用大于实验数据最大值的某一数作为终点，这样图纸可以被充分利用。

(4) 数据点的标出　实验数据点在图纸上用"＋"符号标出，符号的交叉点正是数据点的位置。若在同一张图上作几条实验曲线，各条曲线的实验数据点应该用不同符号（如×、⊙等）标出，以示区别。

(5) 曲线的描绘　由实验数据点描绘出平滑的实验曲线，连线要用透明直尺或三角板、曲线板等拟合。根据随机误差理论，实验数据应均匀分布在曲线两侧，与曲线的距离尽可能小。个别偏离曲线较远的点，应检查标点是否错误，若无误表明该点可能是错误数据，在连线时不予考虑。对于仪器仪表的校准曲线和定标曲线，连接时应将相邻的两点连成直线，整个曲线呈折线形状。

(6) 注解与说明　在图纸上要写明图线的名称、坐标比例及必要的说明（主要指实验条件），并在恰当地方注明作者姓名、日期等。

(7) 直线图解法求待定常数　直线图解法首先是求出斜率和截距，进而得出完整的线性方程。其步骤如下：

① 选点。在直线上紧靠实验数据两个端点内侧取两点 $A(x_1,y_1)$、$B(x_2,y_2)$，并用不同于实验数据的符号标明，在符号旁边注明其坐标值（注意有效数字）。若选取的两点距离较近，计算斜率时会减少有效数字的位数。这两点既不能在实验数据范围以外取点，因为它已无实验根据，也不能直接使用原始测量数据点计算斜率。

② 求斜率。设直线方程为 $y=a+bx$，则斜率为

$$b=\frac{y_2-y_1}{x_2-x_1} \tag{1.5.1}$$

③ 求截距。截距的计算公式为

$$a=y_1-bx_1 \tag{1.5.2}$$

【例 7】　金属电阻与温度的关系可近似表示为 $R=R_0(1+\alpha t)$，R_0 为 $t=0$ ℃时的电阻，α

为电阻的温度系数。实验数据见下表 1.5.1,试用图解法建立电阻与温度关系的经验公式。

表 1.5.1

i	1	2	3	4	5	6	7
t/℃	10.5	26.0	38.3	51.0	62.8	75.5	85.7
R/Ω	10.423	10.892	11.201	11.586	12.025	12.344	12.679

【解】 温度 t 起点 10.0 ℃,电阻 R 起点 10.400 Ω。比例测算,t 轴:$\dfrac{90.0-10.0}{17}=4.7$,故取为 5.0 ℃/cm;$R$ 轴:$\dfrac{12.800-10.400}{25}=0.096$,故取为 0.100 Ω/cm。对照比例选择原则知,选取的比例满足要求。所绘图线见图 1.5.1。

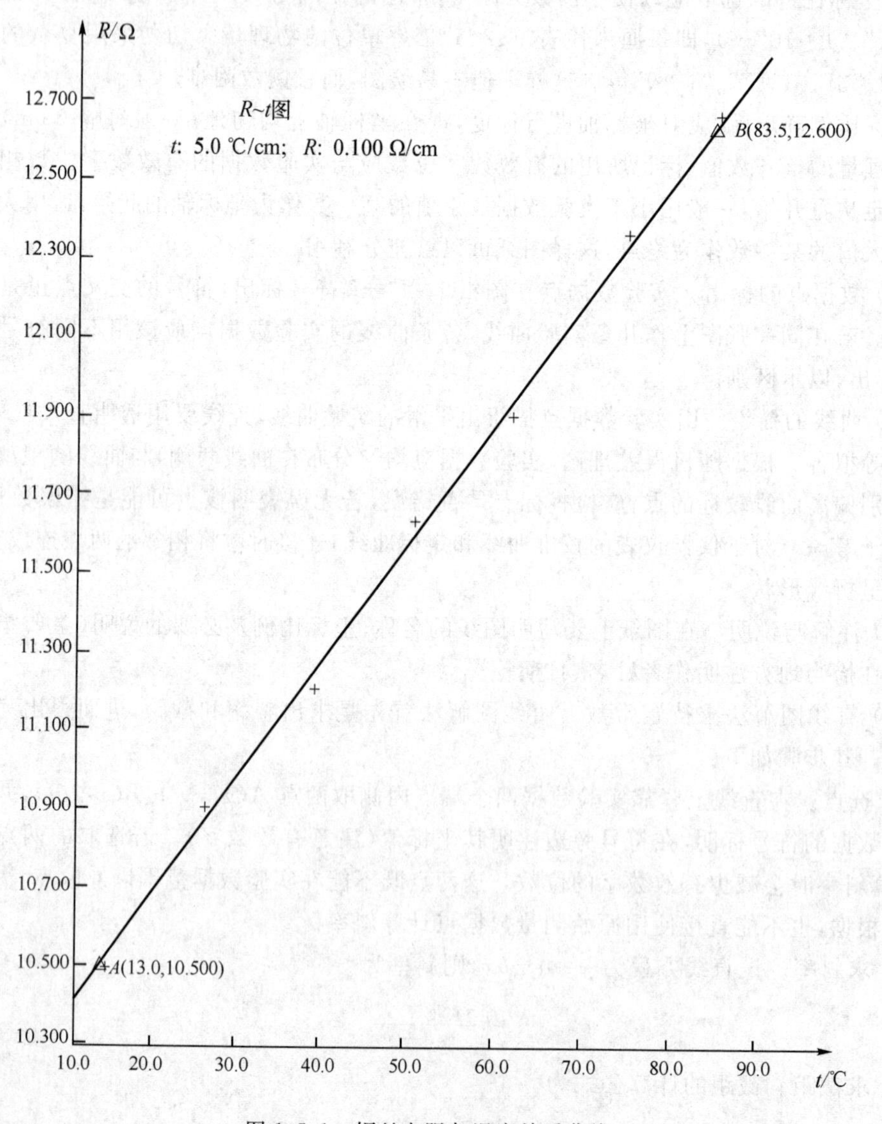

图 1.5.1 铜丝电阻与温度关系曲线

在图线上取两点 $A(13.0,10.500)$ 和 $B(83.5,12.600)$，斜率和截距计算如下：

$$b=\frac{y_2-y_1}{x_2-x_1}=\frac{12.600-10.500}{83.5-13.0}=\frac{2.100}{70.5}=0.0298\ \Omega/^\circ\mathrm{C}$$

$$R_0=R_1-bt_1=10.500-0.0298\times13.0=10.500-0.387=10.113\ \Omega$$

$$\alpha=\frac{b}{R_0}=\frac{0.0298}{10.113}=2.95\times10^{-3}\ ^\circ\mathrm{C}^{-1}$$

所以，铜丝电阻与温度的关系为

$$R=10.113(1+2.95\times10^{-3}t)\ \Omega$$

三、逐差法

当两个变量之间存在线性关系，且自变量为等差级数变化的情况下，用逐差法处理数据，既能充分利用实验数据，又具有减小误差的效果。具体做法是将测量得到的偶数组数据分成前后两组，将对应项分别相减，然后再求平均值。

例如，在弹性限度内，弹簧的伸长量 x 与所受的载荷（拉力）F 满足线性关系

$$F=kx$$

实验时等差地改变载荷，测得一组实验数据如下表 1.5.2：

表 1.5.2

砝码质量/kg	1.000	2.000	3.000	4.000	5.000	6.000	7.000	8.000
弹簧伸长位置/cm	x_1	x_2	x_3	x_4	x_5	x_6	x_7	x_8

求每增加 1 kg 砝码弹簧的平均伸长量 Δx。

若不加思考进行逐项相减，很自然会采用下列公式计算

$$\Delta x=\frac{1}{7}[(x_2-x_1)+(x_3-x_2)+\cdots+(x_8-x_7)]=\frac{1}{7}(x_8-x_1)$$

结果发现除 x_1 和 x_8 外，其他中间测量值都未用上，它与一次增加 7 个砝码的单次测量等价。若用多项间隔逐差，即将上述数据分成前后两组，前一组（x_1,x_2,x_3,x_4），后一组（x_5,x_6,x_7,x_8），然后对应项相减求平均，即

$$\Delta x=\frac{1}{4\times4}[(x_5-x_1)+(x_6-x_2)+(x_7-x_3)+(x_8-x_4)]$$

这样全部测量数据都用上，保持了多次测量的优点，减少了随机误差，计算结果比前面的要准确些。逐差法计算简便，特别是在检查具有线性关系的数据时，可随时“逐差验证”，及时发现数据规律或错误数据。

四、最小二乘法

由一组实验数据拟合出一条最佳直线，常用的方法是最小二乘法。设物理量 y 和 x 之间的满足线性关系，则函数形式为

$$y=a+bx$$

最小二乘法就是要用实验数据来确定方程中的待定常数 a 和 b，即直线的斜率和截距。

我们讨论最简单的情况，即每个测量值都是等精度的，且假定 x 和 y 值中只有 y 有明显的测量随机误差。如果 x 和 y 均有误差，只要把误差相对较小的变量作为 x 即可。由实

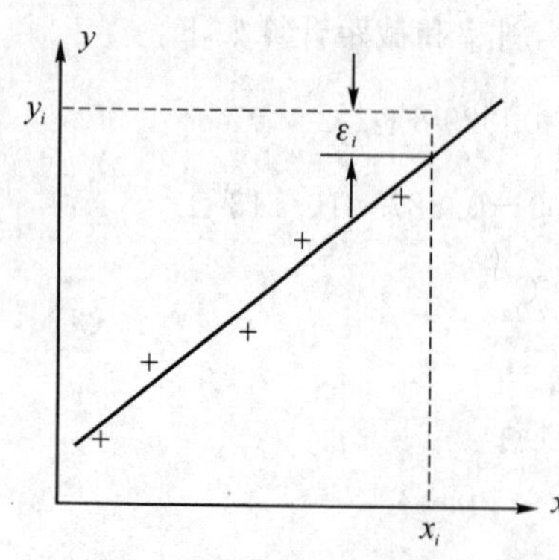

图 1.5.2　y_i 的测量偏差

验测量得到一组数据为$(x_i,y_i;i=1,2,\cdots,n)$，其中 $x=x_i$ 时对应的 $y=y_i$。由于测量总是有误差的，我们将这些误差归结为 y_i 的测量偏差，并记为 $\varepsilon_1,\varepsilon_2,\cdots,\varepsilon_n$，见图 1.5.2。这样，将实验数据$(x_i,y_i)$代入方程 $y=a+bx$ 后，得到

$$\left.\begin{aligned}y_1-(a+bx_1)&=\varepsilon_1\\y_2-(a+bx_2)&=\varepsilon_2\\&\vdots\\y_n-(a+bx_n)&=\varepsilon_n\end{aligned}\right\}$$

我们要利用上述的方程组来确定 a 和 b，那么 a 和 b 要满足什么要求呢？显然，比较合理的 a 和 b 是使 $\varepsilon_1,\varepsilon_2,\cdots,\varepsilon_n$ 数值上都比较小。但是，每次测量的误差不会相同，反映在 $\varepsilon_1,\varepsilon_2,\cdots,\varepsilon_n$ 大小不一，而且符号也不尽相同。所以只能要求总的偏差最小，即

$$\sum_{i=1}^{n}\varepsilon_i^2\rightarrow\min$$

令

$$S=\sum_{i=1}^{n}\varepsilon_i^2=\sum_{i=1}^{n}(y_i-a-bx_i)^2$$

使 S 为最小的条件是

$$\frac{\partial S}{\partial a}=0,\frac{\partial S}{\partial b}=0,\frac{\partial^2 S}{\partial a^2}>0,\frac{\partial^2 S}{\partial b^2}>0$$

由一阶微商为零得

$$\left.\begin{aligned}\frac{\partial S}{\partial a}&=-2\sum_{i=1}^{n}(y_i-a-bx_i)=0\\\frac{\partial S}{\partial b}&=-2\sum_{i=1}^{n}(y_i-a-bx_i)x_i=0\end{aligned}\right\}$$

解得

$$a=\frac{\sum_{i=1}^{n}x_i\sum_{i=1}^{n}(x_iy_i)-\sum_{i=1}^{n}x_i^2\sum_{i=1}^{n}y_i}{\left(\sum_{i=1}^{n}x_i\right)^2-n\sum_{i=1}^{n}x_i^2}\tag{1.5.3}$$

$$b=\frac{\sum_{i=1}^{n}x_i\sum_{i=1}^{n}y_i-n\sum_{i=1}^{n}(x_iy_i)}{\left(\sum_{i=1}^{n}x_i\right)^2-n\sum_{i=1}^{n}x_i^2}\tag{1.5.4}$$

令 $\bar{x}=\frac{1}{n}\sum_{i=1}^{n}x_1$，$\bar{y}=\frac{1}{n}\sum_{i=1}^{n}y_i$，$\bar{x}^2=\left(\frac{1}{n}\sum_{i=1}^{n}x_1\right)^2$，$\overline{x^2}=\frac{1}{n}\sum_{i=1}^{n}x_i^2$，$\overline{xy}=\frac{1}{n}\sum_{i=1}^{n}(x_1y_i)$，则

$$a=\bar{y}-b\bar{x}\tag{1.5.5}$$

$$b=\frac{\bar{x}\cdot\bar{y}-\overline{xy}}{\bar{x}^2-\overline{x^2}}\tag{1.5.6}$$

如果实验是在已知 y 和 x 满足线性关系下进行的，那么用上述最小二乘法线性拟合(又称一元线性回归)可解得斜率 a 和截距 b，从而得出回归方程 $y=a+bx$。如果实验是要

通过对 x、y 的测量来寻找经验公式，则还应判断由上述一元线性拟合所确定的线性回归方程是否恰当。这可用下列相关系数 r 来判别

$$r=\frac{\overline{xy}-\overline{x}\cdot\overline{y}}{\sqrt{(\overline{x^2}-\overline{x}^2)(\overline{y^2}-\overline{y}^2)}} \tag{1.5.7}$$

其中 $\overline{y}^2=\left(\frac{1}{n}\sum_{i=1}^{n}y_1\right)^2$，$\overline{y^2}=\frac{1}{n}\sum_{i=1}^{n}y_i^2$。

可以证明，$|r|$ 值总是在 0 和 1 之间。$|r|$ 值越接近 1，说明实验数据点密集地分布在所拟合的直线的近旁，用线性函数进行回归是合适的。$|r|=1$ 表示变量 x、y 完全线性相关，拟合直线通过全部实验数据点。$|r|$ 值越小线性越差，一般 $|r|\geqslant 0.9$ 时可认为两个物理量之间存在较密切的线性关系，此时用最小二乘法直线拟合才有实际意义，见图 1.5.3。

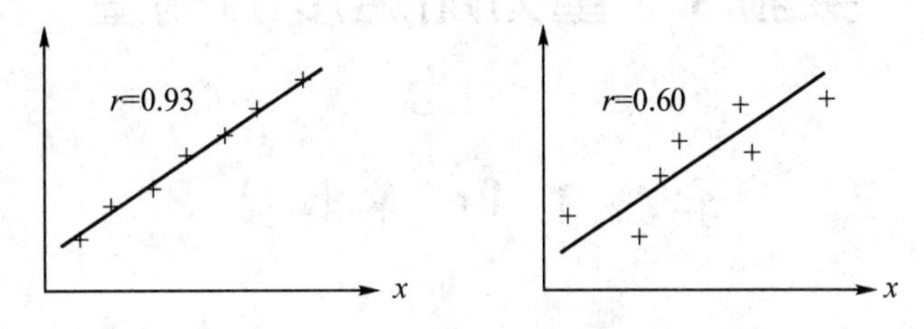

图 1.5.3　相关系数与线性关系

第二章 基础实验

实验1 重力加速度的测量

实验1.1 单摆法

一、实验目的

1. 掌握米尺、游标卡尺以及停表、数字测时计的正确使用方法。
2. 掌握用单摆测量重力加速度的原理及方法。
3. 学习用作图法处理测量数据。

二、实验仪器

单摆;光电计时装置;镜尺组合;钢卷尺;游标卡尺。

三、实验原理

数学摆是物理摆系统的简约化模型。一个质点用一个没有质量的刚性悬丝悬挂,仅受重力作用且在一个竖直面内摆动,即成为一个数学摆。但实际上数学摆是不存在的,是理想化模型,物理实验中常用单摆去模拟它。

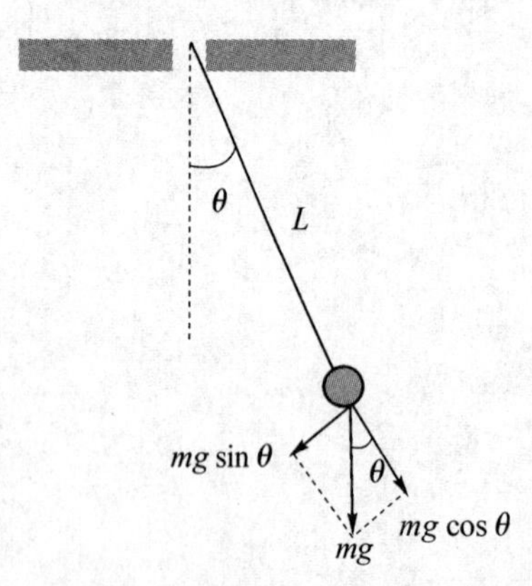

图 2.1.1

一根不可伸长的细线,上端悬挂一个小球。当细线质量比小球的质量小很多,而且小球的直径相比细线的长度小很多时,此种装置称为单摆,如图 2.1.1 所示。如果把小球稍微拉开一定距离,小球在重力作用下可在铅直平面内作往复运动,一个完整的往复运动所用的时间称为一个周期。

按照严格的数学解,单摆的周期 T、摆长 l 与摆角 θ 之间有如下关系:

$$T=2\pi\sqrt{\frac{L}{g}}\left[1+\left(\frac{1}{2}\right)^{2}\sin^{2}\frac{\theta}{2}+\left(\frac{1}{2}\right)^{2}\left(\frac{3}{4}\right)^{2}\sin^{4}\frac{\theta}{2}+\cdots\right] \tag{2.1.1}$$

上式中 g 是当地的重力加速度。略去上式中的高次项，保留二级小项有：

$$T=2\pi\sqrt{\frac{L}{g}}\left[1+\left(\frac{1}{2}\right)^2\sin^2\frac{\theta}{2}\right] \tag{2.1.2}$$

实际的单摆为一根细线拴一个小金属球，线长可以调节，细线的质量应远小于金属球的质量，球的直径远小于线的长度，在摆动过程中，忽略空气浮力、摩擦阻力以及线的伸长等因素，再假设摆角较小（小于 5°），则有：

$$\left[\left(\frac{1}{2}\right)^2\sin^2\frac{\theta}{2}\right]\ll 1 \tag{2.1.3}$$

则式 2.1.2 可近似为：

$$T=2\pi\sqrt{\frac{L}{g}} \tag{2.1.4}$$

则

$$g=4\pi^2\frac{L}{T^2} \tag{2.1.5}$$

式中 L 为单摆长度，单摆长度是指上端悬挂点到球心之间的距离；g 为重力加速度。如果测量得出周期 T、单摆长度 L，利用上面式子可计算出重力加速度 g。由(2.1.5)式可知 T^2 和 L 具有线性关系，即 $T^2=\frac{4\pi^2}{g}L$。对不同的单摆长度 L 测量得出相对应的周期，可由 T^2-L 图线的斜率求出 g 值。

四、实验内容

1. 通过测量单摆周期测量 g

在 $L=100$ cm，$\theta\leqslant 5°$ 条件下，用停表测量单摆 50 次的累计周期（$50T$），并用米尺重复 3 次测量摆长取平均值。

2. 研究周期与单摆长度的关系

改变单摆摆长 L，每次缩短 10.0 cm，取 5 次值，在 $\theta\leqslant 5°$ 条件下，用光电门配合数字测时计测量其 50 次累计周期。

3. 研究单摆摆角和周期的关系

取 $L=100$ cm，用光电门配合数字测时计，分别在 $\theta=5°$、$10°$、$15°$、$20°$、$25°$ 条件下，测量其 50 次累计周期，可以计算出周期 T，研究摆动角度 θ 和周期 T 之间的关系。

五、注意事项

1. 消除视差

用米尺或钢卷尺测量摆长时，应注意使尺子与被测摆线平行，并尽量靠近。读数时视线要和尺子的方向垂直以防止视差的产生。如图 2.1.2 所示，由于观测方向的不同，所读出的长度数值也不同，这就是视差，为了防止由于视角因素引起的测量误差，测量时应使视线方向和尺面的方向保持垂直。还可在尺子旁边放一个和尺面相平行的平面镜，在被测点和它在镜中像刚好重合的方向去读数，这样就可以保证视线和尺子

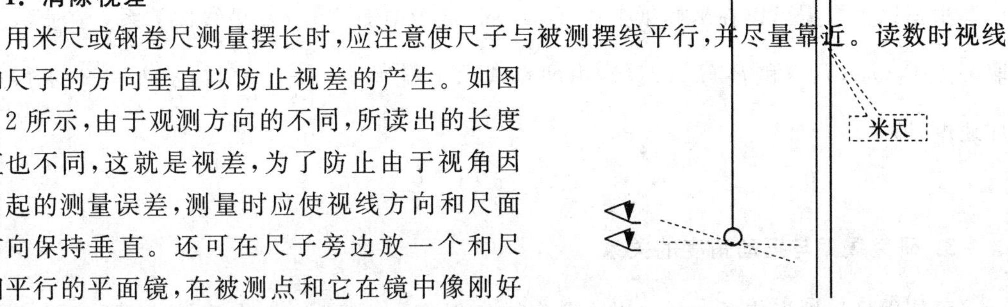

图 2.1.2　测量摆长时可能产生视角误差

的方向垂直。

2. 使用停表的注意事项

(1) 使用停表应检查其零点是否准确,若不准,应进行零点修正,即记下其回零读数,测量后从测量值中将其减去(注意符号)。

(2) 停表的按钮的行程一般分为两个小截,在预备测量阶段先按下一小截,待需启动时,再稍用力按到底,这种按法可缩短手按动所产生的驰豫时间。

(3) 停表或数字测时计的校准。为了减少停表或数字测时计不准带来的系统误差,可用一个精度比它高一个数量级的测时计作为标准计时器来较准,例如秒表走了 605.8 s 时,标准计时器的读数是 603.32 s,则校准系数 $C=\frac{603.32}{605.8}$,因此应将实验所测得周期 T_i 乘与系数 C,即 $T=C\cdot T_i$,这才是准确的周期值。

六、数据记录及处理

1. 对同一单摆长度进行多次周期测量,用计算法求重力加速度

测量数据如下表 2.1.1:

表 2.1.1

次数	L/cm	$50T$/s	T/s
1			
2			
3			
平均值			

由(2.1.4)式计算 $\bar{g}$ 值,用误差传递公式计算出误差,将结果表示成 $g=\bar{g}\pm\Delta g$ 的形式。

2. 研究周期 T 与单摆长度的关系,用作图的方法求 g 值

表 2.1.2

L/cm	$50T$/s	T/s	T^2/s^2
100.0			
110.0			
…			

根据以上数据可以在坐标纸上作 T^2-L 图,从图中知 T^2 与 L 呈线性关系。在直线上选取两点 $P_1(L_1,T_1{}^2)$ 和 $P_2(L_2,T_2{}^2)$,由两点式求出斜率 $k=\frac{T_2^2-T_1^2}{L_2-L_1}$,再从 $k=\frac{4\pi^2}{g}$ 求得重力加速度,即

$$g=4\pi^2\ \frac{L_2-L_1}{T_2^2-T_1^2}$$

3. 研究周期与摆动角度的关系

可使用坐标纸来作 T-$\sin^2\frac{\theta}{2}$ 图,求直线的斜率,并与 $\frac{\pi}{2}\sqrt{\frac{L}{g}}$ 作比较,验证(2.1.2)式。

测量数据如下表 2.1.2：

次数	1	2	3	4	5	6	7	8
θ								
$50T$/s								
T/s								

七、思考题

1. 如果用一直尺测量摆幅，当摆长为 100 cm，摆幅水平位移为 10 cm 时，会对周期 T 产生多大影响？你怎样简捷地进行估算？

2. 试使摆幅很大，看摆动周期有没有变化？如果看不出变化，试说明其原因。

3. 测量周期时有人认为，摆动小球通过平均位置走得太快，计时不准，摆动小球通过最大位置时走得慢，计时准确，你认为如何？试从理论和实际测量中加以说明。

4. 要测量单摆长度 L，就必须先确定摆动小球重心的位置，这对不规则的摆动球来说是比较困难的。那么，采取什么方法可以测出重力加速度呢？

实验 1.2　自由落体法

一、实验目的

1. 掌握光电计时器的使用方法。
2. 掌握用自由落体测定重力加速度的原理及方法。

二、实验仪器

自由落体装置；光电计时装置。

三、实验原理

1. 根据自由落体运动公式测量 g

自由落体公式为：

$$h=\frac{1}{2}gt^2 \tag{2.1.6}$$

测出 h 和 t 就可以算出重力加速度 g。用电磁铁联动或把小球放置在刚好不能挡光的位置，在小球开始下落的同时计时，则 t 是小球下落时间，h 是在 t 时间内小球下落的距离。

2. 利用双光电门计时方式测量 g

如果用一个光电门测量有两个困难：一是 h 不容易测量准确；二是电磁铁有剩磁，t 不易测量准确。这两点都会给实验带来一定的测量误差。为了解决这个问题采用双光电门计时方式，可以有效地减小实验误差。小球在竖直方向从 O 点开始自由下落，设它到达 A 点的速度为 V_1，从 A 点起，经过时间 t_1 后小球到达 B 点，如图 2.1.3 和 2.1.4。令 A、B 两点间的距离为 h_1，则

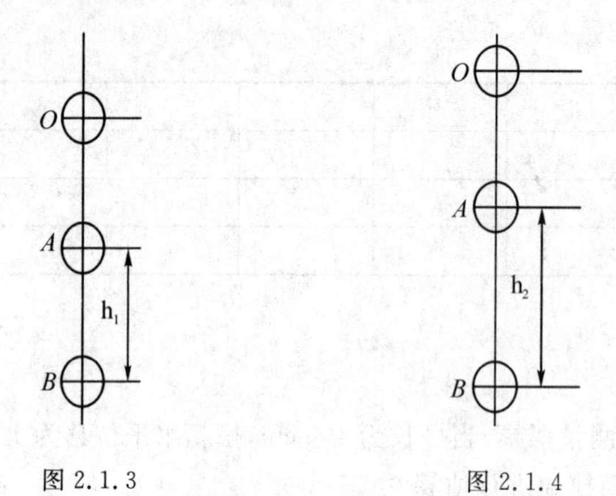

图 2.1.3　　　　图 2.1.4

$$h_1 = V_1 t_1 + \frac{g t_1^2}{2} \tag{2.1.7}$$

若保持上述条件不变，从 A 点起，经过时间 t_2 后，小球到达 B' 点，令 A、B' 两点间的距离为 h_2，则

$$h_2 = V_1 t_2 + \frac{g t_2^2}{2} \tag{2.1.8}$$

可以得出：

$$g = 2\,\frac{\dfrac{h_2}{t_2} - \dfrac{h_1}{t_1}}{t_2 - t_1} \tag{2.1.9}$$

利用上述方法测量，将原来难于精确测定的距离 h_1 和 h_2 转化为测量其差值，即 $(h_2 - h_1)$，该值等于第二个光电门在两次实验中的上下移动距离，可由第二个光电门在移动前后标尺上的两次读数求得。而且解决了剩磁所引起的时间测量困难，测量结果比应用一个光电门要精确得多。

四、实验内容

1. 仪器组装

(1) 将三角支架的三条腿打开到最大位置，将三条腿上两边的螺钉紧固，使其不能活动。

(2) 把立柱端面中心上的螺钉卸下，将三角支架上的两个定位键插入立柱端面的两个 T 形的槽内，用螺钉紧固。

(3) 将电磁铁吸引小球的装置、光电门、接球架固定于立柱上。

2. 使用

(1) 调节立柱竖直。将重锤悬挂在电磁铁吸引小球的装置左面的校正板挂钩上，将两组光电门拉开一定的距离，调节底座平衡螺钉，使垂线刚好处在 X 和 Y 轴两个方向的正中间放置的光敏管处，保证小球下落过程中遮光位置的准确性，满足实验精度。

(2) 当接通电脑计时器的电源时，打开电源开关，置于“计时”挡。

(3) 保持上光电门的位置不变，将下光电门的位置下移 20 cm，释放小球，记录通过两光电门之间的时间 t 和距离 h，重复测量三次。

(4) 重复上一步骤,依次测量当两个光电门距离为 40 cm、60 cm、80 cm、100 cm 时所用的时间 t。

五、注意事项

1. 调整自由落体运动实验仪保证落球下落时都是从两个光电门的正中央通过。

2. 测量 h 时要保证准确,由于 h 的准确测量对实验结果影响很大。

六、数据记录及处理

(1) 按式(2.1.4)计算重力加速度 g。

(2) 从相关资料获得当地重力加速度标准值 g_0,计算测量值相对于 g_0 的百分误差值。

(3) 除了用公式法计算 g 值外,还可用作图法求得 g 值,作出 $\frac{h}{t}$-t 图线,从其斜率中求出 g。

七、思考题

1. A 和 B 的位置怎样比较合适?试改变 A、B 的位置进行实验,并对结果进行讨论。

2. 实际上还可以改变部分实验装置,以彻底消除剩磁效应的影响。请读者思考,应如何设计之?

实验 2 动量守恒定律的验证

一、实验目的

1. 验证动量守恒定律。

2. 熟悉气垫导轨、通用电脑计数器的使用方法。

3. 用观察法研究弹性碰撞和非弹性碰撞的特点。

二、实验仪器

J2125-B-1.5 型气垫导轨;电脑计时器;气源;物理天平。

三、实验原理

如果某一力学系统不受外力,或外力的矢量和为零,则系统的总动量保持不变,这就是动量守恒定律。在本实验中,是利用气垫导轨上两个滑块的碰撞来验证动量守恒定律的。在水平导轨上滑块与导轨之间的摩擦力忽略不计,则两个滑块在碰撞时除受到相互作用的内力外,在水平方向可以看作不受外力的作用,因而碰撞的动量守恒。如 m_1 和 m_2 分别表示两个滑块的质量,以 v_1、v_2、v'_{10}、v'_{20} 分别表示两个滑块碰撞前后的速度,则由动量守恒定律可得

$$m_1 v_{10} + m_2 v_{20} = m_1 v'_{10} + m_2 v'_{20} \tag{2.2.1}$$

下面分几种情况来进行讨论。

1. 完全弹性碰撞

弹性碰撞的特点是碰撞前后系统的动量守恒，机械能也守恒。如果在两个滑块相碰撞的两端装上缓冲弹簧，在滑块相碰时，由于缓冲弹簧发生弹性形变后恢复原状，系统的机械能基本无损失，两个滑块碰撞前后的总功能不变，可用公式表示为：

$$\frac{1}{2}m_1 v_{10}^2+\frac{1}{2}m_2 v_{20}^2=\frac{1}{2}m_1 v'^2_{10}+\frac{1}{2}m_2 v'^2_{20} \tag{2.2.2}$$

由(2.2.1)式和(2.2.2)式联合求解可得

$$\left.\begin{aligned} v'_{10}&=\frac{(m_1-m_2)v_{10}+2m_2 v_{20}}{m_1+m_2}\\ v'_{20}&=\frac{(m_2-m_1)v_{20}+2m_1 v_{10}}{m_1+m_2}\end{aligned}\right\} \tag{2.2.3}$$

若令 $m_1=m_2$，两个滑块的速度必交换。若不仅 $m_1=m_2$，且令 $v_{20}=0$，则碰撞后 m_1 滑块变为静止，而 m_2 滑块却以 m_1 滑块原来的速度沿原方向运动起来。这与公式的推导一致。

若 $m_1\neq m_2$，仍令 $v_{20}=0$，则有：

$$v'_{10}=\frac{(m_1-m_2)v_{10}}{m_1+m_2}$$

$$v'_{20}=\frac{2m_1 v_{10}}{m_1+m_2} \tag{2.2.4}$$

实际上完全弹性碰撞只是理想的情况，一般碰撞时总有机械能损耗，所以碰撞前后仅是总动量保持守恒，当 $v_{20}=0$ 时

$$m_1 v_{10}=m_1 v'_{10}+m_2 v'_{20} \tag{2.2.5}$$

2. 完全非弹性碰撞

若在两个滑块的两个碰撞端分别装上尼龙搭扣，碰撞后两个滑块粘在一起以同一速度运动就可成为完全非弹性碰撞。若 $m_1=m_2$，$v_{20}=0$，$v'_{10}=v'_{20}=v$，由(2.2.1)式得

$$v=\frac{1}{2}v_{10}$$

若 $m_1\neq m_2$，仍令 $v_{20}=0$，则有

$$v=\frac{m_1}{m_1+m_2}v_{10} \tag{2.2.6}$$

3. 恢复系数和动能比

碰撞的分类可以根据恢复系数的值来确定。所谓恢复系数就是指碰撞后的相对速度和碰撞前的相对速度之比，用 e 来表示

$$e=\frac{v'_{20}-v'_{10}}{v_{10}-v_{20}} \tag{2.2.7}$$

若 $e=1$，即 $v_{10}-v_{20}=v'_{20}-v'_{10}$，是完全弹性碰撞；若 $e=0$，即 $v'_{20}=v'_{10}$，是完全非弹性碰撞。此外，碰撞前后的动能比也是反映碰撞性质的物理量，在 $v_{20}=0$，$m_1=m_2$ 时，动能比为

$$R=\frac{1}{2}(1+e^2) \tag{2.2.8}$$

若物体作完全弹性碰撞时，$e=1$，则 $R=1$(无动能损失)；若物体作非弹性碰撞时，$0<e<1$，

则$\frac{1}{2}<R<1$。

四、实验内容

1. 用弹性碰撞验证动量守恒定律

1) $m_1=m_2$ 时的弹性碰撞

① 连接并调试好仪器。

② 把滑块1(在左)放在左光电门的外侧,滑块2放在两光电门之间靠近右面光电门的地方,让滑块2处于静止状态。

③ 把滑块1反向推动,让它碰后反弹回来通过左面光电门后再和滑块2发生碰撞,碰撞前的速度v_{10}由左光电门所记录的时间Δt_1反映出来。碰撞后$v'_{10}=0$,m_2以v_{10}的速度运动,即$v'_{20}=v_{10}$,m_2的速度v'_{20}由右面光电门所记录的时间$\Delta t'_{20}$反映出来。所以实验中要记录下经过左面光电门的遮光时间Δt_1和碰撞后经过右面光电门的遮光时间$\Delta t'_{20}$即可验证在实验条件下的动量守恒。

④ 用所测的碰撞前后的速度计算恢复系数和动能比。

⑤ 改变碰撞时的速度v_{10}重复以上内容。

2) $m_1\neq m_2$ 时的弹性碰撞

① 取一大一小两个滑块分别称其质量为m_1和m_2。

② 在左光电门外侧放大滑块1,较小的滑块2放在两光电门之间。使$v_{20}=0$,推动m_1使之与m_2相碰,测量较大的滑块在碰撞前经过光电门的遮光时间Δt_{10},以及碰撞以后m_1、m_2先后经过右面光电门的时间$\Delta t'_{20}$、$\Delta t'_{10}$,由此计算出v_0、v'_1、v'_2,便可验证在此实验条件下的动量守恒,即$m_1v_{10}=m_1v'_{10}+m_2v'_{20}$。

③ 改变v_{10},重复以上内容测量多次。

2. 用完全非弹性碰撞验证动量守恒

(1) 较大的滑块1和较小的滑块2的两个碰撞端,分别装上尼龙搭扣,用天平称m_1和m_2,使$m_1=m_2$。

(2) 左光电门以外的地方放一个滑块1,在两光电门之间靠近右光电门的地方放一个滑块2,并使$v_{20}=0$,推动m_1使之与m_2相碰撞。碰撞后两个滑块粘在一起以同一速度运动就可成为完全非弹性碰撞,碰撞后速度$v'_{10}=v'_{20}=v$。

(3) 记下滑块经过左光电门的遮光时间Δt_{10}及经过右光电门的遮光时间$\Delta t'_{10}$,由此可以计算出碰撞前的速度v_{10}及碰撞后的速度v'_{10},在此实验条件上可验证$v'_{10}=\frac{1}{2}v_{10}$。

(4) 改变弹性碰撞的速度v_{10},重复多次测量。

(5) 用碰撞前后的速度算一下恢复系数和动能比。

五、注意事项

(1) m_1的初始速度不可以太小,以至m_2的速度太小;但也不能太大,以免把m_2碰翻。

(2) 在进行质量不相等的弹性碰撞时m_1和m_2的质量应该有明显的差别。

六、数据记录及处理

1. 弹性碰撞

$m_1=m_2$ 时的弹性碰撞，自拟表格记录有关数据。

$m_1\neq m_2$ 时的弹性碰撞，自拟表格记录数据。

2. 完全非弹性碰撞

自拟表格记录有关数据。

对上述两种情况下所测数据进行处理，计算出碰撞前和碰撞后的总动量，并通过比较得出动量守恒的结论。

七、思考题

1. 在弹性碰撞情况下，当 $m_1\neq m_2$，$v_{20}=0$ 时，两个滑块碰撞前后的动能是否相等？如果不完全相等，试分析产生误差的原因。

2. 为了验证动量守恒定律，应如何保证实验条件减少测量误差？

附:装置介绍

1. 气源

气源是由电动机带动风扇转动形成压缩空气的装置。压缩空气用导管通到气轨的进气口。

2. 气垫导轨

各种型号气垫导轨的结构大致相同，如图 2.2.1 所示，本文以 J2125-B-1.5 型气垫导轨为例来说明气垫导轨的各部分功能。

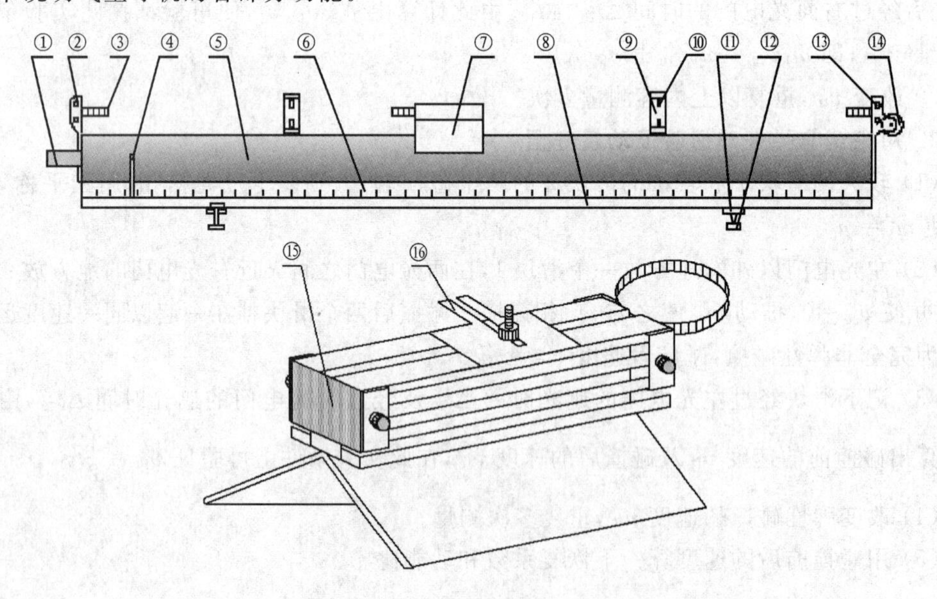

图 2.2.1　气垫导轨

① 进气口:用波纹管与气源连接，将一定压强的气流输入导轨空腔。

② 左端堵:图 2.1.1 左端的堵板，为进气口和弹射器的安装提供支持。

③ 弹射器:固定在导轨堵板上和滑行器上的弹簧碰圈,作发射使用,可使滑行器获得一个初速度。

④ 起始挡板:使滑行器重复地从导轨上同一位置开始运动。

⑤ 导轨:采用截面为三角形的空心铝合金管体制成。两个侧面上按一定规律分布着气孔。进入导轨的压缩空气从气孔中喷出,在滑行器内表面和导轨表面之间形成一层很薄的气垫,将滑行器浮起。滑行器在导轨表面运动过程中,只受到很小的空气黏滞阻力的影响,能量损失极小,所以滑行器的运动可近似地看作是无摩擦阻力的运动。

⑥ 标尺:固定在导轨上,用来指示光电门和滑行器的位置。

⑦ 滑行器:用铝合金制成,在滑行器上方的T型槽中可安装不同尺寸的挡光片,在滑行器两侧的T型槽中可加装不同质量的砝码。滑行器两端可以安装弹射器或搭扣。

⑧ 底座:用来固定导轨并防止导轨变形。

⑨ 光电门支架:为单侧上下双层结构,可安装在导轨的任意位置处。

⑩ 光电门:是计时器的传感元件,由聚光灯泡和光敏二极管构成,分别安装在光电门支架旁侧上下两层相对应的位置处,利用二极管在光照和遮光两种状态下电阻的变化,获得信号电压,以此来控制计数器工作。

⑪ 支脚:采用三点结构。双脚端用来调节导轨的横向水平,单脚端用来调节导轨纵向的水平。调节由调节螺钉来完成。

⑫ 垫脚:支脚下面的垫块。垫脚的平面一侧贴在桌面上,调平螺钉的尖端放在垫脚凹面的一侧内。

⑬ 右端堵:图 2.2.1 右端的堵板,为滑轮和弹射器的安装提供支持。

⑭ 滑轮:使用前要调整轴尖,使滑轮转动灵活。

⑮ 搭扣:固定在滑行器上尼龙扣件,两个滑行器碰撞时可通过搭扣而粘贴在一起。

⑯ 挡光片:为不同尺寸和形状的挡光器件。

3. 计时系统

(1) MUJ-6B电脑通用计数器和J-MS-6电脑通用计数器的工作原理

两种电脑通用计数器都采用51系列单片机作为中央处理器,并编入了相应的数据处理程序,具备多组实验数据记忆存储功能。从 P_1 和 P_2 两个光电门采集数据信号,经中央处理器处理后。在LED数码显示屏上显示出测量结果。两种计数器的面板图如图 2.2.2 和图 2.2.3 所示。

这两种计数器的功能相同,因此面板图上两种计数器只要是功能相同的部分都赋予了相同的编号。

(2) 电脑通用计数器面板各部位作用

电磁铁开关指示灯:打开电磁铁键,指示灯亮。

电磁铁键:按动此键,可改变电磁铁的吸合(键上方发光管亮)与放开(键上方发光管灭)。

测量单位指示灯:选择测量单位,相应指示灯亮。

显示屏:由六位LED数码显示管组成。

功能转换指示灯:选择测量功能,相应指示灯亮。

测频输入口:外界信号输入接口。

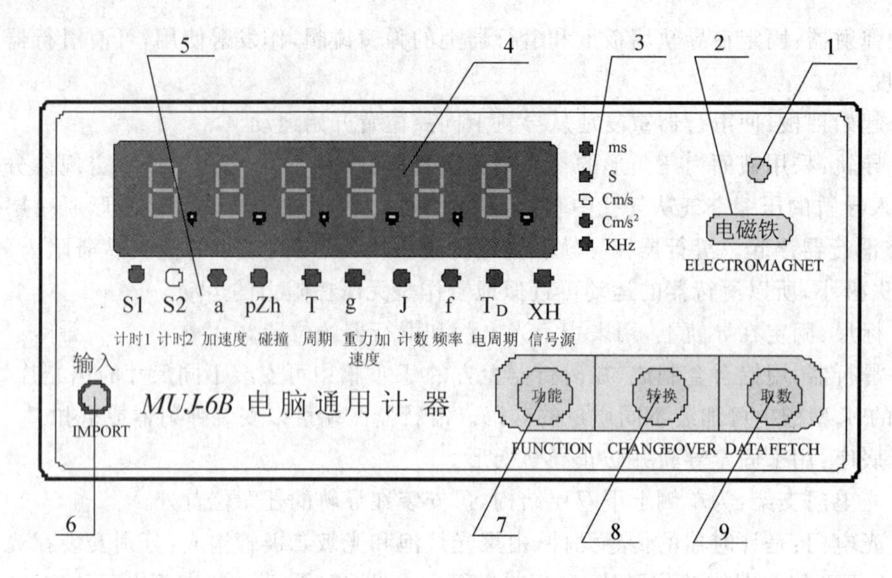

图 2.2.2 MUJ-6B 电脑通用计数器

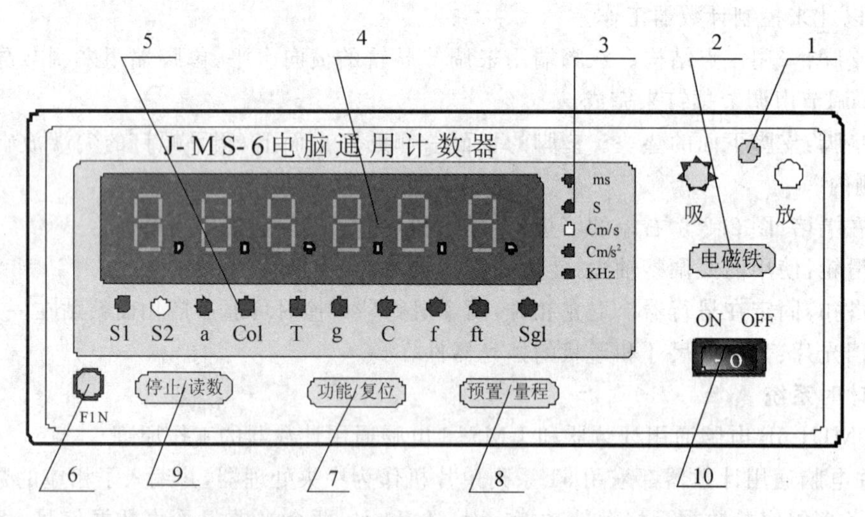

1—电磁铁开关指示灯；2—电磁铁键；3—测量单位指示灯；4—显示屏；

5—功能转换指示灯；6—测频输入口；7—功能键(功能/复位键)；

8—转换键(预置/量程键)；9—取数键(停止/读数键)；10—电源开关

图 2.2.3 J-MS-6 电脑通用计数器

功能键(功能/复位键)：用于十种功能的选择和取消，显示数据复位。①功能复位：在按键之前，如果光电门遮过光，按下此键，则显示屏清"0"，功能复位。②功能选择：功能复位以后，按下此键仪器将选择新的功能。若按住此键不放，可循环选择功能，至所需的功能灯亮时，放开此键即可。

转换键(预置/量程键)：用于测量单位的转换，挡光片宽度的设定及简谐振动周期值的设定。

取数键(停止/读数键)：按下此键可读出前几次实验中存入的：计时"S_1"、计时"S_2"、加速度"a"、碰撞"col"、周期"T"和重力加速度"g"的实验值。当显示"E×"，提示将显示存入的第×次实验值。在显示过程中，按下功能/复位键，会清除已存入的数据。

电源开关：MUJ-6B电脑通用计数器的电源开关在后面板上。

(3) 计时系统

计时系统由固定在导轨上的两个光电门和随滑块运动的挡光片及电脑通用计数器组成。

电脑通用计数器在本试验中所使用的功能键的作用如下。

计时"S_1"：测量挡光片对 P_1 或对 P_2 的挡光时间，可连续测量。也可以测量挡光片通过 P_1 或 P_2 的平均速度。

计时"S_2"：测量挡光片对 P_1 或 P_2 两次挡光的时间间隔。也可以测量挡光片通过 P_1 或 P_2 的平均速度。

加速度"a"：测量挡光片通过 P_1 和 P_2 的平均速度及通过 P_1 和 P_2 的时间，或测量挡光片通过 P_1 和 P_2 的平均加速度。

周期"T"：测量简谐振动中若干个周期的时间或周期的个数。

设定周期数：按下转换键(预置/量程键)不放，确认到所需的周期数放开此键。每完成一个周期，显示屏上周期数会自动减1，最后一次挡光完成，会显示累计时间值。

不设定周期数：在周期数显示为0时，每完成一个周期，显示周期数会增加1，按下转换键(预置/量程键)即停止测量。显示最后一个周期约1 s后，显示累计时间。按取数键(停止/读数键)，可提取单个周期的时间值。

下面介绍挡光片的工作原理。

① 凸型挡光片如图2.2.4所示，当滑行器推动挡光片前沿 l_1 通过光电门时，计数器开始计时，当滑行器推动挡光片后沿 l_2 通过光电门时，挡光结束，计数器停止计时。

此类挡光片与计数器的"S_1"功能配合使用。若选定的单位是时间，则屏上显示的是挡光片的挡光时间 Δt。设挡光片的宽度为 Δl，实验中一般选取 $\Delta l=1.00$ cm。若选定的单位是速度，则计数器还可以自动计算出滑行器经过光电门的平均速度 $v=\Delta l/\Delta t$，并显示出来。

② 凹型挡光片如图2.2.5所示，当滑行器推动前挡光条的前沿 l_1 挡光时，计数器开始计时，当滑行器推动后挡光条的前沿 l_2 挡光时，计数器停止计时。

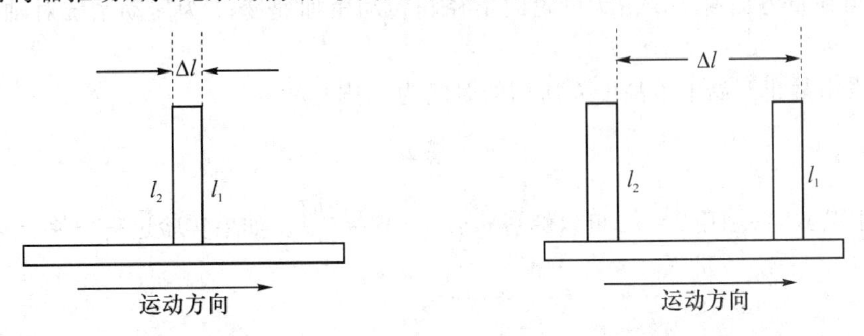

图2.2.4　凸型挡光片　　　图2.2.5　凹型挡光片

此类挡光片与计数器的"S_2"功能配合使用。若选定的单位是时间，则屏上显示的是两次挡光的时间间隔 Δt。挡光片的前后挡光条同侧边沿之间的距离为 Δl，实验中有宽度为1.00 cm、3.00 cm、5.00 cm、10.00 cm的宽度的挡光片供选择。若选定的单位是速度，则计数器还可自动算出滑行器通过光电门的平均速度 $v=\Delta l/\Delta t$，并显示出来。

此类挡光片与计数器的"a"功能配合，可自动计算出滑行器通过两个光电门的平均加速度。原理为:计数器能自动算出滑行器经过两个光电门的平均速度 v_1 和 v_2,还可以记录滑行器通过两个光电门的时间 t,然后由公式 $a=\frac{v_2-v_1}{t}$ 自动算出滑行器通过两个光电门的平均加速度。

实验3 刚体转动实验(用刚体转动实验仪)

一、实验目的

1. 验证刚体的转动定律,测定刚体的转动惯量。
2. 进一步理解刚体的质量及质量分布对转动惯量的影响。
3. 验证平行轴定理。
4. 掌握用作图法(曲线改直)处理数据。

二、实验仪器

刚体转动实验仪;秒表;米尺;游标卡尺;砝码。

三、实验原理

刚体绕固定转轴转动时,刚体转动的角加速度 β 与刚体所受到的合外力矩 M、刚体对该转轴的转动惯量 I 之间有 $M=I\beta$ 的关系,这一关系称为刚体的转动定律。本实验所用仪器装置如图 2.3.1 所示。当忽略了各种摩擦阻力,不计滑轮和线的质量,并且线长不变时,塔轮(塔轮质量为 m_0)仅仅受到线的拉力 T 的力矩作用,砝码(质量为 m)以加速度 a 下落,则

$$T=m(g-a) \tag{2.3.1}$$

$$Tr=I\beta \tag{2.3.2}$$

式中 g 为当地重力加速度;r、β 为塔轮的半径和转动角加速度;I 为转动系统对轴 OO' 的转动惯量。

若砝码由静止开始下落高度 h 所用的时间为 t,则

$$h=\frac{1}{2}at^2 \tag{2.3.3}$$

由以上公式,并利用 $a=r\beta$ 可以解得 $m(g-a)r=\frac{2hI}{rt^2}$。如果实验过程中使 $g\gg a$,则有

$$mgr=\frac{2hI}{rt^2} \tag{2.3.4}$$

下面就公式(2.3.4)分两种情况来讨论。

(1) 若保持 m、h 大小不变,m_0 大小、位置不变,改变 r,测出对应的时间 t。根据(2.3.4)式有

$$r=\sqrt{\frac{2hI}{mg}}\cdot\frac{1}{t} \tag{2.3.5}$$

作 r-$\frac{1}{t}$ 图,如果图线是一条直线,则公式(2.3.5)被验证,从而间接地验证了刚体的转动定

律,同时由直线的斜率可求出系统转动惯量 I。

(2) 若保持 h、r、m 不变,对称地改变 m_0 的位置,即改变两个 m_0 的质心到 OO′轴的距离 x,根据刚体转动的平行轴定理,整个转动系统 ΔL 轴的转动惯量为

$$I=I_0+I_{0C}+2m_0x^2 \tag{2.3.6}$$

式中 I_0 为塔轮 A 及两臂 B、B′绕 OO′轴的转动惯量;I_{0C} 为两个 m_0 绕通过其质量中心并且平行于 OO′的轴的转动惯量。将公式(2.3.6)代入公式(2.3.4)可得

$$t^2=\frac{4m_0h}{mgr^2}\cdot x^2+\frac{2h(I_0+I_{0C})}{mgr^2}=kx^2+c \tag{2.3.7}$$

移动两个 m_0 的位置,测量出 x 及其相对的 t 值,作出 t^2-x^2 图线,如果为一直线,从而间接地验证了平行轴定理。

四、实验内容

1. 验证刚体转动定律,测定刚体的转动惯量

(1) 安装调试实验装置如图 2.3.1 所示。取下塔轮,换上铅锤,调节底座的调平螺钉,使铅锤位于轴线中间,保证 OO′轴线竖直;调整塔轮支架的位置,让塔轮上的细线水平的跨过滑轮,挂一个质量为 m 的砝码,使各个滑动部分能活动自如。

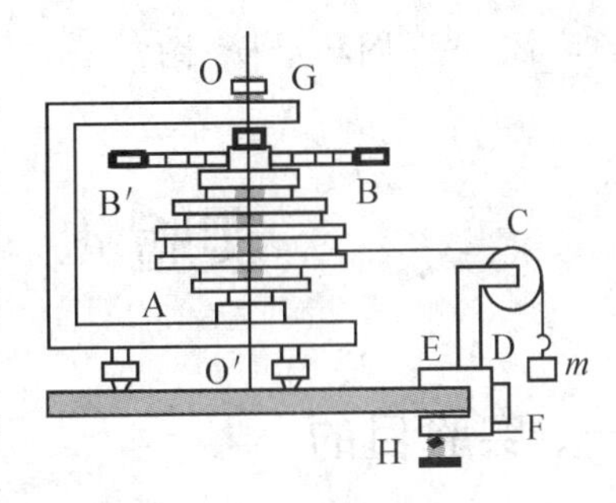

图 2.3.1

(2) 将质量为 m_0 的两个圆柱体对称地固定在两臂 B、B′上,r_1 取 1 cm,在维持砝码质量 m($m=20$ g)不变的情况下,让其从静止开始下落,记录砝码经过距离 h 所用的时间 t,重复三次取平均值 t_1。

(3) 改变 r 的值三至五次,其他条件不变,重复上述方法,测出对应的时间 $t_1,t_2,t_3,\cdots,t_5$。

2. 验证平行轴定理并观测转动惯量与质量分布的关系

选定 m、h、r,分别测出两 m_0 对称置于(5,5′)、(4,4′)、…、(1,1′)位置时的 x_i 及 m 下落 h 距离所用的时间 t_i,每一位置测量三次取其平均值。

五、注意事项

(1) 用塔轮上的不同半径做实验时,一定要上下调节滑轮的位置,以保证细线从塔轮绕出后与转轴垂直,同时要使滑轮与细线在同一平面内。

(2) 砝码开始下落时,尽量做到初速为 0,且保证 $g\gg a$。

(3) 调节仪器转轴与支撑面垂直,调整滑轮支架的位置、高低,使塔轮绕线水平跨过滑轮,塔轮转轴不能固定太紧,也不要太松,以尽量减少摩擦。

六、数据记录及处理

1. 作 r-$\frac{1}{t}$ 图,采用作图的方法求出转动惯量

(1) 将实验内容 1 的测量数据填入自拟的表格中,并求出 $\bar{t}$ 和 $\frac{1}{t}$。

(2) 在直角坐标纸上作出 r-$\frac{1}{t}$ 图,如为直线即验证了转动定律。

(3) 从 $r\text{-}\frac{1}{t}$ 图上求出斜率 k，根据 $k=\sqrt{\frac{2hI}{mg}}$ 求出转动系统对 OO' 轴的转动惯量。

2. 作 $t^2\text{-}x^2$ 图

(1) 把实验步骤 2 中的测量数据填入自拟的表格内，求出 $\bar{t}$ 和 $\bar{t}^2$。

(2) 采用坐标纸，作出 $t^2\text{-}x^2$ 图线，如为直线，则平行轴定理得到了验证。

3. 观察转动惯量与质量分布的关系

把实验内容 1 和 2 测得时间的平均值，分别代入(2.3.4)式，计算出转动惯量 I，分析结果，总结出转动惯量与质量及质量分布的关系。

七、思考题

1. 怎样安装和调整刚体转动实验仪？
2. 实验采用什么数据处理方法验证转动定律和平行轴定理？为什么不作 $r\text{-}t$ 图和 $t^2\text{-}x$ 图，而作 $r\text{-}\frac{1}{t}$ 图和 $t^2\text{-}x^2$ 图？

实验 4　金属线胀系数的测定

一、实验目的

1. 掌握利用光杠杆测定线胀系数的原理及方法。
2. 理解光杠杆测量微小长度的原理及方法。

二、实验仪器

GXZ 型固体线胀系数测定仪(附光杠杆案例)；望远镜直横尺；钢卷尺；蒸汽发生器；气压计(共用)；温度计(50～100 ℃，准确到 0.1 ℃)；游标卡尺。

三、实验原理

1. 金属线胀系数的测定及其测量方法

当固体温度升高时，产生线度增长的现象称为固体的线膨胀。固体长度 L 和温度 t 之间的函数关系式为：$L=L_0(1+\alpha t+\beta t^2+\cdots)$，式中 L_0 为温度为 0 ℃时的长度。α,β…是和被测物质有关的常数，因 β 及其以后的项比 α 小很多，可略去。α 为固体线膨胀系数，单位为 $0\ ℃^{-1}$。所以在常温下，固体的长度 L 与温度 t 有如下关系：

$$L=L_0(1+\alpha t) \tag{2.4.1}$$

设物体在 t_1 ℃时的长度为 L，温度升到 t_2 ℃时增加了 ΔL。根据(2.4.1)式可以写出

$$L=L_0(1+\alpha t_1) \tag{2.4.2}$$

$$L+\Delta L=L_0(1+\alpha t_2) \tag{2.4.3}$$

从(2.4.2)、(2.4.3)式中消去 L_0 后，再经简单运算得：

$$\alpha=\frac{\Delta L}{L(t_2-t_1)-\Delta L t_1} \tag{2.4.4}$$

由于 $\Delta L \ll L$，故(2.4.4)式可以近似写成

$$\alpha=\frac{\Delta L}{L(t_2-t_1)} \tag{2.4.5}$$

显然，固体线胀系数的物理意义是当温度变化 1 ℃时，固体长度的相对变化值。在(2.4.5)式中，L、t_1、t_2 都比较容易测量，但 ΔL 很小，一般长度仪器不易测准，本实验中用光杠杆和望远镜标尺组来对其进行测量。关于光杠杆和望远镜标尺组测量微小长度变化原理可以根据如图 2.4.1 所示进行推导。

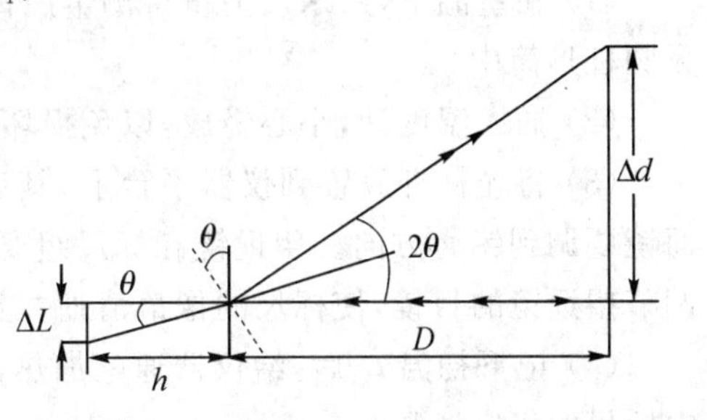

图 2.4.1　光杠杆放大原理

由图中几何关系可知，$\tan\theta=\Delta L/h$，反射线偏转了 2θ，$\tan 2\theta=\Delta d/D$，当 θ 角度很小时，$\tan 2\theta \approx 2\theta$，$\tan\theta \approx \theta$，故有 $2\Delta L/h=\Delta d/D$，即

$$\Delta L=\Delta d\, h/2D，\text{或者 } \Delta L=(d_2-d_1)h/2D \tag{2.4.6}$$

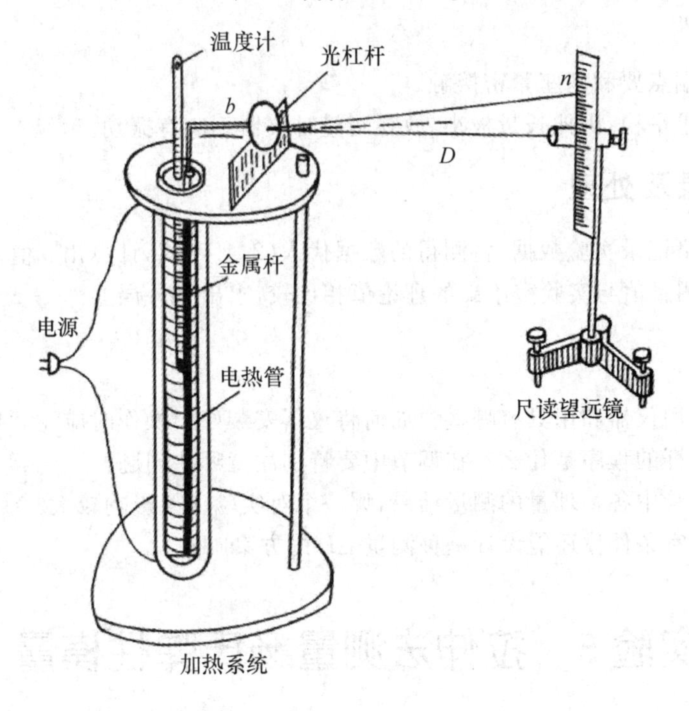

图 2.4.2　实验装置图

2. 测量装置简介

待测金属棒直立在仪器的大圆筒中，光杠杆的后脚尖置于金属棒的上顶端，两个前脚尖置于固定平台的凹槽内。

设在温度 t_1 时，通过望远镜和光杠杆的平面镜，看到标尺上的刻度 d_1 恰好与目镜中十字横线重合，当温度升到 t_2 时，与十字横线重合的是标尺的刻度 d_2，则根据光杠杆原理可得

$$\alpha=\frac{(d_2-d_1)h}{2D(t_2-t_1)} \tag{2.4.7}$$

四、实验内容

(1) 在室温下,用米尺测量待测金属棒的长度 L 三次,取平均值。然后将其插入仪器的大圆柱形筒中。

(2) 插入温度计,小心轻放,以免损坏。

(3) 将光杠杆放置到仪器平台上,其后足尖踏到金属棒顶端,前两足尖踏入凹槽内,平面镜要调到铅直方向。望远镜和标尺组要置于光杠杆前约 1 m 距离处,标尺调到垂直方向。调节望远镜的目镜,使标尺的像最清晰并且与十字横线间无视差,记下标尺的读数 d_1。

(4) 记下初温 t_1 后,给仪器通电加热,待温度计的读数稳定后,记下温度 t_2 以及望远镜中标尺的相应读数 d_2。

(5) 停止加热,测出距离 D。取下光杠杆放在白纸上轻轻压出三个足尖痕迹,用铅笔通过前两足迹联成一直线,再由后足迹引到此直线的垂线,用标尺测出垂线的距离 h。

五、注意事项

(1) 棒的下端点要和基座紧密接触。

(2) 整体要求平稳,因伸长量极小,故在测量时仪器不应有振动。

六、数据记录及处理

(1) 自拟表格记录实验数据,将测得的数据代入(2.4.7)式,计算出 α 值。

(2) 将 α 的测量值与实验室给出的理论值相比较,求出百分误差。

七、思考题

1. 本实验所用仪器和用具有哪些?如何将仪器安装好?操作时应注意哪些问题?
2. 调节光杠杆的程序是什么?在调节中要特别注意哪些问题?
3. 分析本实验中各物理量的测量结果,哪一个对实验误差影响较大?
4. 根据实验室条件你还能设计一种测量 ΔL 的方案吗?

实验 5　拉伸法测量杨氏弹性模量

一、实验目的

1. 进一步熟悉用光杠杆测量微小长度的原理和方法。
2. 掌握拉伸法测量金属丝的杨氏模量的原理及方法。
3. 训练正确调整测量系统的能力。
4. 学习一种处理实验数据的方法——逐差法。

二、实验仪器

杨氏模量测定仪;螺旋测微器;游标卡尺;钢卷尺;光杠杆及望远镜直尺。

三、实验原理

胡克定律指出，在弹性限度内，弹性体的应力和应变成正比。设有一根长为 L，横截面积为 S 的钢丝，在外力 F 作用下伸长了 ΔL，则

$$\frac{F}{S}=E\frac{\Delta L}{L} \tag{2.5.1}$$

式中的比例系数 E 称为杨氏模量，单位为 $\mathrm{N\cdot m^{-2}}$。设实验中所用钢丝直径为 d，则 $S=\frac{1}{4}\pi d^2$，将此公式代入上式整理以后得

$$E=\frac{4FL}{\pi d^2\Delta L} \tag{2.5.2}$$

上式表明，对于长度 L，直径 d 和所加外力 F 相同的情况下，杨氏模量 E 大的金属丝的伸长量 ΔL 小。因而，杨氏模量表达了金属材料抵抗外力产生拉伸(或压缩)形变的能力。

如图 2.5.1 所示安装光杠杆及望远镜直横尺。光杠杆前后足尖的垂直距离为 h，光杠杆平面镜到标尺的距离为 D，设加质量为 m 的砝码后金属丝伸长为 ΔL，加砝码 m 前后望远镜中直尺的读数差为 Δd，则由图 2.5.2 知，$\tan\theta=\Delta L/h$，反射线偏转了 2θ，$\tan 2\theta=\Delta d/D$，当 $\theta<5°$时，$\tan 2\theta\approx 2\theta$，$\tan\theta\approx\theta$，故有 $2\Delta L/h=\Delta d/D$，即 $\Delta L=\Delta d\, h/2D$，或者

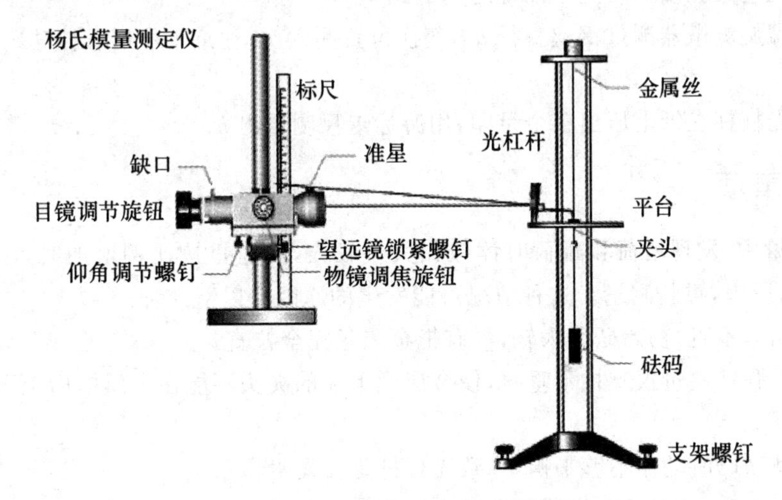

图 2.5.1　杨氏模量装置图

$$\Delta L=(d_2-d_1)h/2D \tag{2.5.3}$$

将 $F=mg$ 代入上式，得出用伸长法测金属的杨氏模量 E 的公式为

$$E=\frac{8mgLD}{\pi d^2\Delta dh} \tag{2.5.4}$$

四、实验内容

1. 杨氏模量测定仪的调整

(1) 调节杨氏模量测定仪底脚螺钉，使立柱处于垂直状态。

(2) 将钢丝上端夹住，下端穿过钢丝夹子

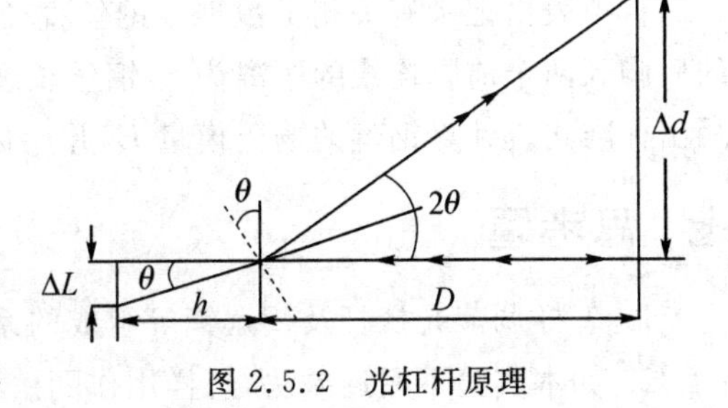

图 2.5.2　光杠杆原理

和砝码相连。

(3) 将光杠杆放在平台上，调节平台的上下位置，尽量使三足尖在同一个水平面上。

2. 光杠杆及望远镜直横尺的调节

(1) 在杨氏模量测定仪前方约 1 m 处放置望远镜直尺组合，并使望远镜和光杠杆在同一个高度，并使光杠杆的镜面和标尺都与钢丝平行。

(2) 调节望远镜，在望远镜中能看到平面镜中直尺的像。

(3) 仔细调节望远镜的目镜，使望远镜内的十字线看起来清楚为止，调节平面镜、标尺的位置及望远镜的物镜焦距，使人们能清楚地看到标尺刻度的像。

3. 测量

(1) 将砝码托盘挂在下端，再放上一个砝码成为本底砝码，拉直钢丝，然后记下此时望远镜中所对应的读数。

(2) 顺次增加砝码 1 kg，直至将砝码全部加完为止，然后再依次减少 1 kg 直至将砝码全部取完为止，分别记录下读数，注意加减砝码时动作要轻缓。由对应同一砝码值的两个读数求平均，然后再分组对数据应用逐差法进行处理。

(3) 用钢卷尺测量钢丝长度 L。

(4) 用钢卷尺测量标尺到平面镜之间的距离 D。

(5) 用螺旋测微器测量钢丝直径 d，变换位置测六次(注意不能用悬挂砝码的钢丝)，求平均值。

(6) 将光杠杆在纸上压出三个足印，用游标卡尺测量出 h。

五、注意事项

实验测量中，发现增荷和减荷时读数相关差较大，当荷重按比例增加时，Δd 不按比例增加，应找出原因，重新测量。这种情况可能发生的原因有以下几种。

(1) 金属丝不直，初始砝码太轻，没有把金属丝完全拉直。

(2) 杨氏弹性模量仪支柱不垂直，使金属丝下端的夹头不能在金属框内上下自由滑动，摩擦阻力太大。

(3) 加减砝码时动作不够平衡，导致光杠杆足尖发生移动。

(4) 上下夹头未夹紧，在增荷时发生金属下滑。

(5) 实验过程中地板、实验桌振动或者某种原因碰动仪器，使读数发生变化。

六、数据记录及处理

自拟表格记录有关测量数据。钢丝直径测量五次求平均，并写出 d 的标准式。光杠杆的后脚到两个前脚连线的距离为 h，钢丝长度 L，标尺到平面镜的距离 D 都取单次测量分别写出标准式。计算钢丝的杨氏模量 E，并用标准式表示。

七、思考题

1. 怎样调节光杠杆及望远镜等组成的系统，使在望远镜中能看到清晰的像？

2. 如本实验不用逐差法，怎样用作图法处理数据？

实验6 拉脱法测量液体的表面张力系数

一、实验目的

1. 掌握使用拉脱法测定室温下水的张力系数的方法。

2. 学会使用焦利氏秤测量微小力的方法。

二、实验仪器

焦利氏秤；砝码；烧杯；"Π"形金属丝；温度计；酒精灯（共用）；待测液体（实验室配备溶液）；游标卡尺。

焦利氏秤是本实验所用主要仪器，它实际上是一个倒立的精密的弹簧秤。如图2.6.1所示。仪器的主要部分是一空管立柱A和套在A内的能上下移动的金属杆B，B上有毫米刻度，其横梁上挂有一弹簧D，A上附有游标C和可以移动的平台H（H固定后，通过螺钉S可微调上下位置），G为十字线，M为平面镜，镜面有一标线，F为砝码盘。实验时，使十字线G的位置不变。转动旋钮E可控制B和D的升降，从而拉伸弹簧，确定伸长量，根据胡克定律可以算出弹力的大小。焦利氏秤上常附有三种规格的弹簧。可根据实验时所测力的最大数值及测量精密度的要求来选用。

三、实验原理

液体表面层内分子相互作用的结果使得液体表面自然收缩，犹如张紧的弹性薄膜。由于液面收缩沿着液面切线方向而产生的力称为表面张力。设想在液面上作长为L的线段，线段两侧液面便有张力f相互作用，其方向与L垂直，大小与线段长度L成正比。即有：

$$f=\alpha L \tag{2.6.1}$$

比例系数α称为液体表面张力系数，其单位为$N \cdot m^{-1}$。

将一表面洁净的长为L、宽为d的矩形金属片（或金属丝）竖直浸入水中，然后慢慢提起一张水膜，当金属片将要脱离液面，即拉起的水膜将要破裂时（拉起水膜为最大），则有

$$F=mg+f \tag{2.6.2}$$

式中F为把金属片拉出液面时所用的力；mg为金属片和带起的水膜的总重量；f为表面张力。此时，f与接触面的周围边界$2(L+d)$，代入（2.6.2）式中可得

$$\alpha=\frac{F-mg}{2(L+d)} \tag{2.6.3}$$

若用金属环代替金属片，则有

$$\alpha=\frac{F-mg}{\pi(d_1+d_2)} \tag{2.6.4}$$

式中d_1、d_2分别为圆环的内外直径。

实验表明，α与液体种类、纯度、温度和液面上方的气体成分有关，液体温度越高，α值越小，液体含杂质越多，α值越小，只要上述条件保持一定，则α是一个常数。所以测量α时要

记下当时的温度和所用液体的种类及纯度。

四、实验内容

(1) 按照如图 2.6.1 所示安装仪器。挂好弹簧,调节三脚底座上的螺钉,使金属管 A、竖直弹簧 D 互相平行,转动旋钮 E 使三线对齐,读出游标 0 线对应在 B 杆上刻度的数值 L_0。

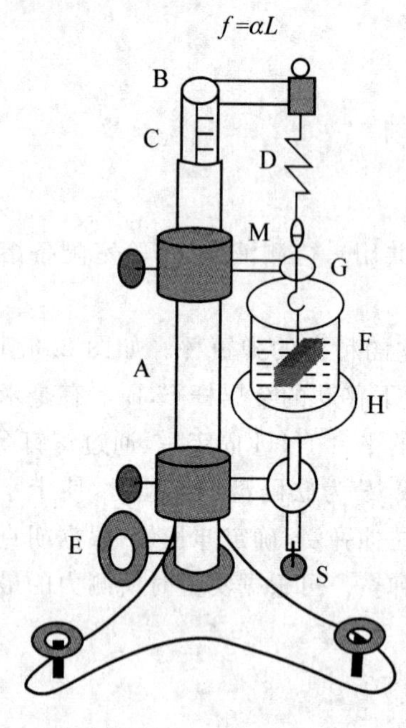

图 2.6.1 拉脱法示意图

(2) 测量弹簧的倔强系数 K。依次将质量为 1 g, 2.0 g, 3.0 g, …, 9.0 g 的砝码加在砝码盘内。转动旋钮 E,每次都重新使三线对齐,分别记下游标 0 线所指示在 B 杆上的读数 $L_1, L_2, \cdots, L_9$,用逐差法求出弹簧的倔强系数。

$$K_1=5g/(L_5-L_0)、K_2=5g/(L_6-L_1)、$$
$$K_3=5g/(L_7-L_2)、K_4=5g/(L_8-L_3)、$$
$$K_5=5g/(L_9-L_4),$$
$$\overline{K}=(K_1+K_2+\cdots+K_5)/5 \tag{2.6.5}$$

(3) 测$(F-mg)$值。将金属片(常用金属丝 U 形框)仔细擦洗干净,此时再放在酒精灯上烘烤一下,然后把它挂在砝码盘 F 下端的一个小钩子上,把装有蒸馏水的烧杯置于平台 H 上,调节平台位置,使金属片浸入水中,并调节三线对齐,记下此时游标 0 线指示 B 杆上读数 S_0。转动 H 下端旋钮 S 使 H 缓缓下降,由于水的表面张力作用,上面已调好的三线对齐状态受到破坏,调节旋钮 E 使三线再次对齐,然后再使 H 下降一点,重复刚才的调节,直到 H 稍微下降,金属片脱出液面为止;记下此时游标 0 线所指示的 B 杆上读数 S,算出$(S-S_0)$值,即为在表面张力作用下,弹簧的伸长量。重复测量五次,求出$(S-S_0)$的平均值$\overline{(S-S_0)}$,此时有

$$F-mg=\overline{K(S-S_0)} \tag{2.6.6}$$

式中$\overline{K}$为(2.6.5)式中所示弹簧的倔强系数,将(2.6.6)式代入(2.6.3)式中可得

$$\alpha=\frac{\overline{K(S-S_0)}}{2(L+d)} \tag{2.6.7}$$

(4) 用卡尺测出 L、d 值,将数据代入(2.6.7)式中即可算出水的 α 值。再测量蒸馏水的温度,可查出此温度下蒸馏水的标准值 α,并作比较。

五、注意事项

(1) 由于杂质和油污可使水的表面张力显著减小,所以务必使蒸馏水、烧杯、金属片保持洁净。实验前要对装蒸馏水的烧杯、金属片进行清洁处理,依次用 NaOH 溶液→酒精→蒸馏水将以上用具清洗干净,烘干后备用。

(2) 焦利氏秤专用弹簧不要随意拉动,或挂较重物体,以防损坏。

(3) 测量“Π”形丝宽度时,应放在纸上,注意防止其变形。

(4) 灼烧“Π”形丝时不宜使其温度过高,微红(约 500 ℃)即可,以防变形。灼烧之后不

应再用手触摸，因“Ⅱ”形丝很小，故应防止遗失。

(5) 拉膜时动作要轻缓，尽量避免弹簧的上、下振动。为使数据测量准确，拉膜过程中动作要轻缓；在调节旋钮使弹簧均匀向上伸长时，需同时旋转螺旋 N，使载物台均匀下移，以始终保持 F、E 及其在指示镜中的像 E' 三线重合。

(6) 在使用砝码时，应使用摄子取出或存放。

六、数据记录及处理

1. 测量弹簧倔强系数 K

表 2.6.1

m_i/g							
L_i/mm							
ΔL							
K_i							

2. 测($F-mg$)值

表 2.6.2

次数	1	2	3	4	5
S_0					
S					
$\overline{(S-S_0)}$					

将数据填写到上述表格中，利用逐差法处理实验数据，并根据公式求出待测液体的表面张力系数 α 的值。

七、思考题

1. 矩形金属片浸入水中，然后轻轻提起到底面与水面相平时，试分析金属片在竖直方向的受力。

2. 分析(2.6.2)式成立的条件，实验中应如何保证这些条件实现？

3. 本实验中为何安排测($F-mg$)，而不是分别测 F 和 mg？

实验 7　落针法测量液体的黏滞系数

一、实验目的

1. 观察液体的内摩擦现象，学习用落针法测量液体的黏滞系数。

2. 学习用霍尔传感器与单板机记录针的下落时间。

二、实验仪器

黏滞系数实验仪;游标卡尺;钢直尺;物理天平;气泡水准器;密度计等。

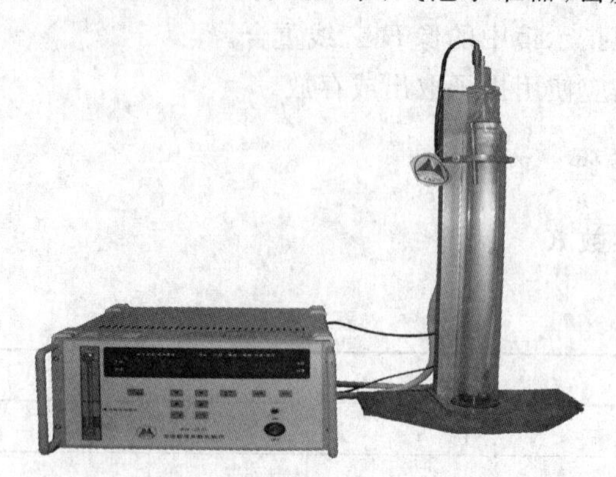

图 2.7.1 温黏滞系数实验仪

三、实验原理

在半径为 R_1 的圆管中装满黏度为 η 的液体,让长为 L,半径为 R_2 的圆形针在管中沿轴线垂直下落,若离中心轴线距离为 r 的圆管状液体的速度为 V,作用在高为 L 的圆筒状液面上的黏滞力为 $f=2\pi rL\eta\left(\frac{\mathrm{d}V}{\mathrm{d}r}\right)$,而作用在半径为 $r+\mathrm{d}r$ 的圆筒状液面上的黏滞力为 $f+\frac{\mathrm{d}f}{\mathrm{d}r}\mathrm{d}r$,所以作用在这两个圆筒状液面之间的液体上的黏滞力为$\frac{\mathrm{d}f}{\mathrm{d}r}\mathrm{d}r=2\pi L\eta\frac{\mathrm{d}}{\mathrm{d}r}\left(r\frac{\mathrm{d}V}{\mathrm{d}r}\right)\mathrm{d}r$,而在这两个圆筒状液面之间的液体上下面的压强差($p_1-p_2$)构成的力为[$-(2\pi r\mathrm{d}r)(p_1-p_2)$]这个力与黏滞力$\frac{\mathrm{d}f}{\mathrm{d}r}\mathrm{d}r$ 相平衡,即

$$2\pi L\eta\frac{\mathrm{d}}{\mathrm{d}r}\left(r\frac{\mathrm{d}V}{\mathrm{d}r}\right)\mathrm{d}r=-2\pi r(p_1-p_2)\mathrm{d}r\ \frac{\mathrm{d}}{\mathrm{d}r}\left(r\frac{\mathrm{d}V}{\mathrm{d}r}\right)=-\frac{p_1-p_2}{L\eta}r \tag{2.7.1}$$

若针在下落时的速度为 v_∞ 解式(2.7.1)得

$$\frac{\mathrm{d}V}{\mathrm{d}r}=-\frac{p_1-p_2}{L\eta}+\frac{V_\infty+(p_1-p_2)(R_1^2-R_2^2)/(4L\eta)}{r\ln(R_1/R_2)} \tag{2.7.2}$$

$$V=\frac{p_1-p_2}{2L\eta}(R_1^2-r^2)-\frac{V_\infty+(p_1-p_2)(R_1^2-R_2^2)/(4L\eta)}{\ln(R_1/R_2)}\ln\left(\frac{R_1}{r}\right) \tag{2.7.3}$$

又根据质量守恒方程,在单位时间内被落针推开的液体流量 $\pi V_\infty R_2^2$ 等于流过针和圆管间隙的流量 q,即

$$q=\int_{R_2}^{R_1}2\pi rv\mathrm{d}r=\pi V_\infty R_2^2 \tag{2.7.4}$$

把式(2.7.3)代入式(2.7.4)计算得

$$\eta=\frac{p_1-p_2}{4LV_\infty}\left[(R_1^2+R_2^2)\ln\frac{R_1}{R_2}-(R_1^2-R_2^2)\right] \tag{2.7.5}$$

可以证明式(2.7.5)中(p_1-p_2)能够写成

$$p_1-p_2=\frac{2LR_2^2(\rho_S-\rho_L)g}{R_1^2+R_2^2} \tag{2.7.6}$$

上式中 ρ_S 为针的密度，ρ_L 为液体的密度，g 为重力加速度。把式(2.7.6)代入式(2.7.5)得

$$\eta=\frac{gR_2^2(\rho_s-\rho_L)}{2V_\infty}\left(\ln\frac{R_1}{R_2}-\frac{R_1^2-R_2^2}{R_1^2+R_2^2}\right) \tag{2.7.7}$$

在以上推导中，假设容器的深度和针的长度均为无限，而实验中圆管的深度和针的长度均为有限，所以，应以针实际匀速下落的速度 V_0 代替 V_∞。这时式(2.7.7)要加一修正因子 C，C 近似为：$C=1+\frac{2}{3L_r}$，式中 $L_r=(L-2R_1)/2R_2$。

于是(2.7.7)式改写成

$$\eta=\frac{gR_2^2(\rho_S-\rho_L)C}{2V_0}\left(\ln\frac{R_1}{R_2}-\frac{R_1^2-R_2^2}{R_1^2+R_2^2}\right) \tag{2.7.8}$$

若针落下一定距离 L 的时间为 t，则可得 $V_0=L/t$，代入式(2.7.8)，得 η 的测量公式为

$$\eta=\frac{gR_2^2t(\rho_S-\rho_L)C}{2L}\left(\ln\frac{R_1}{R_2}-\frac{R_1^2-R_2^2}{R_1^2+R_2^2}\right) \tag{2.7.9}$$

如果已知液体的密度 ρ_L 和重力加速度 g，测出 R_1、R_2、L、I、t，再称出针的质量 m，就可以算出黏度系数 η。对本实验仪器，参数为：落针长度 $L=188$ mm，圆管内径 $R_1=18$ mm，落针半径 $R_2=3.5$ mm，落针质量 $m=16$ g。

四、实验内容与步骤

(1) 安装仪器，水箱注水直至水位升到绿色指示区内。

(2) 接通仪器电源，打开电源开关，仪器显示“PH2”(否则按复位键)。

(3) 打开控温开关，显示当前温度。将温控器调到某一温度，此时升温指示灯亮，对待测液体进行水浴加热，到达设定温度后，升温指示灯熄灭(按“工作/设定”键)。

(4) 设置参数：将针密度 ρ_S、待测液体密度 ρ_L、器壁修正系数 PO 输入芯片(参考值 $\rho_S=$ 2 211 kg/m³，待测液体为甘油 $\rho_L=$ 1 260 kg/m³，$PO=0.017$)。按数据输入，当某位数字在闪动，便可通过按上升键▲或下降键▼来修改该位数值，若要设定另一位数值，可反复按循环键↷，直至使该位数字在闪动。

(5) 设定完后按“实验”键，数码显示“PLEASE”，该机处于待命状态。

(6) 调整落针，待液体稳定后拉起发射器上的磁铁，针沿管轴心落下，触动霍尔传感器，记下下落时间 t，按“结果”键，显示黏滞系数 η。

(7) 重复多次实验，多次测量 t 及 η 值。

五、注意事项

(1) 需使针垂直下落，不要触碰到容器壁。

(2) 用取针器将针拉起并悬挂在圆筒上端后，由于液体受到扰动，处于不稳定状态，应稍等片刻，再将针投下，进行测量。

(3) 取针装置上的磁铁尽量远离容器和针，以免对针下落造成影响。

(4) 给仪器加水及操作实验过程中，勿将水洒出，否则易使仪器出现短路、漏电故障，产生危险。

(5) 若仪器长期存放(如15天以上),须将水排尽,以免水质发生变化及仪器部分发生锈蚀。

六、数据记录及处理

(1) 数据记录表格。

表 2.7.1

测量次数	落针长度 L/mm	落针外径 $2R_2$/mm	同名磁极间距 l/mm	玻管内径 $2R_1$/mm	落针量 m/g	下落时间 t/s
1						
2						
3						
4						
5						
平均值						

$\theta=$________ $\rho_1=$________ $g=$________

(2) 由表格的数据及其他有关数据代入式(2.7.9),计算出流体的动力黏度系数 η。

(3) 将式(2.7.9)计算的 η 值与单板机显示的 η 值比较。

七、思考题

1. 在式(2.7.9)中,若修正因子 C 引起的误差忽略不计,g 作为常量,试推导估算 η 的相对误差公式,并指出产生误差的主要因素是什么?如何减小误差?

2. 若有两个密度不同的针,试说明如何利用本实验装置测量液体的密度?并推导测量公式。

3. 流体的黏滞系数与哪些因素有关?

4. 测定液体黏滞系数的方法有哪些?

附录:黏滞系数实验仪使用说明

黏滞系数实验仪由本体、落针、霍尔传感器、单板机(由温度设定、显示、实验序号及计时器等)四部分组成。

1. 仪器本体

本体结构如图2.7.2所示,装有待测液体的玻璃管竖直固定在底座上。底座下部有调节水平的螺钉。底座上竖立的支架中部装有霍尔传感器。玻璃管顶部的盖子上装有投针装置(发射器)及温度传感器,它包括喇叭形的导环。此导环便于取针和让针沿玻管轴线下落。当取针器把针由玻管底部提起时,针沿导环到达盖子顶部,被拉杆上的永久磁铁吸住,拉起拉杆,针将沿玻管轴线自动下落。

2. 落针

落针结构如图2.7.3所示,它是由有机玻璃制成的内置铅条的细长圆柱体,其外半径为

R_2，平均密度为 ρ_s，改变铅条的数量可以改变针的平均密度、在针内部的两端装有永久磁铁，两磁铁异名磁极相对，而同名磁极间的距离为 L。

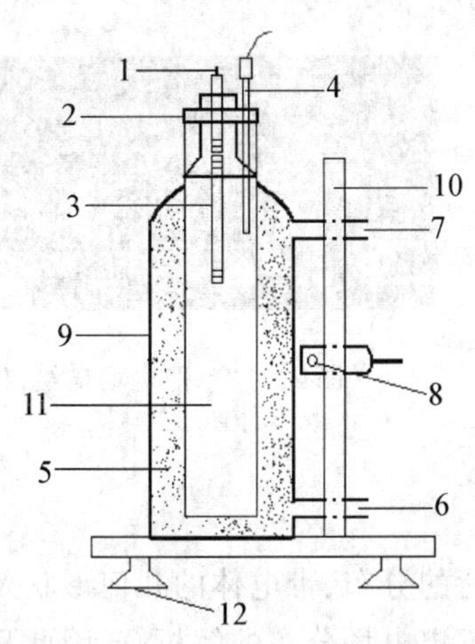

1—发射器；2—篮子；3—落针；4—温度传感器；
5—可加温的循环水；6—进水口；7—出水口；
8—霍尔传感器；9—圆筒容器；10—支架；
11—可调节支架腿；12—被测液

图 2.7.2 落针式动力黏度测定仪结构图

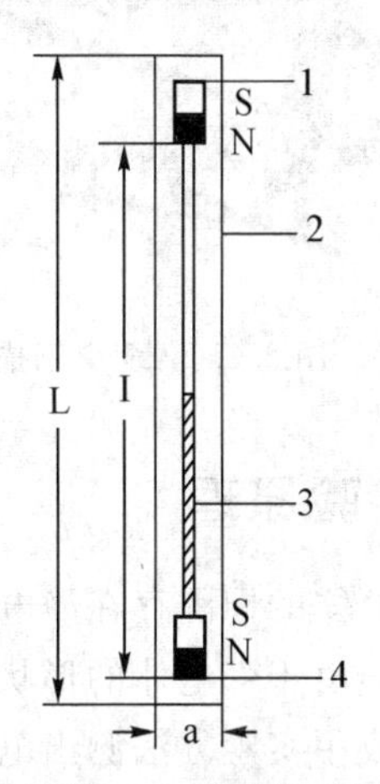

1—磁铁；2—有机玻璃管；
3—铅条；4—磁铁

图 2.7.3 落针结构图

3. 霍尔传感器

霍尔传感器做成圆柱体，固定在仪器本体上，输出信号接到单板机计时器上，每当磁铁经过霍尔传感器附近时，传感器输出一个矩形脉冲，同时由 LED(发光二级管)指示。

4. 单板机

由单板机为基础的多功能毫秒计用以计时和数据处理，由 6 个数码管显示，位于面板右端。以单板机为基础的温度设定、自动温控及显示位于面板左侧。单板机计时器不仅可以计数、计时，还有存储、运算等功能。

实验 8 静电场的描绘

一、实验目的

1. 学会用模拟法测绘静电场。
2. 加深对电场强度和电位概念的理解。

二、实验仪器

静电场描绘仪；静电场描绘仪信号源；滑线变阻器；万用电表。

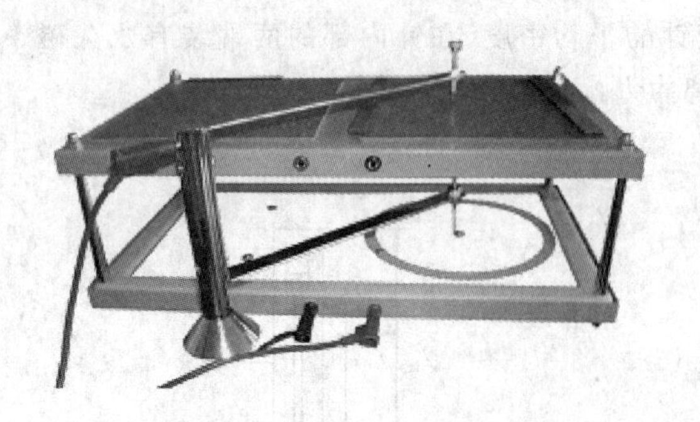

图 2.8.1　静电场描绘仪

图 2.8.2　静电场描绘仪信号源

三、实验原理

带电体的周围存在静电场，场的分布是由电荷的分布、带电体的几何形状及周围介质所决定的。由于带电体的形状复杂，大多数情况求不出电场分布的解析解，因此只能靠数值解法求出或用实验方法测出电场分布。直接用电压表法去测量静电场的电位分布往往是困难的，因为静电场中没有电流，磁电式电表不会偏转；另外由于与仪器相接的探测头本身总是导体或电介质，若将其放入静电场中，探测头上会产生感应电荷或束缚电荷，而这些电荷又产生电场，与被测静电场叠加起来，对被测电场产生显著的影响。因此，实验时一般采用间接的测量方法(即模拟法)来解决。

1. 用稳恒电流场模拟静电场

模拟法本质上是用一种易于实现、便于测量的物理状态或过程模拟不易实现、不便测量的物理状态或过程，它要求这两种状态或过程有一一对应的两组物理量，而且这些物理量在两种状态或过程中满足数学形式基本相同的方程及边界条件。

本实验是用便于测量的稳恒电流场来模拟不便测量的静电场，这是因为这两种场可以用两组对应的物理量来描述，并且这两组物理量在一定条件下遵循着数学形式相同的物理规律。例如对于静电场，电场强度 $\boldsymbol{E}$ 在无源区域内满足以下积分关系：

$$\oint\!\!\!\oint_S \boldsymbol{E} \cdot \mathrm{d}\boldsymbol{S} = 0 \tag{2.8.1}$$

$$\oint_l \boldsymbol{E} \cdot \mathrm{d}\boldsymbol{l} = 0 \tag{2.8.2}$$

对于稳恒电流场，电流密度矢量 $\boldsymbol{j}$ 在无源区域中也满足类似的积分关系：

$$\oint\!\!\!\oint_S \boldsymbol{j} \cdot \mathrm{d}\boldsymbol{S} = 0 \tag{2.8.3}$$

$$\oint_l \boldsymbol{j} \cdot \mathrm{d}\boldsymbol{l} = 0 \tag{2.8.4}$$

在边界条件相同时，二者的解是相同的。

当采用稳恒电流场来模拟研究静电场时，还必须注意以下使用条件。

(1) 稳恒电流场中的导电质分布必须相应于静电场中的介质分布。具体地说，如果被模拟的是真空或空气中的静电场，则要求电流场中的导电质应是均匀分布的，即导电质中各处的电阻率 ρ 必须相等；如果被模拟的静电场中的介质不是均匀分布的，则电流场中的导电质应有相应的电阻分布。

(2) 如果产生静电场的带电体表面是等位面，则产生电流场的电极表面也应是等位面。为此，可采用良导体做成电流场的电极，而用电阻率远大于电极电阻率的不良导体(如石墨粉、自来水或稀硫酸铜溶液等)充当导电质。

(3) 电流场中的电极形状及分布，要与静电场中的带电导体形状及分布相似。

2. 长直同轴圆柱面电极间的电场分布

如图 2.8.3 所示是长直同轴圆柱形电极的横截面图。设内圆柱的半径为 a，电位为 V_a，外圆环的内半径为 b，电位为 V_b，则两极间电场中距离轴心为 r 处的电位 V_r 可表示为

$$V_r = V_a - \int_a^r E\,\mathrm{d}r \qquad (2.8.5)$$

又根据高斯定理，则圆柱内 r 点的场强

$$E=K/r \qquad (\text{当 } a<r<b \text{ 时}) \qquad (2.8.6)$$

式中 K 由圆柱体上线电荷密度决定。

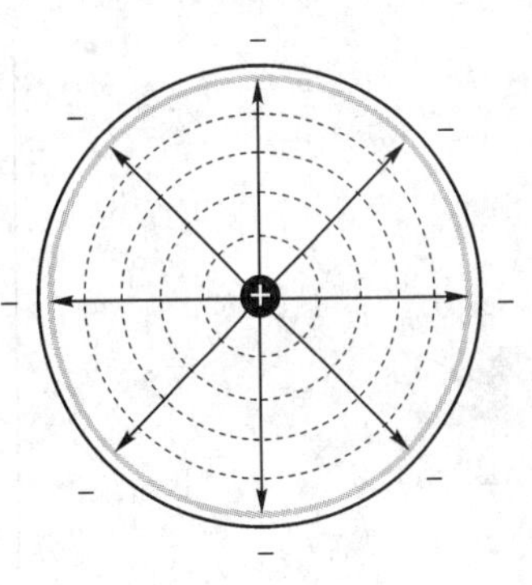

图 2.8.3

将(2.8.6)式代入(2.8.5)式

$$V_r = V_a - \int_a^r \frac{K}{r}\mathrm{d}r = V_a - K\ln\frac{r}{a} \qquad (2.8.7)$$

在 $r=b$ 处应有

$$V_b=V_a-K\ln\frac{b}{a}$$

所以

$$K=\frac{V_a-V_b}{\ln(b/a)} \qquad (2.8.8)$$

如果取 $V_a=V_0$，$V_b=0$，将(2.8.8)式代入(2.8.7)式，得到

$$V_r=V_0\,\frac{\ln(b/r)}{\ln(b/a)} \qquad (2.8.9)$$

式(2.8.9)表明，两圆柱面间的等位面是同轴的圆柱面。用模拟法可以验证这一理论计算的结果。

当电极接上交流电时，产生交流电场的瞬时值是随时间变化的，但交流电压的有效值与直流电压是等效的，所以在交流电场中用交流毫伏表测量有效值的等位线与在直流电场中测量同值的等位线，其效果和位置完全相同。

四、实验内容

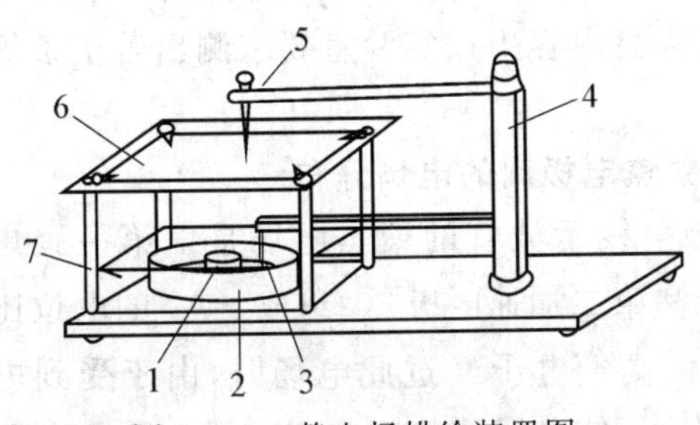

图 2.8.4 静电场描绘装置图

图 2.8.4 是静电场描绘装置图。其中 1 是电极 A，2 是电极 B，3 是探针，4 是探针架，5 是打孔针，6 是白纸，7 是导电水槽。实验中将电极 A 和电极 B 同时置于水中，在两电极上接上电源，则两电极间形成的稳定电流场即可模拟静电场的电场分布。

图 2.8.5 为静电场描绘接线图，电源可取静

电场描绘仪信号源、其他交流电源或直流电源，经滑线变阻器 R 分压为实验所需要的两电极之间的电压值。V 表可用交流毫伏表(晶体管毫伏表)、万用表或数字万用表。下面分别测绘各电极电场中的等电位点。

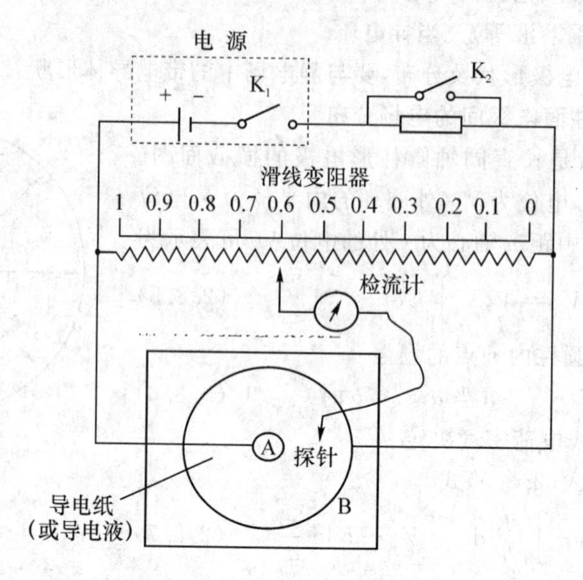

图 2.8.5　静电场描绘接线图

1. 长直同轴圆柱面电极间的电场分布

(1) 水槽中倒入适量的水，然后把它放在双层静电场测绘仪的下层。

(2) 按图 2.8.5 接好电路，V 表及探针联合使用。

(3) 把坐标纸放在静电场测绘仪的上层夹好，旋紧四个压片螺钉旋钮。在坐标纸上确定电极的位置，测量并记录内电极的外径及外电极的内径。

(4) 调节静电场描绘仪信号源输出电压，使两电极间的电位差 V_0 为 10.00 V。

(5) 测量电位差为 8 V、6 V、4 V 和 2 V 的四条等位线，每条等位线测等位点不得少于 9 个。

(6) 移动探针座使探针在水中缓慢移动，找到等位点时按一下坐标纸上的探针，便在坐标纸上记下了其电位值与电压表的示值相等的点的位置。

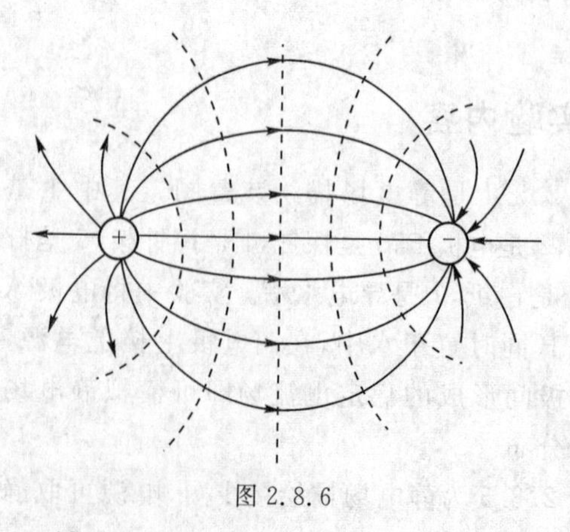

图 2.8.6

2. 两平行长直圆柱体电极间的电场分布

如图 2.8.6 所示是两平行长直圆柱体模拟电极间的电场分布示意图，由于对称性，等电位面也是对称分布的。更换同轴圆柱面的水槽电极，参照实验内容 1 按实验室要求测出若干条等位线。

3. 聚焦电极间的电场分布

阴极射线示波管的聚焦电场是由第一聚焦电极 A_1 和第二加速电极 A_2 组成。A_2 的电位比 A_1 的电位高。电子经过此电场时，由于受到电场力的作用，使电子聚焦和加速。图 2.8.7 所示的就是其电场分布。经过此实验,可了解静电透镜的聚焦作用,加深对阴极射线示波管的理解。参照实验内容1按实验室要求测出若干条等位线。

五、注意事项

(1) 水槽由有机玻璃制成,实验时应轻拿轻放,以免摔裂。

(2) 电极、探针应与导线保持良好的接触。

(3) 实验完毕后,将水槽内的水倒净空干。

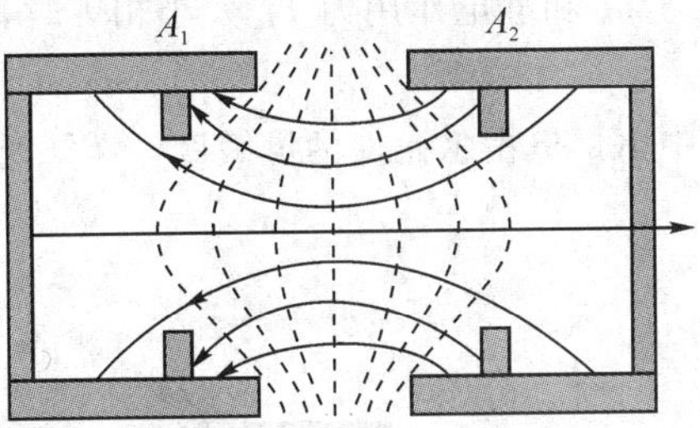

A_1 A_2

图 2.8.7

六、数据记录及处理

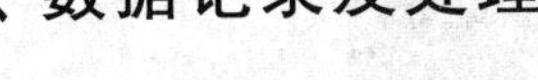

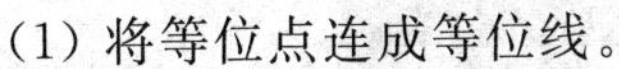

(1) 将等位点连成等位线。

(2) 根据电力线与等位线垂直的特点,画出被模拟空间的电力线。

(3) 测量出内容1长直同轴圆柱面电极间的电场分布图中每条等位线的直径,按(2.8.9)式计算出每条等位线的电位值,然后与测量电位值比较,计算相对误差并列出表格。

七、思考题

1. 用模拟法测的电位分布是否与静电场的电位分布一样?

2. 如果实验时电源的输出电压不够稳定,那么是否会改变电力线和等位线的分布?为什么?

3. 试从你测绘的等位线和电力线分布图,分析何处的电场强度较强?何处的电场强度较弱?

4. 试从长直同轴圆柱面电极间导电介质的电阻分布规律和从欧姆定律出发,证明它的电位分布有与(2.8.9)式相同的形式。

5. 等势线与电力线之间有什么关系?

实验9 霍尔效应及磁场的测量

一、实验目的

1. 了解霍尔电压产生的机制。

2. 学会用霍尔元件测量磁场的基本方法。

3. 学习用“对称测量法”消除负效应的影响,测量试样的 V_H-I_S 和 V_H-I_M 曲线。

二、实验仪器

HL-IS 螺线管磁场测定电源;HL-IS 螺线管磁场测定仪。

三、实验原理

1. 霍尔效应

如图 2.9.1 所示,霍尔元件是均匀的 N 型(或 P 型)半导体材料制成的矩形薄片,长为

L，宽为 b，厚为 d。当在 1、2 两端加上电压，同时有一个磁场 B 垂直穿过元件的宽面时，在 3、4 两端产生电位差(V_H)，这种现象为霍尔效应。霍尔元件内定向运动的载流子所受洛伦兹力 f_B 和静电作用力 f_E 大小相等时，3、4 两面将建立起一稳定的电位差，即霍尔电压 V_H。

$$V_H = K_H I_H B \tag{2.9.1}$$

式中 K_H 是霍尔元件的灵敏度。

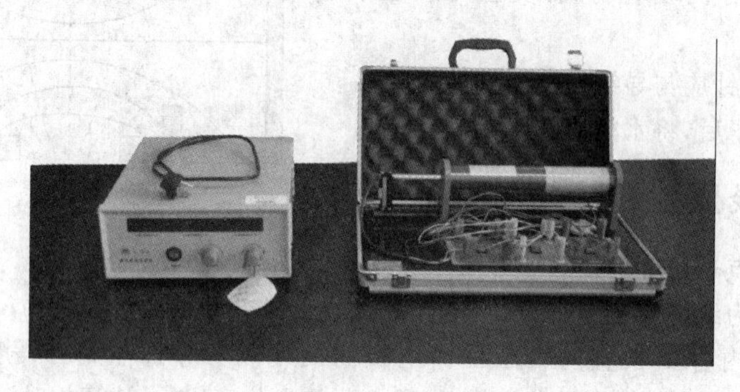

图 2.9.1　HL-IS 螺线管磁场测定仪及电源实物图

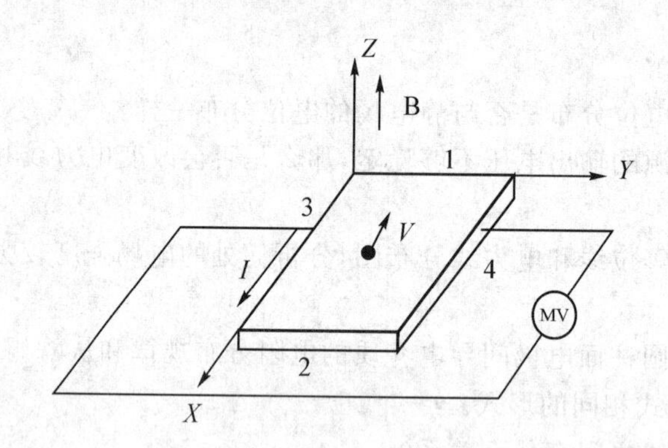

图 2.9.2　霍尔效应原理图

2. 附加电压

(1) 不等位电势差 V_0：与磁场 B 换向无关，随电流 I_H 换向而换向。

(2) 厄廷好森(Etinghausen)效应温差电势差 V_t：随磁场 B 和电流 I_H 换向而换向。

(3) 能斯脱(Nernst)效应热流电势差 V_p：随磁场 B 换向而换向，与电流 I_H 换向无关。

(4) 里纪一勒杜克(Righi-leduc)效应附加温差电势差 V_s：随磁场 B 换向而换向，与电流 I_H 换向无关。

3. 附加电压的消除

根据附加电压随磁场 B 和电流 I_H 换向而各自呈现的特点加以消除。

$(+I_H, +B)$　$V_1 = +V_H + V_0 + V_t + V_p + V_s$

$(-I_H, +B)$　$V_2 = -V_H - V_0 - V_t + V_p + V_s$

$(-I_H, -B)$　$V_3 = +V_H - V_0 + V_t - V_p - V_s$

$(+I_H, -B)$　$V_4 = -V_H + V_0 - V_t - V_p - V_s$

测量表达式：

$$V_H = \frac{1}{4}(V_1 - V_2 + V_3 - V_4) \tag{2.9.2}$$

4. 面板及背板布局

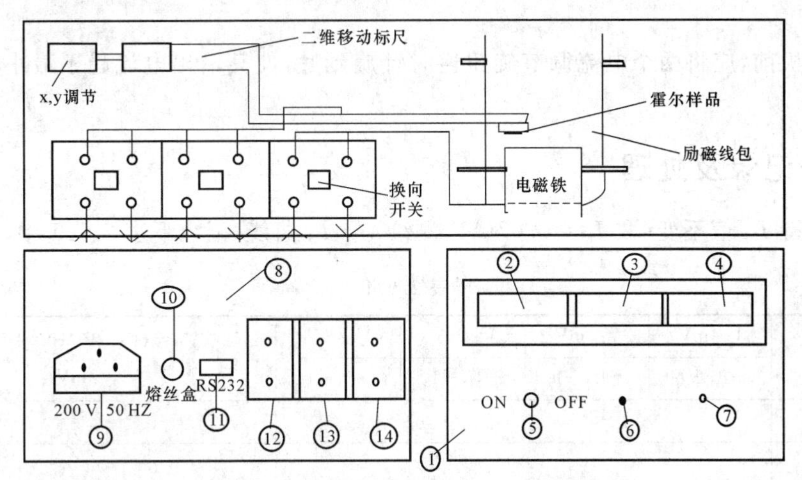

1—面板；2—霍尔电流显示；3—霍尔电压显示；4—励磁电流显示；5—电源开关；
6—霍尔电流调整；7—励磁电流调整；8—背板；9—电源插座；10—保险丝座

四、实验内容

1. 仪器连接

将螺线管磁场装置与螺线管磁场测试仪电路连接好。

2. 调节螺线管的励磁电流 I_M(或 I_H)、调节霍尔元件的工作电流 I_S(或 I_H)

测试仪在通电前，应将"I_S(或 I_H)调节"和"I_M 调节"两个旋钮置于零位(即逆时针旋到底)。

实验中调节"励磁电流调节"旋钮使励磁电流显示为 1.000 A；调节"工作电流调节"旋钮，使工作电流显示为 5.00 mA。

3. 测量螺线管轴线的磁场分布

(1) 以相距螺线管两端口等远的中心位置为坐标原点，探头离中心位置 $x=12.5-x_1-x_2$，轻轻转动螺线管底座上的标尺旋钮，使测距尺读数 $x_1=x_2=0.0$ cm。先调节 x_1 旋钮，保持 $x_2=0.0$ cm，使 x_1 停留在 0.0、0.5、1.0、2.0、4.5、7.0、10.0、12.5 cm 等读数处，再调节 x_2 旋钮，保持 $x_1=12.5$ cm，使 x_2 停留在 1.0、3.0、5.0、7.0、9.0、11.0、11.5、12.5 cm 等读数处，按对称测量的方法测出相应的 V_1、V_2、V_3、V_4 值。

(2) 记下 K_H 的值，由(2.9.2)式及(2.9.1)式得此点的 V_H 与 B。

4. 绘制出螺线管内的 $B-x$ 磁场分布曲线

根据上述测量结果，绘制螺线管内的 $B-x$ 磁场分布曲线。

五、注意事项

(1) 绝不允许将测试仪上的励磁电流"I_M 输出"错接到"工作电流"处，也不可错接到"霍尔电压"处，否则，一旦通电，霍尔元件立即烧毁。

(2) 霍尔元件质脆，引线的接头细小，容易损坏，旋进旋出时，操作动作要轻缓。

(3) V_1、V_2、V_3、V_4 本身还含有"+"、"−"号，测量记录时不要忘记。

(4) 仪器开机前应将两个电流调节旋钮逆时针旋到底,使其输出电流趋于最小状态,然后开机。

(5) 关机前,应将两个电流调节旋钮逆时针旋到底,使其输出电流趋于最小状态,然后关机。

六、数据记录及处理

(1) 保持 I_M 值不变(取 I_M=0.07 A),测绘 V_H-I_S 曲线,记入下表 2.9.1 中。

表 2.9.1

I_S/mA	V_1/mV	V_2/mV	V_3/mV	V_4/mV	$V_H=(V_1-V_2+V_3+V_4)/4$ /mV
	+B,+I_S	−B,+I_S	−B,−I_S	−B,−I_S	
1.00					
1.20					
1.40					
1.60					
1.80					
2.00					

(2) 保持 I_S 值不变(取 I_S=2.00 mA),测绘 V_H-I_M 曲线,记入下表 2.9.2 中。

表 2.9.2

I_M/mA	V_1/mV	V_2/mV	V_3/mV	V_4/mV	$V_H=(V_1-V_2+V_3+V_4)/4$ /mV
	+B,+I_S	−B,+I_S	−B,−I_S	−B,−I_S	
0.300					
0.400					
0.500					
0.600					
0.700					
0.800					

七、思考题

1. 消除霍尔效应副效应的方法?

提示:根据每一种附加电压随磁场 B 和电流 I_H 换向而变化的的特点加以消除。

2. 若磁场的法线不是恰好与霍尔元件的法线一致,对测量结果会有何影响?如何用实验的方法判断 B 与元件法线是否一致?

提示:若磁场的法线不是恰好与霍尔元件的法线一致,则霍尔电压 $V_H=K_H I_H B$ 中的磁场 B 只是外磁场在霍尔元件的法线方向上的分量,因而会导致测量结果偏小。显然,缓慢变化霍尔元件的方向,观察其输出电压,电压最大时说明两者方向一致;否则,方向不一致。

实验10　电子荷质比的测量

一、实验目的

1. 观察电子束在电场作用下的偏转。
2. 加深理解电子在磁场中的运动规律，拓展其应用。
3. 学习用磁偏转法测量电子的荷质比。

二、实验仪器

第一部分主体结构有：亥姆霍兹线圈；电子束发射威尔尼氏管；记量电子束半径的滑动标尺；反射镜（用于电子束光圈半径测量的辅助工具）。

第二部分是整个仪器的工作电源，加速电压0～200 V，聚焦电压0～15 V都有各自得控制调节旋钮。电源还备有可以提供最大3 A电流的恒流电源，通入亥姆霍兹线圈产生磁场。因为本实验要求在光线较暗的环境中，所以电源还提供一组照明电压，方便读取滑动标尺上的刻度。

图2.10.1　电子荷质比仪器实物图

三、实验原理

众所周知当一个电子以速度 v 垂直进入均匀磁场时，电子要受到洛伦兹力的作用，它的大小可由公式：

$$\boldsymbol{f}=e\boldsymbol{v}\times\boldsymbol{B} \tag{2.10.1}$$

所决定。由于力的方向是垂直于速度的方向，则电子的运动轨迹就是一个圆，力的方向指向圆心，完全符合圆周运动的规律，所以作用力与速度又有：

$$f=\frac{mv^2}{r} \tag{2.10.2}$$

其中 r 是电子运动圆周的半径。由于洛伦兹力就是使电子作圆周运动的向心力，因此可将(2.10.1)、(2.10.2)式联立：

$$evB=\frac{mv^2}{r} \tag{2.10.3}$$

由(2.10.3)式可得：

$$\frac{e}{m}=\frac{v}{rB} \tag{2.10.4}$$

实验装置是用一电子枪，在加速电压 u 的驱使下，射出电子流，因此 eu 全部转变成电子的输出动能：

$$eu=\frac{1}{2}mv^2 \tag{2.10.5}$$

将(2.10.4)与(2.10.5)式联立可得：

$$\frac{e}{m}=\frac{2u}{(r\cdot B)^2} \tag{2.10.6}$$

实验中可采取固定加速电压 u，通过改变不同的偏转电流，产生出不同的磁场，进而测量出电子束的圆轨迹半径 r，就能测定电子的荷质比——e/m。

按本实验的要求，必须仔细地调整管子的电子枪，使电子流与磁场严格保持垂直，产生完全封闭的圆形电子轨迹。按照亥姆霍兹线圈产生磁场的原理：

$$B=K\cdot I \tag{2.10.7}$$

其中 K 为磁电变换系数，可表达为：

$$K=\mu_0\left(\frac{4}{5}\right)^{\frac{3}{2}}\times\frac{N}{R} \tag{2.10.8}$$

式中 μ_0 是真空导磁率，它的值 $\mu_0=4\pi\times10^{-7}\,\mathrm{N}\cdot\mathrm{A}^{-2}$；$R$ 为亥姆霍兹线圈的平均半径；N 为单个线圈的匝数。由厂家提供的参数可知 $R=158$ mm，$N=130$ 匝，因此公式(2.10.6)可以改写成：

$$\frac{e}{m}=\frac{125}{32}\cdot\frac{R^2\cdot u}{\mu_0^2\cdot N^2\cdot I^2\cdot r^2}=2.474\times10^{12}\frac{R^2\cdot u}{N^2\cdot I^2\cdot r^2}(\mathrm{C/kg}) \tag{2.10.9}$$

四、实验步骤

(1) 接好线路。

(2) 开启电源，使加速电压定于 120 V，耐心等待，直到电子枪射出翠绿色的电子束后，将加速电压定于 100 V。本实验的过程是采用固定加速电压，改变磁场偏转电流，测量偏转电子束的圆周半径来进行。(注意：如果加速电压太高或偏转电流太大，都容易引起电子束散焦)

(3) 调节偏转电流，使电子束的运行轨迹形成封闭的圆，细心调节聚焦电压，使电子束明亮，缓缓改变亥姆霍兹线圈中的电流，观察电子束的偏转的变化。

(4) 测量步骤如下：

① 调节仪器后线圈上反射镜的位置，以方便观察；

② 依次调节偏转电流为：1.00 A、1.20 A、1.40 A、1.60 A、1.80 A、2.00 A、2.20 A 和 2.40 A，改变电子束的半径大小；

③ 测量每个电子束的半径：移动测量机构上的滑动标尺，用黑白分界的中心刻度线，对准电子枪口与反射镜中的像，采用三点一线的方法测出电子束圆轨迹的右端点，从游标上读

出刻度读数 S_0；再次移动滑动标尺到电子束圆轨迹的左端点，采用同样的方法读出刻度读数 S_1；用 $r=\frac{1}{2}(S_1-S_0)$ 求出电子束圆轨迹的半径；

④ 将测量得到的各值代入(2.10.9)式，求出电子荷质比 e/m；并求出相对误差(标准值 $e/m=1.76\times10^{11}$ C/kg)。

五、注意事项

(1) 在实验开始前应首先细心调节电子束与磁场方向垂直，形成一个不带任何重影的圆环。

(2) 电子束的激发加速电压不要调得过高，过高的电压容易引起电子束散焦。电子束刚激发时的加速电压，略略需要偏高一些，大约在 130 V，但一旦激发后，电子束在 80～100 V左右均能维持发射，此时就可以降低加速电压。

(3) 测量电子束半径时，三点一线的校对应仔细，数据的偏离将因人而异，引起系统误差；切勿用圆珠笔等物划伤标尺表面，实验过程中注意保持标尺表面干燥、洁净。

六、数据记录及处理

表 2.10.1

n	S_0/mm	S_n/mm	r/mm	I/A	e/m/(C/kg)	$\frac{1}{n}\sum(e/m)$/(C/kg)
1						
2						
3						
4						
5						

七、思考题

1. 除本实验介绍的测量电子圆环半径大小的方法外，你还能提出其他更好更简捷的方法吗？

2. 测量电子荷质比还有其他什么实验方法？

3. 分析洛伦兹力在不同角度下对电子运动的影响。

实验 11　示波器的调整和使用

一、实验目的

1. 了解示波器的主要结构和显示波形的基本原理。

2. 学习示波器和信号发生器的使用方法。

3. 学会使用示波器观察波形及测量电压、周期和频率。

二、实验仪器

UTD2025CL 数字存储双踪示波器,SG1020S 双路数字合成信号发生器,导线若干。

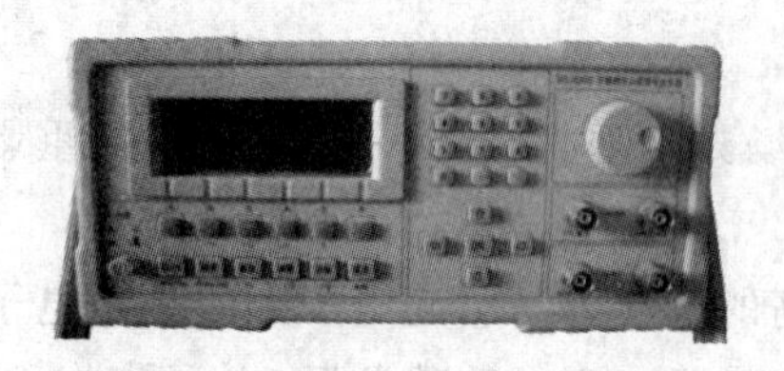

图 2.11.1 SG1020S 双路数字合成信号发生器

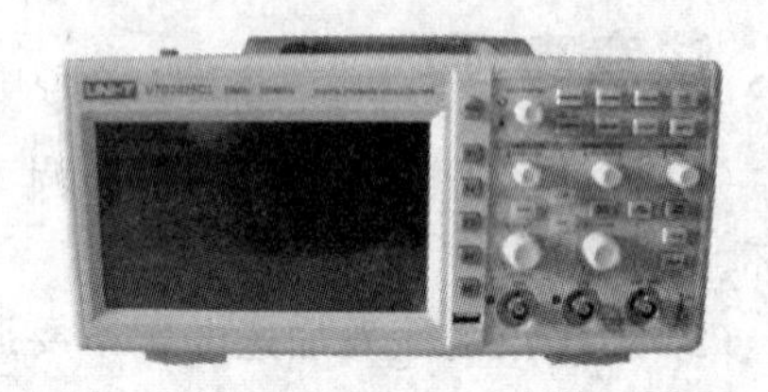

图 2.11.2 UTD2025CL 数字存储示波器

三、实验原理

电子示波器(简称示波器)能够简便地显示各种电信号的波形,一切可以转化为电压的电学量和非电学量及它们随时间作周期性变化的过程都可以用示波器来观测。还可以使用示波器测量频率、相位等。因此示波器是一种用途广泛的重要测量仪器,为了适应各种用途,示波器有多种型号,但各类示波器的基本原理是相同的。

1. 示波器的基本结构

示波器主要由示波管、带衰减器的 Y 轴放大器、带衰减器的 X 轴放大器、扫描发生器(锯齿波发生器)、触发同步及电源等部件组成,其基本结构如图 2.11.3 所示。为了适应各种测量的要求,示波器的电路组成是多样而复杂的,这里仅就主要部件加以介绍。

1) 示波管

如图 2.11.3 所示,示波管主要包括电子枪、偏转系统和荧光屏三部分,全都密封在玻璃外壳内,里面抽成高真空。下面分别说明各部分的作用。

(1) 荧光屏:它是示波器的显示部分,当加速聚焦后的电子打到荧光上时,屏上所涂的荧光物质就会发光,从而显示出电子束的位置。当电子停止作用后,荧光剂的发光需经一定时间才会停止,称为余辉效应。

(2) 电子枪:由灯丝 H、阴极 K、控制栅极 G、第一阳极 A_1、第二阳极 A_2 五部分组成。灯丝通电后加热阴极。阴极是一个表面涂有氧化物的金属筒,被加热后发射电子。控制栅极是一个顶端有小孔的圆筒,套在阴极外面。它的电位比阴极低,对阴极发射出来的电子起控制作用,只有初速度较大的电子才能穿过栅极顶端的小孔,然后在阳极加速下奔向荧光屏。示波器面板上的"亮度"调整就是通过调节电位以控制射向荧光屏的电子流密度,从而改变了屏上的光斑亮度。阳极电位比阴极电位高很多,电子被它们之间的电场加速形成射线。当控制栅极、第一阳极、第二阳极之间的电位调节合适时,电子枪内的电场对电子射线有聚焦作用,所以第一阳极也称聚焦阳极。第二阳极电位更高,又称加速阳极。面板上的"聚焦"调节,就是调第一阳极电位,使荧光屏上的光斑成为明亮、清晰的小圆点。有的示波器还有"辅助聚焦",实际是调节第二阳极电位。

(3) 偏转系统:它由两对相互垂直的偏转板组成,一对垂直偏转板 Y,一对水平偏转板

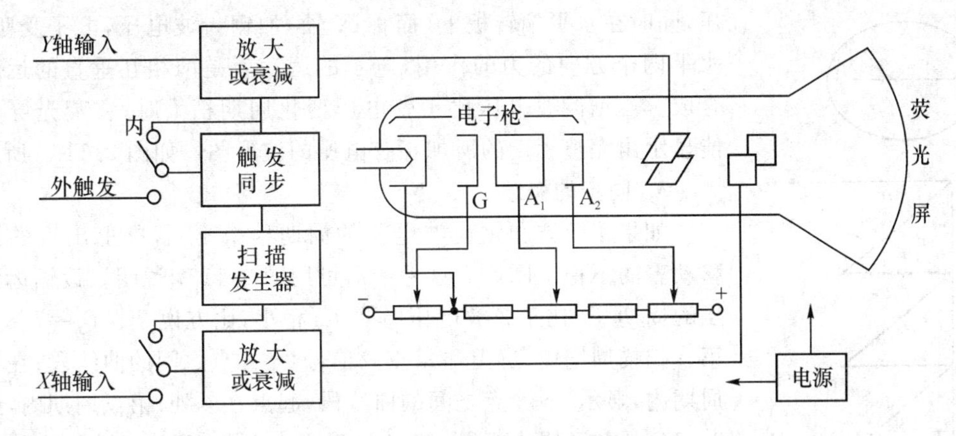

图 2.11.3 示波器结构示意图

X。在偏转板上加以适当电压，电子束通过时，其运动方向发生偏转，从而使电子束在荧光屏上的光斑位置也发生改变。

容易证明，光点在荧光屏上偏移的距离与偏转板上所加的电压成正比，因而可将电压的测量转化为屏上光点偏移距离的测量，这就是示波器测量电压的原理。

2）信号放大器和衰减器

示波管本身相当于一个多量程电压表，这一作用是靠信号放大器和衰减器实现的。由于示波管本身的 X 及 Y 轴偏转板的灵敏度不高（约 0.1～1 mm/V），当加在偏转板的信号过小时，要预先将小的信号电压加以放大后再加到偏转板上。为此设置 X 轴及 Y 轴电压放大器。衰减器的作用是使过大的输入信号电压变小以适应放大器的要求，否则放大器不能正常工作，使输入信号发生畸变，甚至使仪器受损。对一般示波器来说，X 轴和 Y 轴都设置有衰减器，以满足各种测量的需要。

3）扫描系统

扫描系统也称时基电路，用来产生一个随时间作线性变化的扫描电压，这种扫描电压随时间变化的关系如同锯齿，故称锯齿波电压。这个电压经 X 轴放大器放大后加到示波管的水平偏转板上，使电子束产生水平扫描。这样，屏上的水平坐标变成时间坐标，Y 轴输入的被测信号波形就可以在时间轴上展开。扫描系统是示波器显示被测电压波形必需的重要组成部分。

2. 示波器显示波形的原理

如果只在竖直偏转板上加一交变的正弦电压，则电子束的亮点将随电压的变化在竖直方向来回运动，如果电压频率较高，则看到的是一条竖直亮线，如图 2.11.4 所示。要能显示波形，必须同时在水平偏转板上加一扫描电压，使电子束的亮点沿水平方向拉开。这种扫描电压的特点是电压随时间呈线性关系增加到最大值，最后突然回到最小，此后再重复地变化。这种扫描电压即前面所说的“锯齿波电压”，如图 2.11.5 所示。当只有锯齿波电压加在水平偏转板上时，如果频率足够高，则荧光屏上只显示一条水平亮线。

如果在竖直偏转板上（简称 Y 轴）加正弦电

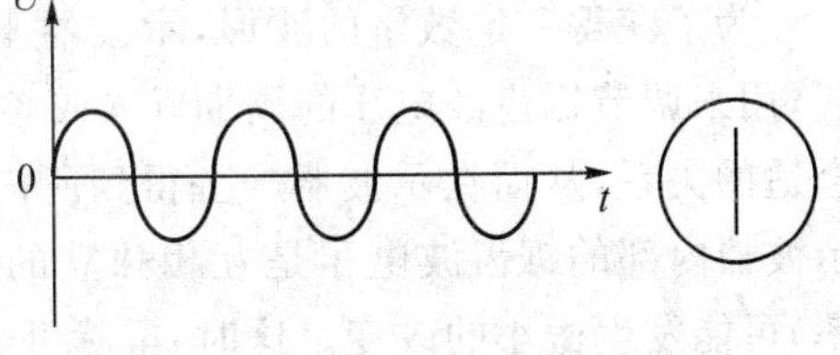

图 2.11.4 波形

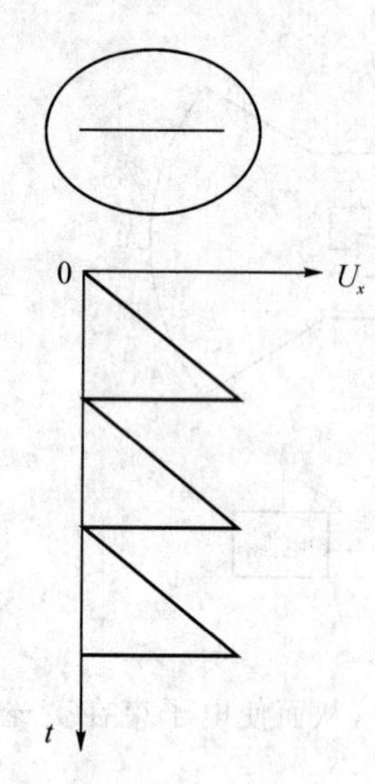

图 2.11.5　波形

压，同时在水平偏转板上（简称 X 轴）加锯齿波电压，电子受竖直、水平两个方向的力的作用，电子的运动就是两相互垂直的运动的合成。当锯齿波电压比正弦电压变化周期稍大时，在荧光屏上将能显示出完整周期的所加正弦电压的波形图。如图 2.11.6 所示。

3. 同步的概念

如果正弦波和锯齿波电压的周期稍微不同，屏上出现的是一移动着的不稳定图形。这种情形可用图 2.11.7 说明。设锯齿波电压的周期 T_x 比正弦波电压周期 T_y 稍小，比方说 $T_x/T_y=7/8$。在第一扫描周期内，屏上显示正弦信号 0～4 点之间的曲线段；在第二周期内，显示 4～8 点之间的曲线段，起点在 4 处；第三周期内，显示 8～11 点之间的曲线段，起点在 8 处。这样，屏上显示的波形每次都不重叠，好像波形在向右移动。同理，如果 T_x 比 T_y 稍大，则好像在向左移动。以上描述的情况在示波器使用过程中经常会出现。其原因是扫描电压的周期与被测信号的周期不相等或不成整数倍，以致每次扫描开始时波形曲线上的起点均不一样所造成的。为了使屏上的图形稳定，必须使 $T_x/T_y=n(n=1,2,3,\cdots)$，$n$ 是屏上显示完整波形的个数。

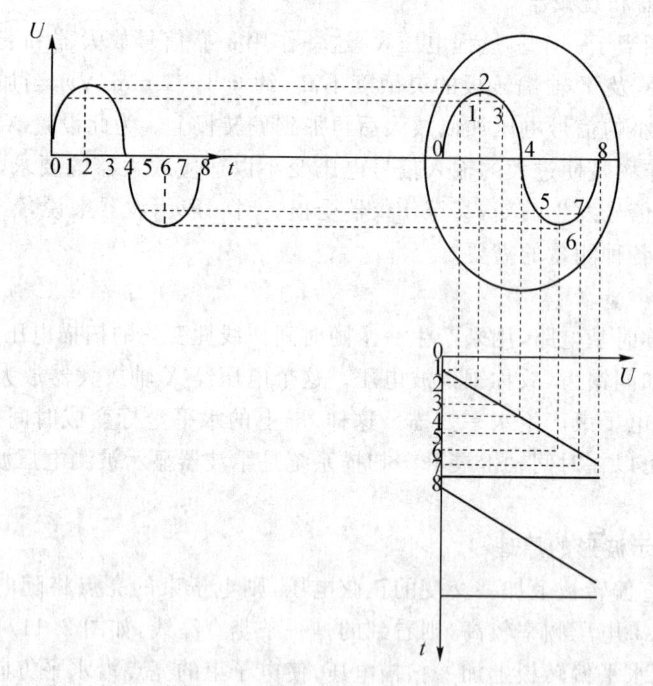

图 2.11.6　波形

为了获得一定数量的波形，示波器上设有“扫描时间”（或“扫描范围”）、“扫描微调”旋钮，用来调节锯齿波电压的周期 T_x（或频率 f_x），使之与被测信号的周期 T_y（或频率 f_y）成合适的关系，从而在示波器屏上得到所需数目的完整的被测波形。输入 Y 轴的被测信号与示波器内部的锯齿波电压是互相独立的。由于环境或其他因素的影响，它们的周期（或频率）可能发生微小的改变。这时，虽然可通过调节扫描旋钮将周期调到整数倍的关系，但过一会又变了,波形又移动起来。在观察高频信号时这种问题尤为突出。为此示波器内装有扫描同步装置,让锯齿波电压的扫描起点自动跟着被测信号改变,这就称为整步(或同步)。有的示波器中,需要让扫描电压与外部某一信号同步,因此设有“触发选择”键,可选择外触发工作状态,相应设有“外触发”信号输入端。

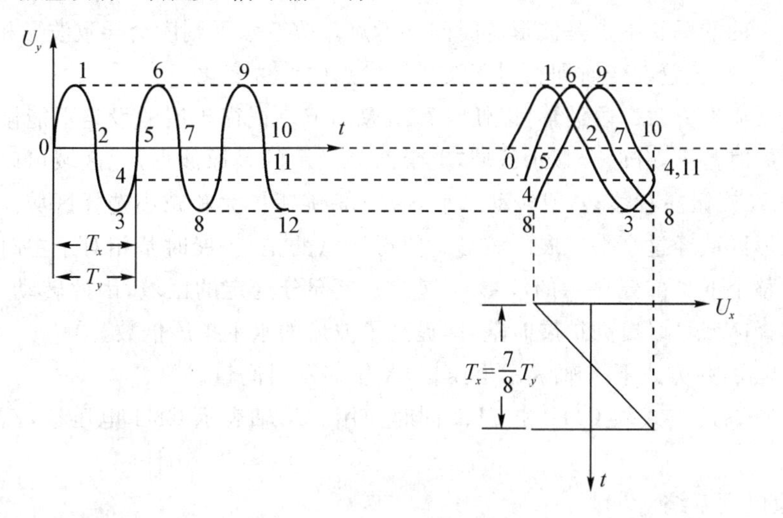

图 2.11.7 波形

4. 仪器使用说明

UTD2025CL 数字存储双踪示波器(如图 2.11.2 所示)使用说明简介如下。

1. 设置垂直系统

1) 设置通道耦合

按 F1 选择为交流,设置为交流耦合方式。被测信号含有的直流分量被阻隔;

按 F1 选择为直流,输入通道的被测信号的直流分量和交流分量都可以通过;

F1 选择为接地,通道设置为接地方式,被测信号含有的直流分量和交流分量都被阻隔。(在这种方式下,尽管屏幕上不显示波形,但输入信号仍与通道电路保持连接)

2) 设置通道宽带限制

以在 CH1 通道输入一个 40 MHz 的正弦信号为例加以说明:按 CH1 打开 CH1 通道,然后按 F2,设置宽带限制为关,此时通道带宽为全带宽,被测信号含有的高频分量都可以通过;按 F2 设置带宽限制为开,此时被测信号中高于 20 MHz 的噪声和高频分量被大幅度衰减。

3) 设置探头倍率

为了配合探头的衰减系数设定,需要在通道操作菜单中相应设置探头的衰减系数。如探头衰减系数为 10∶1,则通道菜单中探头系数相应设置成 10x,其余类推,以确保电压读数正确。

4) 设置垂直伏/格

垂直偏转系数伏/格挡位调节,分为粗调和细调两种模式。在粗调时,伏/格范围是 2 mV/div～5 V/div(或 10 V/div),或 1 mV/div～20 V/div;以 1—2—5 方式步进。在细调时,指在当前垂直挡位范围内以更小的步进改变偏转系数,从而实现垂直偏转系数在所有垂直挡位内无间断地连续可调。

5）波形反相的设置

反相功能打开，则显示信号的相位翻转180°。

2. 设置水平系统

使用水平面控制旋钮可以改变水平刻度（时基）、触发在内存中的水平位置（触发位置）。屏幕水平方上的的垂直中点是波形的时间参考点。改变水平刻度会导致波形相对屏幕中心扩张或收缩，水平位置改变时即相对于波形触发点的位置变化。

视窗扩展用来方法一段波形，以便查看图像细节。视窗扩展的设定不能慢于主时基的设定。在扩展时基下，分两个显示区域，上半部分显示的是原波形，此区域可以通过转动水平POSITION旋钮左右移动，或转动水平SCALE旋钮扩大和减小选择区域。下半部分是选定的原波形区域经过水平扩展的波形。值得注意的是，扩展时基相对于主时基提高了分辨率。由于整个下半部分显示的波形对应于上半部分选定的区域，因此转动水平SCALE旋钮减小选择区域可以提高扩展时基，即提高了波形的水平扩展倍数。

Y－T方式：此方式下Y轴表示电压量，X轴表示时间量。

X－Y方式：此方式须CH1和CH2同时使用。X轴表示CH1电压量，Y轴表示CH2电压量。

3. 设置触发系统

触发决定了数字存储示波器何时开始采集数据和显示波形。一旦触发被正确设定，它可以将不稳定的显示转换成有意义的波形。数字存储示波器操作面板的触发控制区包括触发电平调整旋钮和触发菜单按键TRIG MENU。

触发方式包括边沿、脉冲、视频和交替触发等。

1）边沿触发

当触发信号的边沿到达某一给定电平时，触发产生。在输入信号边沿的触发阈值上触发，在选择此触发方式时，即在输入信号的上升沿、下降沿触发。

2）脉冲触发

当触发信号的脉冲宽度达到设定的触发条件时，触发产生。此触发方式是根据脉冲的宽度来确定触发时刻，可以通过设定脉宽条件捕捉异常脉冲。

3）视频触发

对标准视频信号进行场或行触发。可以在NTSC或PAL标准视频信号的场或行上触发。触发耦合预设为直流。

4）交替触发

适用于触发没有频率关联的信号。在交替触发时，触发信号来自于两个垂直通道，这种触发方式可用于同时观察信号频率不相关的两个信号。

四、实验内容

1. 观察信号发生器波形

(1) 将信号发生器的输出端接到示波器Y轴输入端上。

(2) 开启信号发生器，调节示波器（注意信号发生器频率与扫描频率），观察正弦波形，并使其稳定。

2. 测量正弦波电压

在示波器上调节出大小适中、稳定的正弦波形，选择其中一个完整的波形，先测算出正弦波电压峰—峰值U_{p-p}，即

$$U_{p-p}=(\text{垂直距离 DIV})\times(\text{挡位 V/DIV})\times(\text{探头衰减率})$$

然后求出正弦波电压有效值U为

$$U=\frac{0.71\times U_{p-p}}{2}$$

3. 测量正弦波周期和频率

在示波器上调节出大小适中、稳定的正弦波形，选择其中一个完整的波形，先测算出正弦波的周期T，即

$$T=(\text{水平距离 DIV})\times(\text{挡位 t/DIV})$$

然后求出正弦波的频率$f=\dfrac{1}{T}$。

4. 利用李萨如图形测量频率

设将未知频率f_y的电压U_y和已知频率f_x的电压U_x(均为正弦电压)，分别送到示波器的Y轴和X轴，则由于两个电压的频率、振幅和相位的不同，在荧光屏上将显示各种不同波形，一般得不到稳定的图形。但当两电压的频率成简单整数比时，将出现稳定的封闭曲线，称为李萨如图形。根据这个图形可以确定两电压的频率比，从而确定待测频率的大小。

图2.11.8列出各种不同的频率比在不同相位差时的李萨如图形，不难得出：

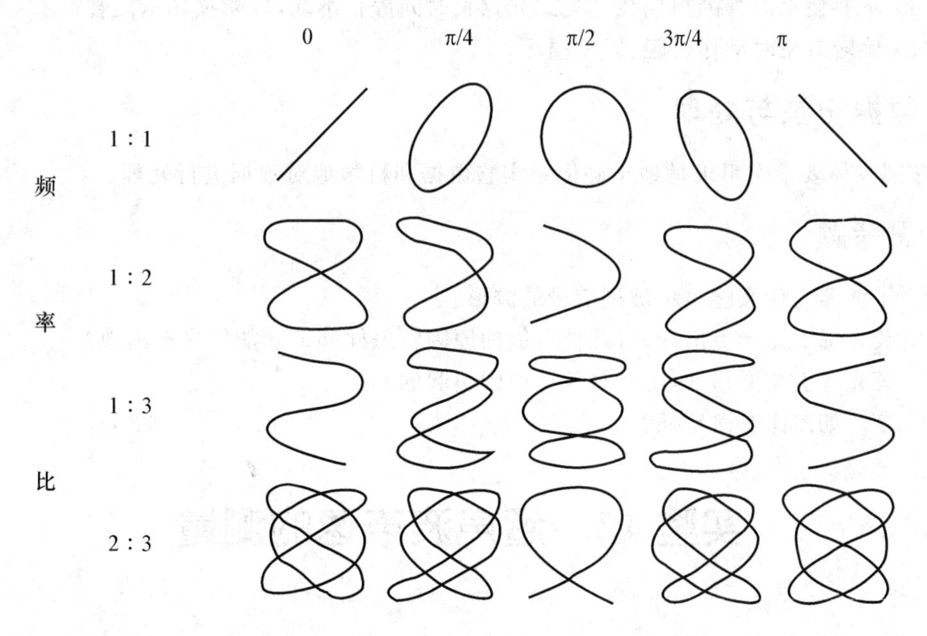

图2.11.8　李萨如图形

$$\frac{\text{加在 }Y\text{ 轴电压的频率 }f_y}{\text{加在 }X\text{ 轴电压的频率 }f_x}=\frac{\text{水平直线与图形相交的点数 }N_x}{\text{垂直直线与图形相交的点数 }N_y}$$

所以未知频率$f_y=\dfrac{N_x}{N_y}f_x$；但应指出水平、垂直直线不应通过图形的交叉点。

测量方法如下：

(1) 将信号发生器的输出端接到示波器 Y 轴输入端上，并调节信号发生器输出电压的频率为 50 Hz，作为待测信号频率。把另一信号发生器的输出端接到示波器 X 轴输入端上作为标准信号频率。

(2) 分别调节与 X 轴相连的信号发生器输出正弦波的频率 f_x 约为 25 Hz、50 Hz、100 Hz、150 Hz、200 Hz 等。观察各种李萨如图形，微调 f_x 使其图形稳定时，记录 f_x 的确切值，再分别读出水平线和垂直线与图形的交点数。由此求出各频率比及被测频率 f_y，记录于下表 2.11.1 中。

表 2.11.1

标准信号频率 f_x/Hz	25	50	100	150	200
李萨如图形(稳定时)					
频比$=\frac{水平线交点数\ N_x}{垂直线交点数\ N_y}$					
待测电压频率 $f_y=f_x\cdot N_x/N_y$					
f_y 的平均值/Hz					

(3) 观察时图形大小不适中，可调节"V/DIV"和与 X 轴相连的信号发生器输出电压。

五、注意事项

(1) 不要使示波管的扫描线过亮或光点长时间静止不动，以防损坏示波管；

(2) 旋转旋钮时动作要轻，以免损坏。

六、数据记录与处理

按照具体要求实事求是地正确记录实验数据和科学地对数据进行处理。

七、思考题

1. 示波器为什么能显示被测信号的波形？
2. 荧光屏上无光点出现，有几种可能的原因？怎样调节才能使光点出现？
3. 荧光屏上波形移动，可能是什么原因引起的？
4. 李萨如图像有何特征？

实验 12　超声波声速的测量

一、实验目的

1. 了解压电陶瓷换能器的工作原理。
2. 培养综合运用仪器的能力。
3. 学习用共振干涉法和相位比较法测量超声波的波速。
4. 加深对驻波及振动合成等理论知识的理解。

二、实验仪器

示波器；信号发生器；超声波声速测定仪；导线。

三、实验原理

声波是一种在弹性介质中传播的机械纵波。频率在 20～20 000 Hz 的声波为可听声波。低于 20 Hz 的声波为次声波，高于 20 000 Hz 的声波为超声波，这两类声波不能被人耳听到，但与可听声波性质相同。

本实验采用压电陶瓷超声波换能器，来产生和接收超声波。如图 2.12.1 所示，压电陶瓷超声波换能器由压电陶瓷片和轻、重两种金属，组成夹心结构。头部用铝做成喇叭形，尾部用铜做成锥形，中部为压电陶瓷环，螺钉穿过环的中心。压电陶瓷片由多晶结构的压电材料（如钛酸钡、锆钛酸铅）制成，在一定的温度下经极化处理后，具有压电效应。即压电材料受到与极化方向一致的应力 T 时，在极化方向产生一定的电场强度 E，且有线性关系 $E=kT$；反之，当与极化方向一致的外加电压 U 加在压电材料上时，材料的伸缩形变 s 与电压 U 也有线性关系 $s=k'U$，比例系数 k、k' 与材料性质有关。由于 E 与 T、s 与 U 之间有简单的线性关系，因此我们就可以将正弦交流电信号，转变成压电材料的纵向长度伸缩，从而成为超声波的波源；同样也可以把超声波的声压变化，转变为电压的变化，用来接收超声波信号。

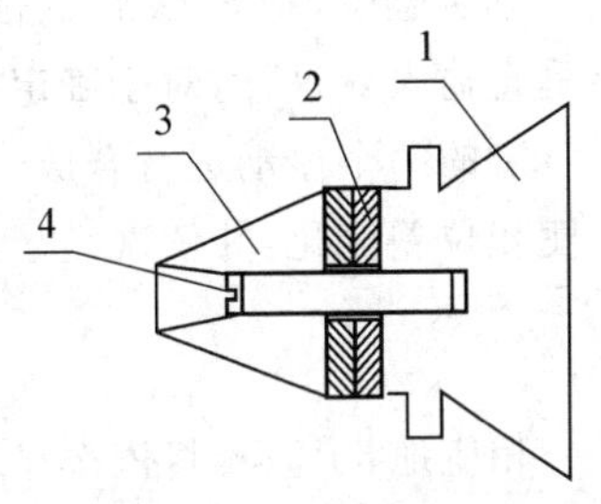

1—铝头；2—压电陶瓷圆环；
3—黄铜尾部；4—螺钉

图 2.12.1

声波的传播速度 v 与声波频率 f 和波长 λ 的关系为

$$v=f\lambda \tag{2.12.1}$$

实验中，声波频率 f 可由信号发生器直接读出，我们只要测出声波波长 λ，就可求出声速 v。测量 λ 的常用方法有共振干涉法和相位比较法。

1. 驻波法（共振干涉法）

实验装置如图 2.12.2 所示，S_1 和 S_2 是两只相同的压电陶瓷超声换能器，S_1 用作发射器，S_2 为接收器。低频信号发生器输出的正弦电压信号，接入换能器 S_1，S_1 将此信号转变为超声波信号，发射出平面超声波。换能器 S_2 接收到超声波信号后，将它转变为正弦电压

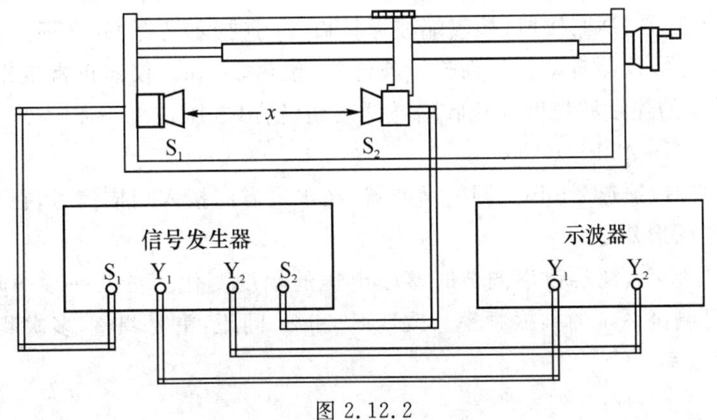

图 2.12.2

信号，接入示波器进行观察。

换能器 S_2 在接收超声波的同时，还反射一部分超声波。这样，由 S_1 发射的超声波和由 S_2 反射的超声波，在 S_1 和 S_2 端面之间干涉，产生驻波共振现象。

2. 相位比较法

实验装置如图 2.12.2 所示，S_1 发出的超声信号经空气传播到达接收器 S_2，S_2 接收的信号与 S_1 发射的信号之间存在相位差 $\Delta\varphi$：

$$\Delta\varphi=\frac{2\pi}{\lambda}x \tag{2.12.2}$$

本实验中，把 S_1 发出的信号直接引入示波器的水平输入，并将 S_2 接收的信号引入示波器垂直输入。这样，对于确定的间距 x，示波器上将有两个同频率、振动方向相互垂直、相位差恒定的两个振动进行合成，从而形成李萨如图形。连续移动 S_2，增大 S_2 与 S_1 的间距 x，可使相位差变化，并依次满足：

$$\Delta\varphi=0,\frac{\pi}{2},\pi,\frac{3}{2}\pi,2\pi,\cdots \tag{2.12.3}$$

相应地，示波器将依次显示如图 2.12.3 所示。

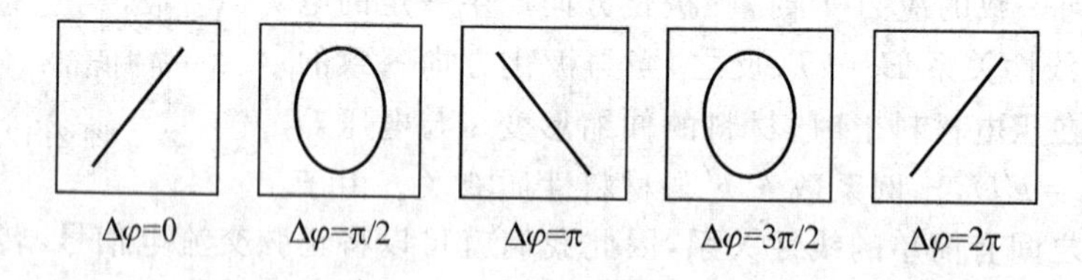

图 2.12.3

因此，当相位差从 $\Delta\varphi=0$ 变化到 $\Delta\varphi=\pi$ 时，李萨如图形从“/”变化到“\”，相应的间距 x 的改变量为 $\Delta x=\frac{\lambda}{2}$；同理，当相位差从 $\Delta\varphi=\pi$ 变化到 $\Delta\varphi=2\pi$ 时，李萨如图形从“\”变化到“/”，相应的间距 x 的改变量也是 $\Delta x=\frac{\lambda}{2}$，由此测得波长。

四、实验内容

1. 仪器调整

(1) 按图 2.12.3 连接声速测试仪、声速测试仪信号源和双踪示波器。注意：发射端波形接口 Y_1 连接示波器 EXT 接口；接收端波形接口 Y_2 连接示波器 CH2 通道。

(2) 接通电源后，仪器自动工作在连续波方式，预热 5 min。仪器正常工作后，首先调节声速测试仪信号源的连续波强度和接收增益两旋钮(输出电压在 10～15 V)，并且调整频率调节旋钮(频率在 25～45 kHz)。

(3) 打开示波器，预热 2 min。调整示波器，在水平方向接入扫描信号，在垂直方向接入接收端波形，并使图形稳定。

(4) 调节信号频率，观察频率调节时接收电压的幅度变化。在某一频率时电压幅度最大，该频率值就是测试系统的共振频率。改变 S_1 和 S_2 间距，重复调整，多次测定共振频率，取平均值为实验频率。

2. 驻波法测声速

(1) 把信号频率设定为共振频率。

(2) 将 S_2 移到接近 S_1 处(不要相接触)。从约 3 cm 间距开始,由近至远缓慢移动 S_2,当示波器上出现振幅最大的波形时,从数显尺(或机械刻度)上读出读数 x_0。

(3) 沿同一方向,再次移动 S_2,逐个记录振幅最大时的位置 $x_1, x_2, \cdots, x_7$,共 7 个。

(4) 将数据记入表格 2.12.1,并记录实验时的室温 t。用逐差法处理数据,由下面给出的公式,计算波长、声速和误差:

$$\text{平均值}\ \bar{l} = \frac{1}{4}\sum_{n=1}^{4} l_n,\text{波长}\ \bar{\lambda} = \frac{1}{2}\bar{l},\text{实验声速}\ v_{\text{实}} = f \cdot \bar{\lambda},$$

$$\text{理论声速}\ v_{\text{理}} = v_0\sqrt{\frac{T}{T_0}} = 331.45\sqrt{\frac{t+273.15}{273.15}}$$

($v_0 = 331.45\ \text{m} \cdot \text{s}^{-1}$ 是 $T_0 = 273.15\ \text{K}$ 时空气中的声速)

相对误差 $E_r = \dfrac{|v_{\text{实}} - v_{\text{理}}|}{v_{\text{理}}} \times 100\%$。

3. 相位比较法测声速

(1) 将信号频率设定为共振频率。

(2) 调整示波器,在水平方向接入发射端波形,在垂直方向接入接收端波形,使示波器上显示出椭圆形李萨如图形。

(3) 缓慢移动 S_2,观察示波器屏幕上是否出现直线—椭圆—直线的图形变化。

(4) 从约 3 cm 间距开始,由近至远缓慢移动 S_2,使示波器上出现一正斜率直线"/"(或负斜率直线"\"),记下相应的读数 x_0。

(5) 移动 S_2,逐渐增大间距,使示波器屏幕上交替地出现直线"\"和"/",依次记录其位置 $x_1, x_2, \cdots, x_7$,共 7 个。

(6) 将数据记入表格 2.12.2,并记录实验时的室温 t。

五、注意事项

(1) 仪器使用中,应避免声速测试仪信号源的输出端短路。

(2) 实验中,S_1 和 S_2 不能互相接触,否则会损坏压电换能器。

(3) 由于声波在空气中衰减较大,声波振幅随 S_2 远离 S_1 而显著变小,实验时应随时调节示波器垂直方向的衰减旋钮。

(4) 螺旋来回转动会产生螺距间隙偏差,测量时应沿一个方向转动超声波测试仪鼓轮。

六、数据记录及处理

表 2.12.1　驻波法测声速

$t=$_____℃,$f=$_____Hz

次数	0	1	2	3	4	5	6	7
x_n/cm								
$l_n = x_{n+4} - x_n$/cm	$x_4 - x_0 =$		$x_5 - x_1 =$		$x_6 - x_2 =$		$x_7 - x_3 =$	

表 2.12.2 相位比较法测声速

$t=$________℃,$f=$________Hz

次数	0	1	2	3	4	5	6	7
x_n/cm								
$l_n=x_{n+4}-x_n$/cm	$x_4-x_0=$		$x_5-x_1=$		$x_6-x_2=$		$x_7-x_3=$	

七、思考题

1. 驻波法测波速时示波器信号最小值为什么不为零?
2. 风是否会影响声波的传播速度?
3. 实验室所在的当地大气压是如何影响声速的?

实验 13 惠斯通电桥测电阻

一、实验目的

1. 掌握惠斯通电桥的原理,并通过它初步了解一般桥式线路的特点。
2. 学会使用惠斯通电桥测量电阻。

二、实验仪器

QJ23 型电桥;电阻箱;检流计;滑线变阻器;直流稳压电源等。

三、实验原理

1. 惠斯通电桥原理

惠斯通电桥的基本电路如图 2.13.1 所示。把三个可调的标准电阻 R_1、R_2、R_3 和一个待测电阻 R_x 连接成四边形 $ABCD$,四边形的每一个边称为电桥的一个臂。在四边形的一对顶点 A 和 C 之间接有直流电源 E 和可变电阻 R_n,在四边形的另一对顶点 B 和 D 之间接有检流计 G。所谓“桥”一般指的是连接 B、D 顶点之间的电路,由检流计 G 直接比较这两点的电势。若 B、D 两点的电势相等,称为电桥平衡;反之,若 B、D 两点的电势不相等,称为电桥不平衡。

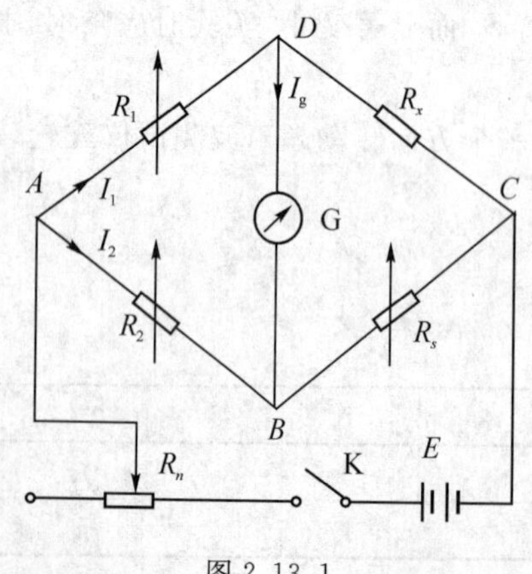

图 2.13.1

改变可调的标准电阻 R_1、R_2 和 R_s 的阻值,就有可能使得 B、D 两点的电势相等,此时检流计中没有电流通过,即 $I_g=0$。由于 $U_{AD}=U_{AB}$,所以有

$$I_1R_1=I_2R_2 \tag{2.13.1}$$

由于 $U_{DC}=U_{BC}$,所以有

$$I_1R_x=I_2R_s \tag{2.13.2}$$

把(2.13.1)和(2.13.2)式相除,有$\dfrac{R_x}{R_1}=\dfrac{R_s}{R_2}$,即

$$R_x=\frac{R_1}{R_2}R_s=K_rR_s \tag{2.13.3}$$

R_1 和 R_2 称为比率臂，R_s 称为比较臂，$K_r=R_1/R_2$ 称为电桥的量程倍率（又称量程因数）。(2.13.3)式称为电桥的平衡条件，它将待测电阻 R_x 用三个已知的标准电阻的阻值表示了出来。可见，当电桥处于平衡状态时，桥臂上的四个电阻之间存在一个非常简单的关系：$R_x/R_1=R_s/R_2$。此时，不论流经桥臂的电流大小如何变化，都不会影响这个关系。

由以上分析可知，电桥在不接通电源时，检流计的指针指零；接通电源而电桥达到平衡时，检流计指针仍然指零。这种在平衡点、零点或是相互抵偿的状态附近，实验会保持原始条件，从而避免一些附加的系统误差的实验方法称为零示法或零位法。用零示法的测量装置都有一个指零仪或指零装置，用来判断测量装置是否达到了平衡状态（或零点、抵偿点）。指零仪不改变测量装置的工作状态，理论上它不产生系统误差，可以实现高准确度测量。指零仪本身不表征任何测量结果，真正的测量结果都要通过一个或一组标准量来表示，这就实现了比较测量的方法。因此，惠斯登电桥测电阻的实验同时采用了零示法和比较法。调节电桥平衡的方法有两种，一种是取量程倍率 K_r 为某一定值，调节 R_s 的大小；另一种是保持 R_s 的大小不变，调节量程倍率 K_r 的值。在本实验中采用的是前一种方法。

2. 电桥的灵敏度

对已平衡的电桥，如果比较臂电阻 R_s 改变 ΔR_s 时，检流计的指针偏离平衡位置 Δn 格，则定义电桥的灵敏度为

$$S=\frac{\Delta n}{\Delta R} \tag{2.13.4}$$

显然，电桥的灵敏度越大，对电桥平衡的判断也越准确。

进一步的分析表明：选用低内阻、高灵敏度的检流计，适当增加电桥的工作电压 E，适当减小比较臂电阻 R_s，均有利于提高电桥的灵敏度。

3. 用交换法消除比率臂的误差

保持 R_1 和 R_2 不变，把 R_s 和 R_x 的位置交换，调节 R_s 使电桥再次达到平衡，设这时 R_s 电阻值变为 R_s'，根据电桥平衡条件有

$$R_x=\frac{R_2}{R_1}R_s' \tag{2.13.5}$$

联立(2.13.3)式和(2.13.5)式，得

$$R_x=\sqrt{R_sR_s'} \tag{2.13.6}$$

由于(2.13.6)式中没有 R_1 和 R_2，这就消除了由于 R_1 和 R_2 不准确而引起的系统误差。这种把测量中的某些条件交换，如将测量对象的位置相互交换，或者将测量反向进行，使产生系统误差的原因对测量的结果起相反的作用，从而抵消了系统误差的方法称为交换法或交替法。这也是消除系统误差的基本方法之一。

四、实验内容

1. 自组电桥测电阻

按图 2.13.1 放置好各仪器然后接线。其中 R_1、R_2 和 R_s 为电阻箱，R_n 为滑线变阻器。当 R_1 和 R_2 阻值不同时，便得到不同的量程倍率 K_r。K_r 选好后，调节 R_s 使电桥平衡。限

流电阻 R_n 应先调到最大。

(1) 待测电阻为几十欧姆时，取 $K_r=0.01$(如 $R_1=10.0\ \Omega$,$R_2=1\ 000.0\ \Omega$)。合上开关K，接通电源，再跃接(即断续接通)检流计的“电计”按钮，看检流计指针是否偏转。若 R_s 为某一值时，检流计指针偏向一边，当 R_s 变为另一值时，指针又偏向另一边，则 R_s 必定在这两个值之间。逐步改变 R_s 使指针的偏转逐步减少，直到电桥初步达到平衡。为了增加自组电桥的灵敏度，这时减小限流电阻 R_n 的阻值，使 R_n 为零，再调节 R_s 使检流计指针指零。

(2) 记录下 $K_r=R_1/R_2$ 和 R_s 的值，由(2.13.6)式算出 R_x。R_x 相对合成标准不确定度

$$u_{\mathrm{cr}}=\frac{u(R_x)}{R_x}=\left[\left(\frac{u(R_1)}{R_1}\right)^2+\left(\frac{u(R_2)}{R_2}\right)^2+\left(\frac{u(R_3)}{R_3}\right)\right] \tag{2.13.7}$$

式中 $u(R_1)$、$u(R_2)$、$u(R_3)$ 分别是 R_1、R_2、R_3 的标准不确定度，主要由电阻箱的仪器误差决定的B类标准不确定度分量构成。R_x 的合成标准不确定度 $u(R_x)=R_x\cdot u_{\mathrm{cr}}$。写出测量结果的完整表达式。

(3) 按上述步骤测量另一个电阻 R_x'(阻值为几千欧姆)，此时 K_r 取1。将以上数据填入表2.13.1中。

2. 用便携式QJ23型(如图2.13.2所示)电桥测电阻

(1) 将检流计指针调到零。

(2) 接上被测电阻 R_X，估计被测电阻近似值，然后将比例臂旋钮转动到适当倍率。注意倍率一定要选好，使测出的电阻值应有四位有效数字。

(3) 跃接按键B和G，在电桥接通的情况下仔细调节 R_s，使电桥达到平衡。未知电阻的阻值 $R_x=K_rR_s$。

(4) 重复上述步骤测量另外两个电阻。

(5) 使用完毕，应将B按键和G按键放松。对QJ23型应将检流计的“外接”断开，“内接”短路，保护检流计。

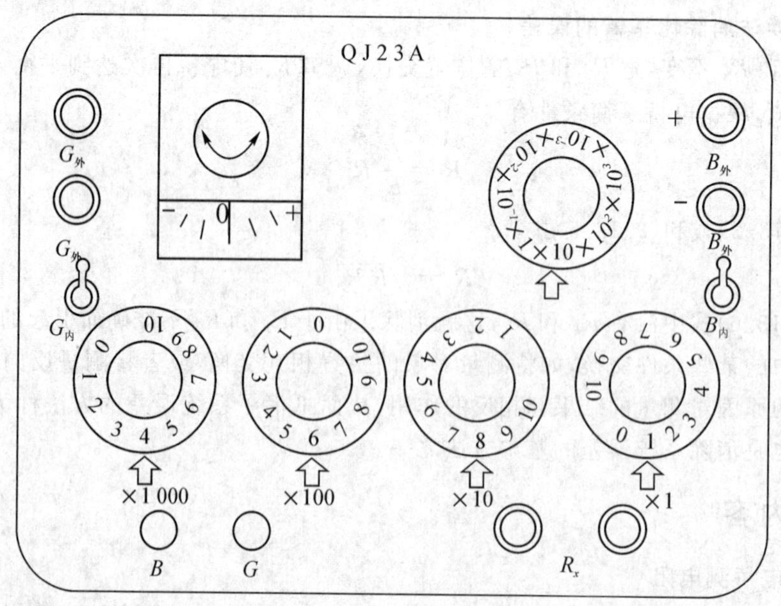

图2.13.2

注：QJ23型电桥的主要技术指标和准确度等级可参见箱底板上的铭牌。例如使用内部电源和内附检流计，量程倍率 K_r 取1、0.1、0.01，测量范围分别为1 000～9 999 Ω，100～999.9 Ω，10～99.99 Ω时，该电桥以百分数表示的准确度等级指数 $C=0.2$。

五、注意事项

（1）AC5型检流计使用完毕必须将小旋钮3旋至红色圆点位置，将“电计”和“短路”按钮放松。

（2）实验中G及“电计”按键一般采用跃接，只有当检流计的指针偏转较小时，才能将AC5型检流计的“电计”按钮或便携式电桥的G按键锁住。

（3）便携式电桥用完后，务必放松B按键，否则内部电源将长期放电，使电池报废并损坏仪器。

六、数据记录及处理

表2.13.1　用自组电桥测电阻

环境温度______℃

待测电阻	K_r	R_1/Ω	R_2/Ω	R_3/Ω	R_x/Ω	$\Delta m(R_1)/\Omega$	$\Delta m(R_2)/\Omega$	$\Delta m(R_3)/\Omega$	u_{cr}	合成标准不确定度/Ω
R_x	0.01									
R'_x	1									

表2.13.2　用自组电桥的交换法测电阻

环境温度______℃

待测电阻	K_r	R_s/Ω	R'_s/Ω	$\Delta m(R_s)/\Omega$	$\Delta m(R'_s)/\Omega$	u_{cr}	合成标准不确定度/Ω
R'_x	1						

表2.13.3　用自组电桥的交换法测电阻

环境温度______℃

待测电阻	K_r	R_s/Ω	$R_x=K_rR_s/\Omega$	$C\%$	标准不确定度/Ω	相对标准不确定度
R_x						
R'_x						
R_x 与 R'_x 串联						
R_x 与 R'_x 并联						

七、思考题

1. 电桥测电阻时，若比率臂选择不好，对测量结果有什么影响？
2. 交换法为什么能消除比率臂误差的影响？

3. 试证明当电桥达到平衡后，若互换电源与检流计的位置，电桥是否仍保持平衡？

4. 电桥平衡后，当 R_s 再改变 ΔR_s 时检流计的指针偏转 Δn 格，当限流电阻 R_n 的值为最大或零时，根据(2.13.7)式计算自组电桥的灵敏度 S 是否有变化？

实验 14　数字电位差计测电源电动势和内阻

一、实验目的

1. 了解电位差计的工作原理和结构特点。
2. 掌握用数字电位差计测量干电池的电动势和内阻。

二、实验仪器

SDC-Ⅱ型数字电位差计；干电池；电阻箱；导线。

三、实验原理

SDC-Ⅱ型数字电位差计如图 2.14.1 所示。电位差计是通过与标准电动势进行比较来测定未知电动势或电压的仪器。由于在电路中采用了补偿法，使被测电路在测量时无电流通过，因此不会改变被测对象原来的状态，从而达到了相当高的准确度。如果配以其他标准附件，用电位差计可以准确地测量电流、电压和电阻等。如果配以其他传感器，还可以进行非电学量的测量，因此直流电位差计与电桥一样是应用广泛的仪器。

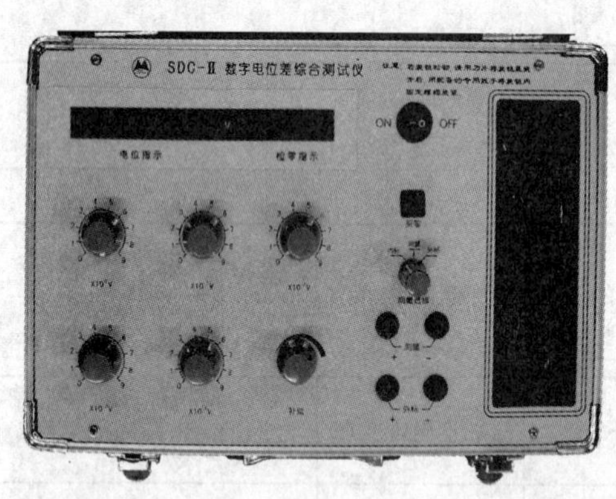

图 2.14.1　SDC-Ⅱ型数字电位差计

本实验所安排的学生式电位差计都是教学仪器，其基本原理和基本操作与各类工业产品的直流电位差计是相同的。

用电压表直接测量干电池的电动势 E_x 的方法，是将电压表并联到电池的两端，就有电流通过电池内部。由于干电池有内电阻 r，在电池内部不可避免地存在电势降落 Ir，因而电压表的指示值是电池的端电压 $U=E_x-Ir$。只有当 $I=0$ 时，电池的端电压才等于电池的电动势 E_x。因此，用电压表直接测量电池的电动势是不准确的。

为了使电池内部没有电流通过而又能测出电池的电动势 E_x，我们采用补偿法。其原理如图 2.14.2 所示，将被测电动势 E_x 与已知电动势 E_s 按图接成一个回路。当 $E_x>E_s$ 时，回路中有电流流过，检流计的指针偏向一侧；而当 $E_x<E_s$ 时，检流计的指针偏向另一侧；若 $E_x=E_s$，回路中没有电流，检流计指示为零，此时 E_x 处于补偿状态或抵消状态。也就是说，只要 E_s 抵消了 E_x 的作用，使得电池内部电流为零，就可以测出 E_x，并且 $E_x=E_s$。在物理实验中，测量过程常常不可避免地出现一些改变实验系统原来状态或能量分布的状态。

为了使电池内部没有电流通过而又能测出电池的电动势 E_x，我们采用补偿法。其原理如图 2.14.2 所示，将被测电动势 E_x 与已知电动势 E_s 按图接成一个回路。当 $E_x > E_s$ 时，回路中有电流流过，检流计的指针偏向一侧；而当 $E_x < E_s$ 时，检流计的指针偏向另一侧；若 $E_x = E_s$，回路中没有电流，检流计指示为零，此时 E_x 处于补偿状态或抵消状态。也就是说，只要 E_s 抵消了 E_x 的作用，使得电池内部电流为零，就可以测出 E_x，并且 $E_x = E_s$。在物理实验中，测量过程常常不可避免地出现一些改变实验系统原来状态或能量分布的消极影响，如果能有目的地补充一些条件或能量，以抵消那些影响，使系统保持原来状态（或理论规定状态）的实验方法称为补偿法。

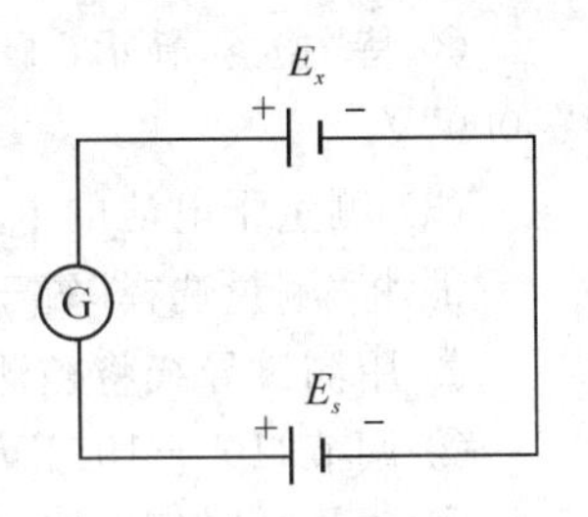

图 2.14.2　补偿原理

电位差计实现补偿作用的工作原理如图 2.14.3所示，E 为建立工作电流的电源，R_n 为可变限流电阻，AB 为粗细均匀的总电阻为 R 的电阻丝，C 和 D 是与电阻丝 AB 相接触的滑动触头。G 为检流计，K_2 为双刀双掷开关，E_s 为电动势已知的标准电池，E_x 为电动势未知的待测电池。E、R_n 和 R 构成工作电流调节回路，工作电流 I 的大小由 R_n 调节。当 K_2 与 E_s 侧接通时，E_s、G 和滑动触头 CD 之间的电阻 R_s 构成校正工作电流回路。调节 C、D 的位置，当 E_s 处于补偿状态时

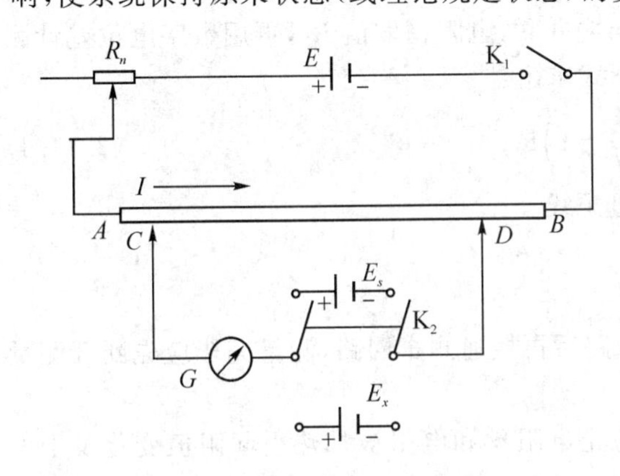

图 2.14.3　电位差计实现补偿作用的工作原理

$$E_s = I_0 R_s \tag{2.14.1}$$

此时校正的工作电流 $I_0 = E_s / R_s$。当 K_2 与 E_x 侧接通时，仅再调节 C、D 的位置，E_x、G 和这时候滑动触头 CD 之间的电阻 R_x 构成待测回路。当 E_x 也处于补偿状态时，工作电流 I_0 的大小是不变的，因此

$$E_X = I_0 R_X \tag{2.14.2}$$

将(2.14.2)式除以(2.14.1)式，得

$$E_x = \frac{E_s}{R_s} R_x = I_0 R_x \tag{2.14.3}$$

即在 E_s 处于补偿状态时的工作电流 $I_0 = E_s / R_s$ 不变的条件下，只要测得 E_x 处于补偿状态时的 R_x，由(2.14.3)式就可准确测出待测电动势 E_x。

四、实验内容

(1) 开机。接通电源线，打开开关(on)，预热 15 min。

(2) 内标检验。

① 将“测量选择”旋钮置于“内标”。

② 将“100”位旋钮置于“1”，“补偿”旋钮逆时针旋转到底，其他旋钮均置于“0”，此时，“电位指标”显示“1.00000”V。如果显示小于“1.00000”V，可以调节补偿电位器旋钮以达到显示“1.00000”V。如果显示大于“1.00000”V 应适当减小“$10^0 - 10^{-4}$”旋钮，使显示小于“1.00000”V，再调节补偿电位器旋钮以达到“1.00000”V。

③ 待“检零指示”显示数值稳定后，按一下“采零”键，此时，“检零指示”显示为“0000”V。

(3) 测量干电池的电动势。

① 将“测量选择”置于“测量”。

② 用测试导线将被测干电池按“+”、“-”极性与“测量插孔”连接。

③ 调节“10^0-10^{-4}”旋钮五个旋钮，使“检零指示”显示数值为负且绝对值最小。

④ 调节“补偿”旋钮，使“检零指示”显示为“0000”，此时，“电位显示”数值为被测干电池的电动势的值。

(4) 测量干电池的内阻 r。

测出干电池的电动势后，用一个电阻箱与之并联，电阻箱取值 R_0，再用数字电位差计测出其两端的电压，则干电池的内阻 r 可以由下式求出：

$$r=\left(\frac{E_x}{U}-1\right)R_0 \tag{2.14.4}$$

(5) 关机。关闭电源开关(off)，再拔掉电源线。

五、注意事项

(1) 每次测量时，都应先接通工作电流回路后再接通测量回路，测量完毕应先断开测量回路后再断开工作电流回路。

(2) 不读取数据时所有开关都应断开，防止电阻丝和电阻被加热引起阻值变化及干电池长时间放电使电动势值下降。

六、数据记录及处理

表 2.14.1　电位差计测电源电动势

次数	1	2	3	4	5	6
E_x						
U						

七、思考题

1. 为什么电位差计可以实现高精确度的测量？

2. 用电位差计进行测量前为什么要对电位差计进行校准？

3. 电位差计测量电动势的过程中，如果检流计指针一直偏向一边，试分析造成这一实验现象的可能原因？

实验 15　PN 结正向压降温度特性研究

一、实验目的

1. 了解 PN 结正向压降随温度变化的基本关系式。

2. 在恒定正向电流条件下，测绘 PN 结正向压降随温度变化曲线，并由此确定其灵敏度及被测 PN 结材料的禁带宽度。

3. 学习用 PN 结测温的方法。

二、实验仪器

DH-PN-1 型 PN 结；电源。

三、实验原理

理想的 PN 结的正向电流 I_F 和正向压降 V_F 存在如下近关系式：

$$I_F = I_s \exp\left(\frac{qV_F}{kT}\right) \tag{2.15.1}$$

其中 q 为电子电荷；k 为玻尔兹曼常数；T 为绝对温度；I_s 为反向饱和电流，它是一个和 PN 结材料的禁带宽度以及温度有关的系数，可以证明

$$Is = CT^r \exp\left(-\frac{qVg(0)}{kT}\right) \tag{2.15.2}$$

其中 C 是与结面积、掺杂质浓度等有关的常数，r 也是常数（见附录）；$V_g(0)$ 为绝对零度时 PN 结材料的导带底和价带顶的电势差。

将(2.15.2)式代入(2.15.1)式，两边取对数可得

$$V_F = V_{g(0)} - \left(\frac{k}{q}\ln\frac{C}{I_F}\right)T - \frac{kT}{q}\ln T^r = V_1 + V_{n1} \tag{2.15.3}$$

其中

$$V_1 = V_{g(0)} - \left(\frac{k}{q}\ln\frac{C}{IF}\right)T$$

$$V_{n1} = -\frac{kT}{q}\ln T^r$$

方程(2.15.3)就是 PN 结正向压降对于电流和温度的函数表达式，它是 PN 结温度传感器的基本方程。令 I_F = 常数，则正向压降只随温度而变化，但是在方程(2.15.3)中还包含非线性项 V_{n1}。下面来分析一下 V_{n1} 项所引起的线性误差。

设温度由 T_1 变为 T 时，正向电压由 V_{F1} 变为 V_F，由(2.15.3)式可得

$$V_F = V_{g(0)} - (V_{g(0)} - V_{F1})\frac{T}{T_1} - \frac{kT}{q}\ln\left(\frac{T}{T_1}\right)^r \tag{2.15.4}$$

按理想的线性温度响应，V_F 应取如下形式

$$V_{理想} = V_{F1} + \frac{\partial V_{F1}}{\partial T}(T - T_1) \tag{2.15.5}$$

$\frac{\partial V_F}{\partial T}$ 为曲线的斜率，且 T_1 温度时的 $\frac{\partial V_{F1}}{\partial T}$ 等于 T 温度时的 $\frac{\partial V_F}{\partial T}$ 值。

由(2.15.3)式可得

$$\frac{\partial V_{F1}}{\partial T} = -\frac{V_{g(0)} - V_{F1}}{T_1} - \frac{k}{q}r \tag{2.15.6}$$

所以

$$\begin{aligned} V_{理想} &= V_{F1} + \left(-\frac{V_{g(0)} - V_{F1}}{T_1} - \frac{k}{q}r\right)\cdot(T - T_1) \\ &= V_{g(0)} - (V_{g(0)} - V_{F1})\frac{T}{T_1} - \frac{k}{q}(T - T_1)r \end{aligned} \tag{2.15.7}$$

由理想线性温度响应(2.15.7)式和实际响应(2.15.4)式相比较,可得实际响应对线性的理论偏差为

$$\Delta = V_{理想} - V_F = -\frac{k}{q}(T-T_1)r + \frac{kT}{q}\ln\left(\frac{T}{T_1}\right)^r \tag{2.15.8}$$

设 $T_1=300$ K,$T=310$ K,取 $r=3.4$,由(2.15.8)式可得 $\Delta V=0.048$ mV,而相应的 V_F 的改变量约 20 mV,相比之下误差甚小。不过当温度变化范围增大时,V_F 温度响应的非线性误差将有所递增,这主要由于 r 因子所致。

综上所述,在恒流供电条件下,PN 结的 V_F 对 T 的依赖关系取决于线性项 V_1,即正向压降几乎随温度升高而线性下降,这就是 PN 结测温的理论依据。必须指出,上述结论仅适用于杂质全部电离,本征激发可以忽略的温度区间(对于通常的硅二极管来说,温度范围约 −50～150 ℃)。如果温度低于或高于上述范围时,由于杂质电离因子减小或本征载流子迅速增加,V_F-T 关系将产生新的非线性,这一现象说明 V_F-T 的特性还随 PN 结的材料而异,对于宽带材料(如 GaAs,$E_g=1.43$ eV)的 PN 结,其高温端的线性区则宽;而材料杂质电离能小(如 InSb)的 PN 结,则低温端的线性范围宽。对于给定的 PN 结,即使在杂质导电和非本征激发温度范围内,其线性度亦随温度的高低而有所不同,这是非线性项 V_{n1} 引起的,由 V_{n1} 对 T 的二阶导数 $\frac{d^2V}{dT^2}=\frac{1}{T}$ 可知,$\frac{dV_{n1}}{dT}$ 的变化与 V_{n1} 成反比,所以 V_F-T 的线性度在高温端优于低温端,这是 PN 结温度传感器的普遍规律。此外,由(2.15.4)式可知,减小 I_F,可以改善线性度,但并不能从根本上解决问题,目前行之有效的方法大致有以下两种。

(1) 利用对管的两个 be 结(将三极管的基极与集电极短路与发射极组成一个 PN 结),分别在不同电流 I_{F1}、I_{F2} 下工作,由此获得两者之差($I_{F1}-I_{F2}$)与温度成线性函数关系,即

$$V_{F1} - V_{F2} = \frac{KT}{q}\ln\frac{I_{F1}}{I_{F2}}$$

由于晶体管的参数有一定的离散性,实际值与理论值仍存在差距,但由于单个 PN 结相比其线性度与精度均有所提高,这种电路结构与恒流、放大等电路集成一体,便构成电路温度传感器。

(2) 采用电流函数发生器来消除非线性误差。由(2.15.3)式可知,非线性误差来自 T^r 项,利用函数发生器,I_F 比例于绝对温度的 r 次方,则 V_F-T 的线性理论误差为 $\Delta=0$。实验结果与理论值比较一致,其精度可达 0.01 ℃。

四、实验内容

(1) 实验系统检查与连接。

① 取下隔离圆筒的筒套(左手扶筒盖,右手扶筒套逆时针旋转),查待测 PN 结管和测温元件应分放在铜座的左右两侧圆孔内,其管脚不与容器接触,然后装上筒套。

② 按图 2.15.1 所示进行连线。控温电流开关置"关"位置,接上加热电源线和信号传输线,两者连接均为直插式。在连接信号线时,应先对准插头与插座的凹凸定位标记,再按插头的紧线夹部位,即可插好。而拆除时,应拉插头的可动外套,决不可鲁莽左右转动,或操作部位不对而硬拉,否则可能拉断引线影响实验。

(2) 打开电流开关,预热几分钟后,此时测试仪上将显示出室温 T_R,记录下起始温度 T_R。

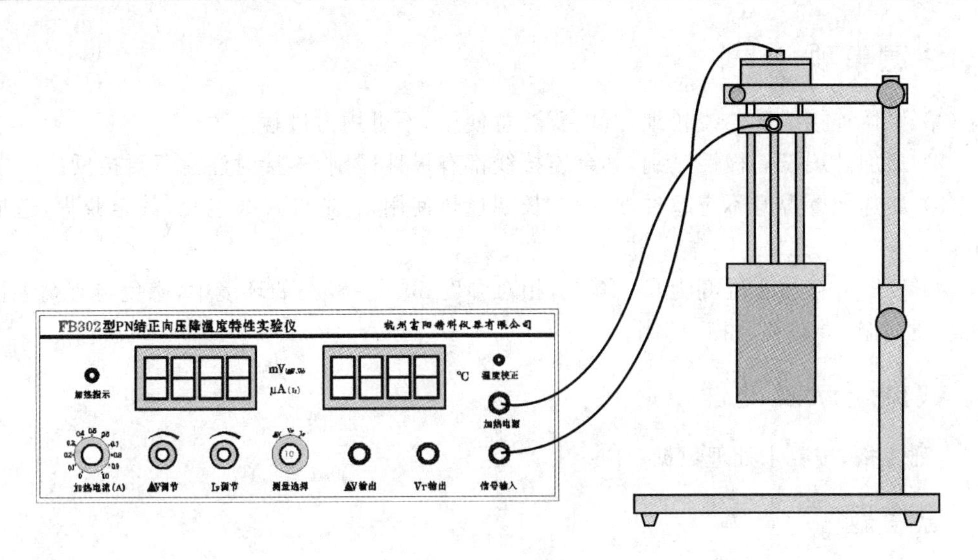

图 2.15.1　实验连线图

(3) $V_F(0)$或 $V_F(T_R)$的测量和调零。

将“测量选择”开关拨到 I_F，由“I_F 调节”使 $I_F=50\ \mu A$，将 K 拨到 V_F，记下 $V_F(T_R)$值，再将 K 置于 ΔV，由“ΔV 调零”使 $\Delta V=0$。

本实验的起始温度如需从 0 ℃开始，则需将隔离圆筒置于冰水混合物中，待显示温度至 0 ℃时，再进行上述测量。

(4) 测定 ΔV-T 曲线。

开启加热电流(指示灯亮)，逐步提高加热电流进行变温实验，并记录对应的 ΔV 和 T，至于 ΔV、T 的数据测量，每改变 10 mV 立即读取一组 ΔV、T 值，这样可以减小测量误差。应该注意：在整个实验过程中要注意升温速率要慢，且温度不宜过高，最好控制在 120 ℃以内。

(5) 求被测 PN 结正向压降随温度变化的灵敏度 S(mV/℃)以 T 为横坐标，ΔV 为纵坐标，作 ΔV－T 曲线，其斜率就是 S。

(6) 估算被测 PN 结材料的禁带宽度。根据(2.15.6)式，略去非线性项，可得

$$V_{g(0)}=V_{F1}-\frac{\partial V_{F1}}{\partial T}\cdot T_1=V_{F1}\cdot S\cdot T_1$$

实际计算时将斜率 S、温度 T_1(注意单位为 K)及此时的 V_{F1} 值代入上式即可求得 $V_g(0)$，禁带宽度 $E_g(0)=qV_g(0)$。将实验所得的 $E_g(0)$与公认值 $E_g(0)=1.21$ eV 比较，求其误差。

(7) 数据记录。

实验起始温度：$T_R=$ ______________ ℃；工作电流：$I_F=$ ________________ mA；

起始温度为 T_R 时压降：$V_F(T_R)=$ __________ mV；控温电流：____________ A。

(8) 改变加热电流重复上述步骤进行测量，并比较两组测量结果。

(9) 改变工作电流 $I_F=100\ \mu A$ 重复上述(1)～(7)步骤进行测量，并比较两组测量结果。

五、注意事项

(1) 仪器连接线的芯线较细,所以要注意使用,不可用力过猛。

(2) 除加热线没有极性区别,其余连接线都有极性区别,连接时注意不要接反。

(3) 加热装置温升不应超过 120 ℃,长期过热使用,将造成接线老化,甚至脱焊,造成一起故障。

(4) 仪器应存放于温度为 0～40 ℃,相对湿度 30%～85%的环境中,避免与有腐蚀性的有害物质接触,并防止碰撞、摔倒。

六、数据记录及处理

自列表格,按要求处理数据。

七、思考题

1. 测 $V_F(0)$或 $V_F(T_R)$的目的何在?为什么实验要求测 $\Delta V-T$ 曲线而不是 V_F-T 曲线。

2. 测 $\Delta V-T$ 为何按 ΔV 的变化读取 T,而不是按自变量 T 读取 ΔV。

3. 在测量 PN 结正向压降和温度的变化关系时,温度高时 $\Delta V-T$ 线性好,还是温度低好?

4. 测量时,为什么温度必须控制在 $T=-50\sim150$ ℃范围内?

实验 16　分光计的调整与使用

一、实验目的

1. 了解分光计的结构和基本原理。
2. 掌握分光计的调整方法。
3. 测量三棱镜的顶角。

二、实验仪器

分光计;双面反射镜;三棱镜。

三、实验原理

1. 三棱镜顶角的测量

如图 2.16.1,AB 和 AC 实三棱镜的两个光学面,用平行光束分别垂直照射这两个面,测出这两束光线之间的夹角 φ,则三棱镜的顶角

$$\alpha=180^\circ-\varphi \tag{2.16.1}$$

2. 实验装置介绍

分光计是用来准确测量光线偏转角度的仪器。分光计的调整方法与技巧,在光学仪器

中有一定的代表性。分光计的型号比较多，本实验所介绍的JJY-1型由阿贝式自准直望远镜、平行光管、载物台和游标读数装置四部分构成，原理如图 2.16.2 所示，光学仪左、右两侧及相应的调节旋钮参见图 2.16.3(a)和图 2.16.3(b)。

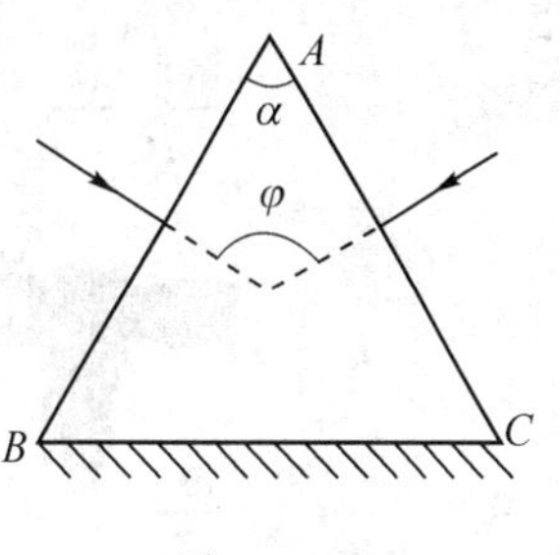

图 2.16.1

(1) 平行光管。

平行光管原理如图 2.16.2 所示，管筒右端有一物镜，左端有一宽度可调节的精密狭缝，当狭缝位于物镜的焦平面上时，通过狭缝的光经过凸透镜后就成为平行光。平行光管的调节参见图 2.16.3，松开螺旋②，拧转狭缝与物镜距离调节①(还有分光计在管筒的侧面设置调节旋钮)，使狭缝处在物镜的焦平面上。狭缝的宽度由螺钉㉘调节，平行光管光轴(光轴即为物镜的主轴，下同)的位置由螺钉㉖、㉗调节。

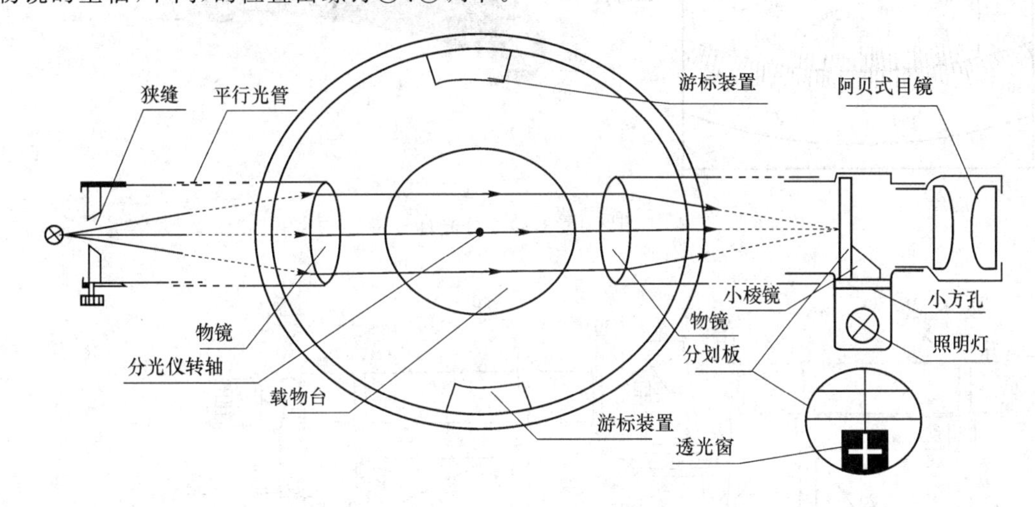

图 2.16.2　分光计原理

(2) 阿贝式自准直望远镜。

原理如图 2.16.2 所示，望远镜由物镜、阿贝式目镜、分划板和照明装置组成。分划板上刻有叉丝，旁边有一块全反射小棱镜，在小棱镜与分划板相邻的面上涂有不透光的薄膜，薄膜上刻有十字形透光窗口。小灯泡点亮后，白光经过小方孔上的滤色片变为绿色光，再经小棱镜的全反射把十字透光窗照亮。望远镜的调节参见图 2.16.3，旋转目镜与分划板距离调节手轮⑪，使眼睛通过目镜能很清楚地看到分划板上的刻线。放松螺旋⑨，拧转⑩以调节分划板与物镜的距离(还有分光计，在管筒侧面设置调节旋钮)，当分划板位于物镜的焦平面上时，它上面十字透光窗发出的光线通过物镜变成平行光，如图 2.16.4(a)所示。用一平面镜将此平行光反射回来，此光再经过物镜，会在分划板上生成绿色亮十字的像。如果平面镜与望远镜光轴垂直，视场中此像位于分划板的测量用十字叉丝的竖线与调节叉丝的交点上，如图 2.16.4(b)所示。这种物和像都在同一平面内(在分划板上)，在光学上称为自准直。只要实现了自准直，分划板必然在物镜的焦平面上。当绿十字像处于图 2.16.4(b)所示的位置时，望远镜光轴必然与平面镜面垂直。目镜与分划板和照明装置如图 2.16.2 所示的这种配置称为阿贝式目镜。在图 2.16.3 中，调节螺钉⑫和⑬，可使望远镜轴线与分光计转轴垂直。

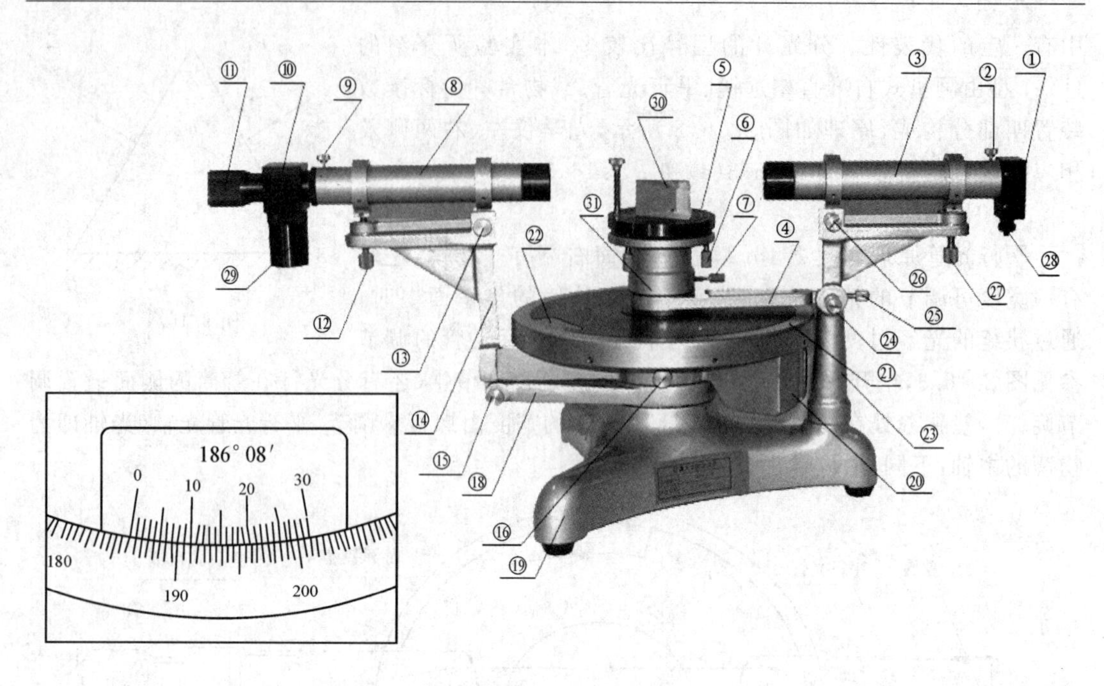

图 2.16.3(a)　分光计

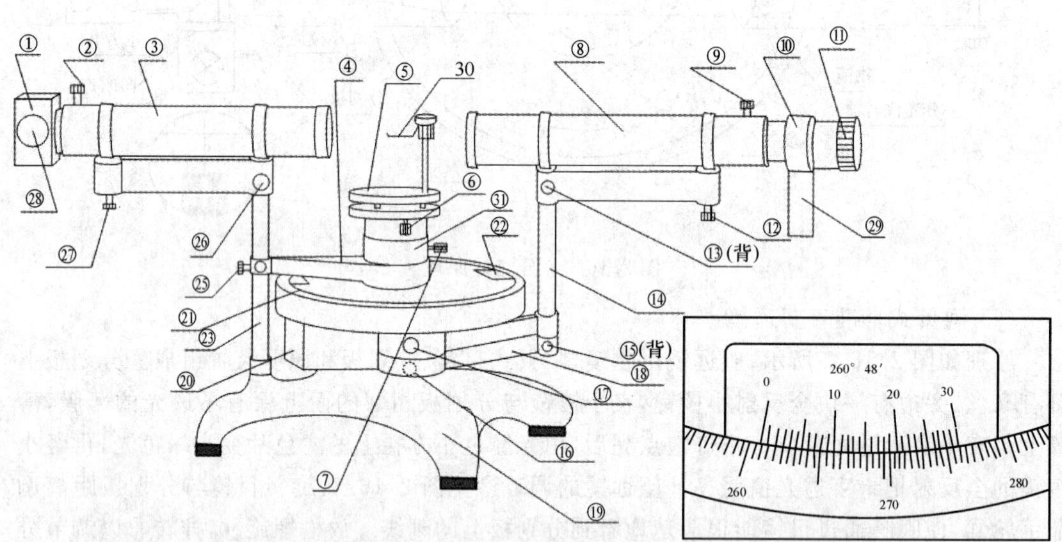

①—狭缝装置，可调节狭缝与物镜距离；②—狭缝与物镜距离锁紧；③—平行光管管筒；④—游标盘制动架；⑤—载物台；⑥—载物台调平螺钉(3只)；⑦—载物台座与游标盘锁紧螺钉；⑧—望远镜镜筒；⑨—分划板与物镜距离锁紧；⑩—移动阿贝式目镜管，可调节分划板与物镜距离；⑪—目视度调节手轮；⑫—望远镜光轴高低调节螺钉；⑬—望远镜光轴水平调节螺钉；⑭—望远镜支臂；⑮—望远镜转角微调螺钉；⑯—转座与度盘止动螺钉；⑰—望远镜止动螺钉；⑱—望远镜制动架；⑲—底座；⑳—转座；㉑—度盘；㉒—游标盘；㉓—立柱；㉔—游标盘转角微调螺钉；㉕—游标盘止动螺钉；㉖—平行光管光轴水平调节螺钉；㉗—平行光管光轴高低调节螺钉；㉘—狭缝宽度调节螺钉；㉙—照明灯；㉚—压片；㉛—载物台台座

图 2.16.3(b)　分光计

(3) 载物台。

放在载物台座㉛和三个调平螺钉⑥上的载物台⑤是用来放置三棱镜、光栅等光学元件

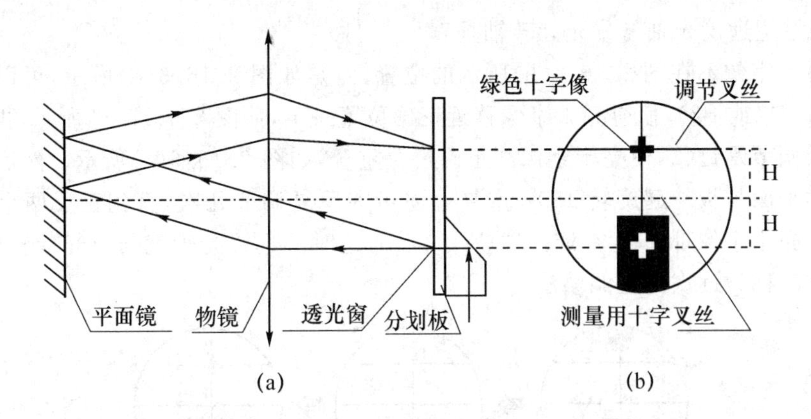

图 2.16.4　自准直法调节望远镜的光路图(a)及视场图像(b)

的。光学元件可用压片㉚固定在载物台上。螺钉⑦可以把载物台座固定在任一高度上，并使载物台与游标盘一起转动。

(4) 游标读数装置。

游标读数装置由刻度盘㉑，游标盘㉒。望远镜或载物台座转动时，调整有关螺钉可使刻度盘与游标盘发生相对运动。如图 2.16.3(a)所示，JJY-1 型的刻度盘上刻有 720 条等分刻线，分度值 $\alpha=30'$，游标的分度数 $n=30$，根据最小分度值的公式，游标分度值 $i=\alpha/n=30'/30=1'$。在图 2.16.3(a)、(b)的左、右下角，画出了游标及对应的读数。分光计上的游标装置是测角度的，因此这种游标装置又称角游标。

为了消除度盘的中心与分光计转轴之间的偏心差，在度盘同一直径的两端各装一个游标读数装置。测量时两个游标都应读数，然后算出每个游标两次读数的差，再取平均值。这个平均值可作为游标盘相对于度盘转过的角度，并且消除了偏心误差。

四、实验内容

1. 调整分光计

调整分光计，目的是使平行光管发出平行光，望远镜聚焦于无穷远，平行光管和望远镜光轴在同一水平面内并与分光计转轴垂直。调节前，应对照图 2.16.2 和图 2.16.3 熟悉分光计的基本原理和结构。先目测，使各部件大致符合上述要求，然后进行以下调节：

(1) 把望远镜聚焦于无穷远。

调节目镜与分划板距离手轮⑪，清晰地看到分划板上的刻线。接通照明灯电源，在载物台上放置光学平面平板(即正反面都可反射光线的反射镜)，放法如图 2.16.5 所示。轻轻地转动载物台座，同时从望远镜中寻找由光学平面平板反射回来的绿色光团，若找不到光团，须细心调节望远镜光轴高低调节螺钉⑫和载物台下的螺钉 B1、B2。找到光团后，将螺旋⑨旋松，拉伸⑩以调节分划板与物镜的距离，直到在目镜中可以清晰地看到反射回来的亮十字像为止，这时望远镜已聚焦于无穷远。为了消除视差，眼睛可上下或左右移动，如果亮十字像与分划板刻线的距离保持不变，就说明亮十字像与刻线必然位于同一平面上，没有视差。否则应仔细调节物镜与分划板之间的距离，直到视差消除，锁紧螺旋⑨。

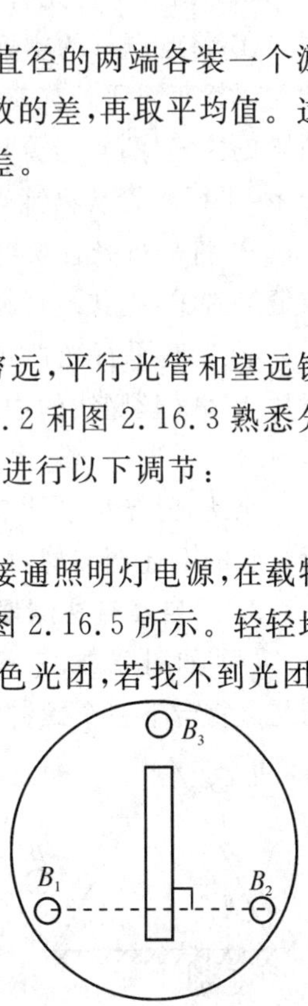

B_3　B_1　B_2

图 2.16.5

(2) 调整望远镜光轴与分光计转轴垂直。

如果亮十字像不在图 2.16.4(b)所示的位置,而是如图 2.16.6(a)所示,可以先调载物台下的螺钉 B1(或 B2),使得亮十字像移近正确位置一半,如图 2.16.6(b)所示,再调节望远镜光轴高低调节螺钉⑫,使亮十字像与正确位置重合,如图 2.16.6(c)所示。然后把载物台座连同光学平面平板一起旋转 180°,重复上述步骤反复调节几次,直到正反两个光学平面反射回来的亮十字像都在图 2.16.6(c)所示位置,这时望远镜光轴就与分光计转轴相垂直。这种调节方法称为逐次逼近调整法。

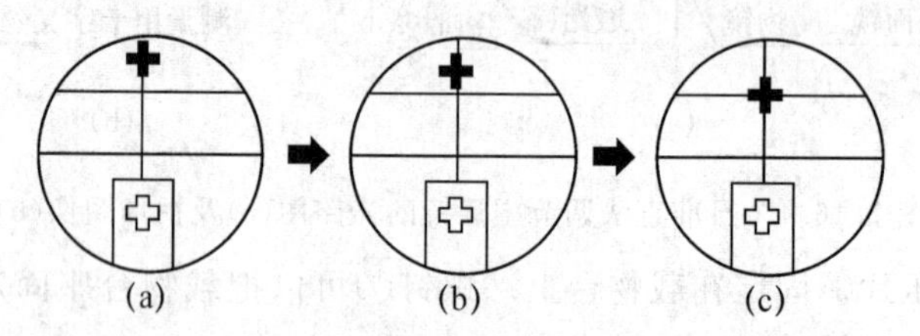

图 2.16.6　调整望远镜光轴与分光计转轴垂直

(3) 将分划板刻线调成水平和竖直。

缓慢旋转载物台座,如果分划板的水平刻线与亮十字像的移动方向不平行,就要在不破坏望远镜调焦的前提下转动分划板,放松螺钉⑨,转动目镜筒⑩,使亮十字像移动方向与分划板水平刻线平行,这时望远镜就调好了,锁紧螺钉⑨,取下光学平面平板放好。

(4) 调节平行光管。

① 将已调好的望远镜为基准,关闭望远镜上的照明灯,用汞灯照亮狭缝。转动支臂⑭使望远镜正对平行光管。松开螺旋②,仔细拧转物镜与狭缝距离调节①,直到望远镜中看到清晰的狭缝像,且与分划板刻线之间无视差时为止,这时狭缝恰好位于平行光管物镜的焦平面上,平行光管从物镜端射出平行光。

② 将平行光管狭缝调成竖直。应在不破坏平行光管调焦的情形下,放松螺钉②,旋转狭缝装置①,把狭缝像调到与分划板竖直刻线平行时,锁好螺钉②。

③ 调整平行光管光轴高低调节螺钉㉗,升高或降低狭缝像的位置,使得狭缝像位于测量用十字叉丝竖线的中央。这时平行光管的光轴与望远镜光轴相重合并都与分光计转轴垂直。

至此,分光计已调节完毕,除目镜视度调节手轮⑪可因人而异进行微调外,望远镜和平行光管的上述调节螺钉就不能再动,否则就应重新调节。

2. 用自准直法测量三棱镜顶角

(1) 如图 2.16.7 所示,将三棱镜放在载物台中央,为了便于调节,三棱镜的三个边应分别与载物台下三个螺钉⑥的连线垂直。转动载物台座,当三棱镜的一个光学面如 AB 面正对望远镜时,调整螺钉 B_1,使亮十字像在图 2.16.6(c)所示的位置上。然后将另一个光学面 AC 正对望远镜,调节螺钉 B_2 使亮十字也在图 2.16.6(c)所示的位置上。反复几次,即达到三棱镜的光学面与分光计转轴平行。

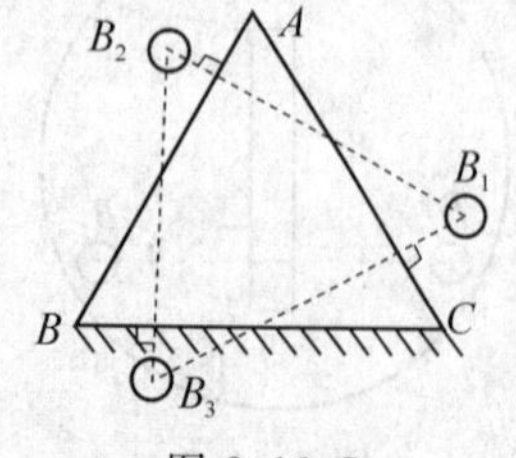

图 2.16.7

(2) 把游标盘㉒调到合适位置,防止测量过程中平行光管和望远镜挡住游标。锁紧螺钉⑦和㉕,以固定载物台和三棱镜的位置。

把望远镜对准光学面 AB 后，应锁紧螺钉⑯，这样望远镜与度盘才能一起转动。

(3) 锁紧望远镜止动螺钉⑰，一面旋转望远镜微调螺钉⑮，一面在望远镜中观察，当亮十字像正好在图 2.16.6(c)所示位置时，记下两个游标盘的读数 φ_1 和 φ_1'。放松螺钉⑰，把望远镜对准光学面 AC，然后锁紧⑰，微调⑮，记下亮十字像正好在图 2.16.6(c)所示位置时两个游标盘的读数 φ_2 和 φ_2'。此时望远镜转过的角度

$$\varphi=\frac{1}{2}[(\varphi_2-\varphi_1)+(\varphi_2'-\varphi_1')] \tag{2.16.2}$$

根据(2.16.1)式，可测出三棱镜的顶角 α。重复测 4 次，将结果填入表 2.16.1。

计算望远镜转过的角度时，如果经过度盘的零点，应加上 360°后再减。例如 $\varphi_1\rightarrow\varphi_2$ 是从 355°45′→0°→115°43′，那么转过的角度

$$\varphi_2-\varphi_1=(115°43'+360°)-355°45'=119°58'$$

五、注意事项

(1) 决不能用手摸三棱镜、光学平面平板、物镜和目镜的光学表面。

(2) 推动望远镜只能推望远镜支臂，不能推动已调好的望远镜目镜、照明装置或镜筒、旋紧望远镜止动螺钉、调节微调螺钉⑮后才能读取游标装置上的示值。

(3) 搞清原理，熟悉分光计后先目测，然后有目的地细调分光计，否则越调越乱。

六、数据记录及处理

表 2.16.1　测三棱镜顶角

次数	望远镜正对 *AB* 面		望远镜正对 *AC* 面		$\varphi=\frac{1}{2}[(\varphi_2-\varphi_1)+(\varphi_2'-\varphi_1')]$	$\alpha=180°-\varphi$
	左游标 φ_1	右游标 φ_1'	左游标 φ_2	右游标 φ_2'		
1						
2						
3						
4						

七、思考题

1. 为什么决不能用手摸三棱镜、光学平面平板、物镜和目镜的光学表面？

2. 为什么推动望远镜只能推望远镜支臂，不能推动已调好的望远镜目镜、照明装置或镜筒、旋紧望远镜止动螺钉、调节微调螺钉⑮后才能读取游标装置上的示值？

3. 为什么搞清原理，熟悉分光计后先目测，然后有目的地细调分光计，否则越调越乱？

实验 17　分光计测定光栅常数及黄光波长

一、实验目的

1. 观察光栅衍射现象和衍射光谱。

2. 进一步熟悉分光计的调节和使用。

3. 选定波长已知的光谱线测定光栅常量。

二、实验仪器

分光计;平面透射光栅;汞灯。

三、实验原理

光栅是一种常用的分光元件,由于它能产生按一定规律排列的光谱线,是各种衍射仪、光谱仪、分光计等光学仪器的必备元件。

当单色平行光垂直照射到光栅面上,透过各狭缝的光线将向各个方向衍射。如果用凸透镜将与光栅法线成 φ 角的衍射光线会聚在其焦平面上,由于来自不同狭缝的光束相互干涉,结果在透镜焦平面上形成一系列明条纹。根据光栅衍射理论,产生明条纹的条件为

$$d\sin\varphi_k = k\lambda \quad (k=0,\pm1,\cdots) \tag{2.17.1}$$

式中 $d=a+b$ 为光栅常量,λ 为入射光波长,k 为明条纹(光谱线)的级数,φ_k 为第 k 级明条纹的衍射角。(2.17.1)式称为光栅方程,它对垂直照射条件下的透射式和反射式光栅都适用。

如果入射光为复色光,由(2.17.1)式可知,波长不同,衍射角也不同,于是复色光被分解。而在中央 $k=0$,$\varphi_k=0$ 处,各色光仍然重叠在一起,形成中央明条纹。在中央明条纹两侧对称分布着 $k=\pm1,\pm2,\cdots$级光谱。每级光谱中紫色谱线靠近中央明条纹,红色谱线远离中央明条纹。

实验中如用汞灯照射分光计的狭缝,经平行光管后的平行光垂直照射到放在载物台上的光栅上,衍射光用望远镜观察,在可见光范围内比较明亮的光谱线如图 2.17.1 所示。这

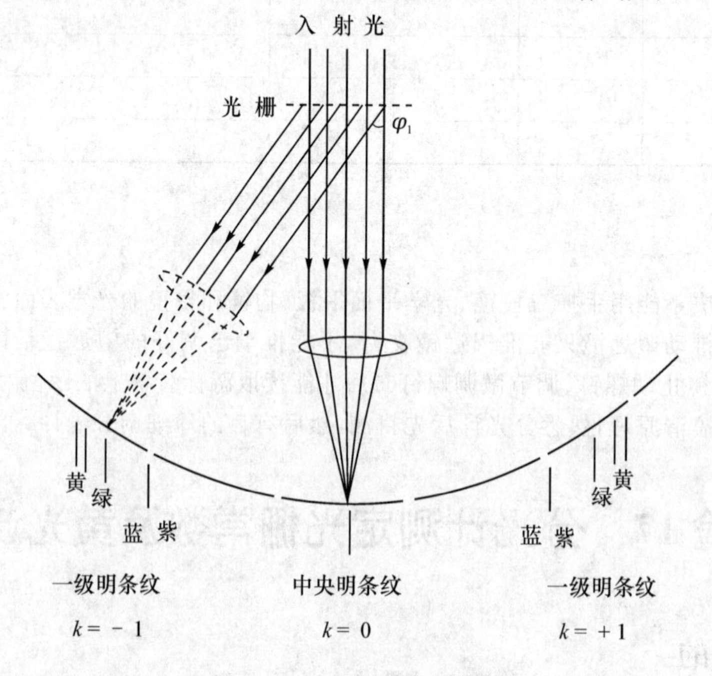

图 2.17.1 汞灯谱线示意图

些光谱线的波长都是已知的。用分光计判明它的级数 k 并测出相应的衍射角 φ_k，就可由(2.17.1)式求出光栅常量 d。

四、实验内容

1. 调整分光计

调整方法参见实验 16。调好的分光计应使望远镜调焦在无穷远，平行光管射出平行光，望远镜与平行光管共轴并与分光计转轴垂直。平行光管的狭缝宽度调至 0.3 mm 左右，并使狭缝与望远镜里分划板的中央竖线平行而且两者中心重合。要注意消除望远镜的视差。调好后固定望远镜和平行光管的有关螺旋。

2. 放置光栅

(1) 将放在光栅座上的光栅按图 2.17.2 所示的位置放在分光计的载物台上，并小心地用载物台上的压片将光栅片位置固定。先目测使光栅面与平行光管轴线大致垂直，然后用自准法调节。注意：望远镜和平行光管都已调好不能再调，只调节载物台下方的两个螺钉 G_1、G_3。

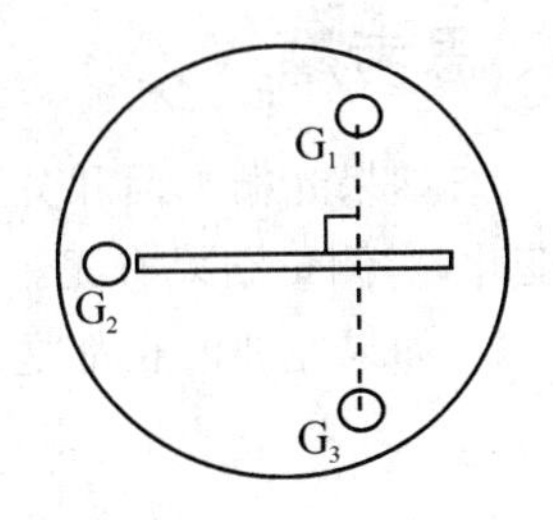

图 2.17.2 光栅摆放位置图

(2) 轻轻转动望远镜支臂以转动望远镜，观察中央明条纹两侧的衍射光谱是否在同一水平面内。如果观察到光谱线有高低变化，说明狭缝与光栅刻痕不平行，此时可调节图 2.17.2 所示的载物台螺钉 G_2，直到各级谱线基本上在同一水平面内为止。

3. 测量汞灯各谱线的衍射角

(1) 将分光计内小灯熄灭，转动望远镜，从最左端的 −1 级黄色谱线开始测量，依次测到最右端的 +1 级黄色谱线。为了使分划板竖线对准光谱线，应用望远镜的微调螺钉仔细调节，不能用手直接推动望远镜。

(2) 为了消除分光计度盘的偏心差，测量每一条谱线的衍射角时要分别测出左右两个游标的示值，然后取平均。

(3) 由于衍射光谱对中央明条纹是左右对称的，为了减小测量的误差，对于每一条谱线应测出 +1 级和 −1 级光谱线的位置，两个位置差值的一半即为 φ_1。

(4) 对于 $k=\pm1$ 级光谱线，由(2.17.1)式得 $d=\lambda/\sin\varphi_1$。

五、注意事项

(1) 禁止用手触摸光栅，拿取或移动光栅时应移动光栅座。

(2) 对于调好的分光计，不能再调平行光管和望远镜上的任何调节螺钉或旋钮(除目镜视度调节手轮以外)。

(3) 测量衍射角时，应锁紧望远镜止动螺钉，用望远镜转角微调螺钉使分划板竖线与光谱线对齐，再读游标示值。

六、数据记录及处理

		黄1	黄2	绿
$k=-1$	左游标读数 θ_1			
	右游标读数 θ'_1			
$k=+1$	左游标读数 θ_2			
	右游标读数 θ'_2			
$\varphi_1=[(\theta_2-\theta_1)+(\theta'_2-\theta'_1)]/4$				

七、思考题

1. 如果光栅平面和分光计转轴平行，但光栅上刻线和转轴不平行，那么整个光谱会有何变化，对测量结果有无影响？

2. 如果光波波长都是未知的，能否用光栅测其波长？

实验18　迈克耳孙干涉仪测量He-Ne激光波长

一、实验目的

1. 了解迈克耳孙干涉仪的结构、原理和调节使用方法。
2. 了解光的干涉现象；观察、认识、区别等倾干涉。
3. 掌握用迈克耳孙干涉仪测He-Ne激光的波长的方法。

二、实验仪器

SGM-1型迈克耳孙干涉仪；He-Ne激光器。

图2.18.1　SGM-1型迈克耳孙干涉仪实物图

三、实验原理

1. 迈克耳孙干涉仪原理

如图2.18.2所示，从光源S发出的光束射向分光板 G_1，被 G_1 底面的半透半反膜分成振幅大致相等的反射光 1 和透射光 2，光束 1 被动镜 M_2 再次反射回并穿过 G_1 到达 E；光束 2 穿过补偿片 G_2 后被定镜 M_1 反射回，二次穿过 G_2 到达 G_1 并被底层膜反射到达 E；最后两束光是频率相同、振动方向相同，光程差恒定即位相差恒定的相干光，它们在相遇空间 E 产生干涉条纹。

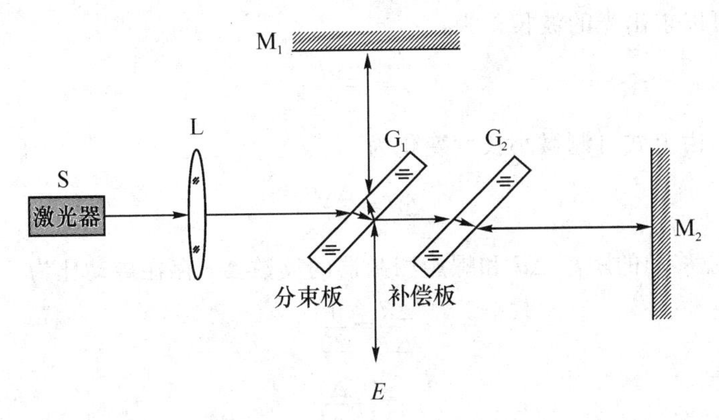

图 2.18.2　迈克耳孙干涉仪

由 M_1 反射回来的光波在分光板 G_1 的第二面上反射时，如同平面镜反射一样，使 M_1 在 M_2 附近形成 M_1 的虚像 M_1'，因而光在迈克耳孙干涉仪中自 M_2 和 M_1 的反射相当于自 M_2 和 M_1' 的反射。由此可见，在迈克耳孙干涉仪中所产生的干涉与空气薄膜（M_2 和 M_1' 之间所夹）所产生的干涉是等效的。

当 M_2 和 M_1' 平行时（此时 M_1 和 M_2 严格互相垂直），将观察到环形的等倾干涉条纹。一般情况下，M_2 和 M_1' 形成一空气劈尖，因此将观察到近似平行的等厚干涉条纹。

2. 单色光的等倾干涉

激光器发出的光波长为 λ，经凸透镜 L 后会聚 S 点。S 点可看作一点光源，经 G_1、M_1、M_2' 的反射，也等效于沿轴向分布的 2 个虚光源 S_1'、S_2' 所产生的干涉。因 S_1'、S_2' 发出的球面波在相遇空间处处相干，所以观察屏 E 放在不同位置上，均可看到干涉条纹，故称为非定域干涉。当 E 垂直于轴线时（见图 2.18.3），调整 M_1 和 M_2 的方位使相互严格垂直，则可观察到等倾干涉圆条纹。

迈克耳孙干涉仪所产生的环形等倾干涉圆条纹的位置取决于相干光束间的光程差，而由 M_2 和 M_1 反射的两列相干光波的光程差为

$$\delta=2d\cos\theta \tag{2.18.1}$$

其中 θ 为反射光(1)在平面镜 M_2 上的入射角。

由干涉明纹条件有　$2d\cos\theta_k=k\lambda$　　(2.18.2)

(1) d、λ 一定时，若 $\theta=0$，光程差 $\delta=2d$ 最大，即圆心所对应的干涉级次最高，从圆心向外的干涉级次依次降低。

(2) k、λ 一定时，若 d 增大，θ 随之增大，可观察到干涉环纹从中心向外“涌出”，干涉环纹逐渐变细，环纹半经逐渐变小；当 d 增大至光源相干长度一半时，干涉环纹越来越细，图样越来越小，直至消失。反之，当 d 减小时，可观察到干涉环纹向中心“缩入”。当 d 逐渐减小至零时，干涉环纹逐渐变粗，干涉环纹直经

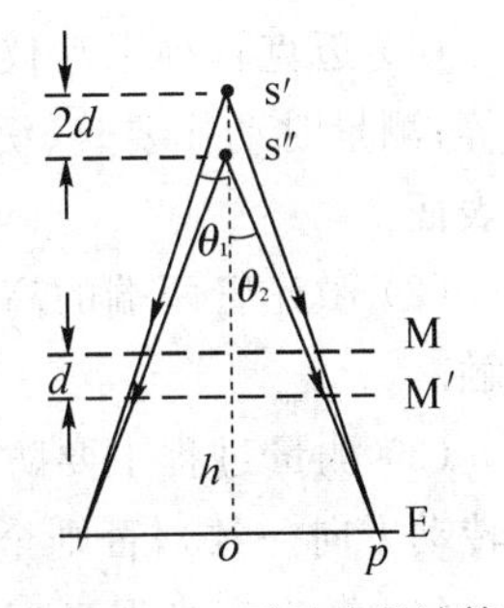

图 2.18.3　干涉光程计算

逐渐变大，至光屏上观察到明暗相同的视场。

(3) 对$\theta=0$的明条纹，有：$\delta=2d=k\lambda$可见每"涌出"或"缩入"一个圆环，相当于S_1S_2的光程差改变了一个波长$\Delta\delta=\lambda$。当d变化了Δd时，相应地"涌出"(或"缩入")的环数为Δk，从迈克耳孙干涉仪的读数系统上测出动镜移动的距离Δd，及干涉环中相应的"涌出"或"缩入"环数Δk，就可以求出光的波长λ为：

$$\lambda=\frac{2\Delta d}{\Delta k} \tag{2.18.3}$$

或已知激光波长，由上式可测微小长度变化为：

$$\Delta d=\frac{\Delta k\lambda}{2} \tag{2.18.4}$$

(4) 由于动镜移动的距离Δd和螺旋测微器的读数Δx存在传动比为

$$\frac{\Delta d}{\Delta x}=\frac{1}{20} \tag{2.18.5}$$

因此，

$$\lambda=\frac{1}{10}\frac{\Delta x}{\Delta k} \tag{2.18.6}$$

四、实验内容

(1) 目测粗调使凸透镜中心，激光管中心轴线，分光镜中心大致垂直定镜M_2，并打开激光光源。

(2)(暂时拿走凸透镜)调激光光束垂直定镜。(标准：定镜反射回的光束，返回激光发射孔。)

(3) 调M_1与M_2垂直。(标准：观测屏中两平面镜反射回的亮点完全重合。)

(4) 在光路中加进凸透镜并调整之，使屏上出现干涉环。

(5) 调零。因转动微调鼓轮时，粗调鼓轮随之转动；而转动粗调鼓轮时，微调鼓轮则不动，所以测读数据前，要调整零点。

方法：将微调鼓轮顺时针(或逆时针)转至零点，然后以同样的方向转动粗调鼓轮，对齐任一刻度线。再将微调鼓轮同方向旋转一周再至零点。

(6) 测量。测干涉环纹从环心"吐出"或"吞进"环数Δk(每200环)和对应的动镜移动的距离Δx_i。

(7) 数据记录，并上交任课教师审批签字。

五、注意事项

(1) 迈克耳孙干涉仪系精密光学仪器，使用时应注意防尘、防震；不要对着仪器说话、咳嗽等；测量时动作要轻、缓，尽量使身体部位离开实验台面，以防震动；不能触摸光学元件光学表面。

(2) 激光管两端的高压引线头是裸露的，且激光电源空载输出电压高达数千伏，要警惕误触。

(3) 测量过程中要防止回程误差。测量时，微调鼓轮只能沿一个方向转动(必须和大手轮转动方向一致)，否则全部测量数据无效，应重新测量。

(4) 激光束光强极高，切勿用眼睛对视，防止视网膜遭受永久性损伤。

(5) 实验完成后,不可调动仪器,要等老师检查完数据并认可后才能关机。关机时,应先将高压输出电流调整为最小,再关电源。

六、数据记录及处理

表 2.18.1

干涉环变化数 k_1	0	50	100	150	200
位置读数 x_1/mm					
干涉环变化数 k_2					
位置读数 x_2/mm					
环数差 $\Delta k=k_2-k_1$					
$\Delta x_i=x_2-x_1$					
Δd_i					

实验 19 杨氏双缝干涉实验

一、实验目的

1. 观察杨氏双缝干涉图样。
2. 掌握杨氏双缝干涉图样形成的干涉机理。
3. 学会利用杨氏双缝干涉图样测量双缝间距。

二、实验仪器

钠灯(加圆孔光阑);透镜 L_2($f=150$ mm);透镜 L_1($f=50$ mm);双缝 D;可调狭缝 S;测微目镜 M。

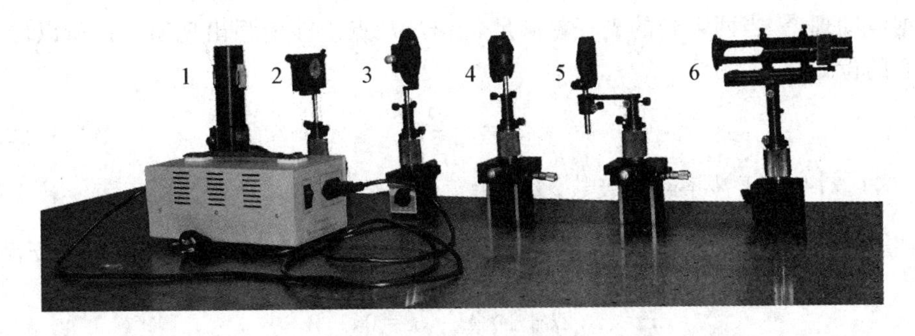

图 2.19.1 杨氏双缝干涉实验仪器实物图

三、实验原理

1. 波的相干条件

空间两列波在相遇处要发生干涉现象，这两列波必须满足以下三个相干条件：振动方向相同；频率相同；相位差保持恒定。获得相干光的具体方法有两种：分波阵面法和分振幅法。杨氏双缝干涉是用分波阵面法干涉。

2. 双缝干涉原理

如图 2.19.2 所示，用普通的单色光源（如钠光灯）入射狭缝 S，使 S 成为缝光源发射单色光。在狭缝 S 前放置两个相距为 d(d 约为 1 mm)的狭缝 S_1 和 S_2，S 到狭缝 S_1 和 S_2 的距离相等。S_1、S_2 是由同一光源 S 形成的，是同方向、同频率、有恒定初相位差的两个单色光源发出的两列波，满足相干条件，因此在较远的接收屏上就可以观测到干涉图样。直接用激光束照射双缝，也可在屏幕上获得清晰明亮的干涉条纹。设 d 为此二狭缝的距离，D 为二狭缝连线到屏幕的垂直距离。OS 是 S_1、S_2 的中垂线，屏上任一点 P 与点 O 的距离为 x，P 到 S_1 和 S_2 的距离分别为 r_1、r_2。设 θ 为 P 点和 O 点与双缝中点的张角，见图 2.19.2，则由 S_1、S_2 发出的光到 P 点的波程差为

$$\Delta r = r_2 - r_1 \approx d\sin\theta \tag{2.19.1}$$

波程差 Δr 在空气中近似等于光程差 δ。在实验中，通常 $D \gg d$，$D \gg x$ 时才能获得明显的干涉条纹。即 θ 角很小，$\sin\theta \approx \tan\theta = \frac{x}{D}$。

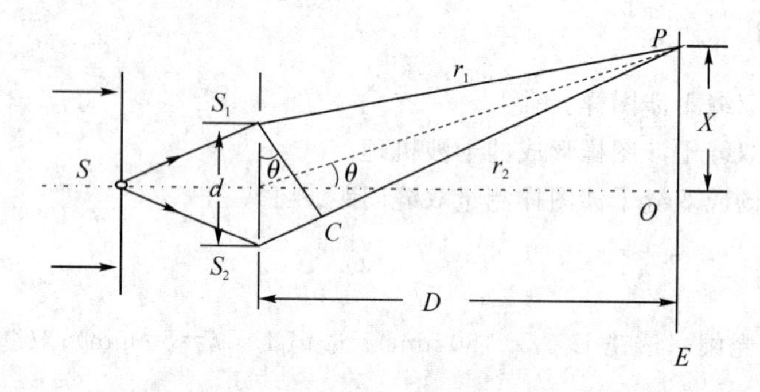

图 2.19.2 杨氏双缝干涉实验原理图

根据波动理论，当两束光的光程差满足 $\delta = k\lambda$，P 点干涉增强出现明纹。所以屏上各条明纹中心的位置为：

$$x = \pm \frac{k\lambda}{d} D \tag{2.19.2}$$

式中 $k=0,1,2,\cdots$ 为干涉条纹的级数，λ 为单色光波长。

同样地，当 $\delta = (2k+1)\frac{\lambda}{2}$，$P$ 点因干涉减弱出现暗纹。屏上各条暗纹中心的位置为：

$$x = \pm (2k+1)\frac{\lambda}{2}\frac{D}{d},\ k=0,1,2,\cdots \tag{2.19.3}$$

由以上两式可以求出相邻明条纹或暗条纹的间距为

$$\Delta x = \frac{D}{d}\lambda \tag{2.19.4}$$

可以看出，干涉条纹是等距离分布的，与干涉级数 k 无关。条纹间距 Δx 的大小与入射光波长 λ 及缝屏间距 D 成正比，与双峰间距 d 成反比。杨氏双缝干涉的条纹图样是对称分布于屏幕中心 O 点两侧且平行等间距的明暗相间的直条纹，条纹的强度分布呈余弦变化规律。如果两束光在 P 点的光程差既不满足干涉增强也不满足干涉减弱，则在 P 点既不是最亮，也不是最暗，介于二者之间。由式(2.19.4)，如果已知 D、d，又测出 Δx，则可计算单色光的波长

$$\lambda=\frac{d}{D}\Delta x \tag{2.19.5}$$

只要测得 D 和 Δx 值，在 λ 已知的条件下，便可测出双缝间距

$$d=\frac{D\lambda}{\Delta x} \tag{2.19.6}$$

利用杨氏双缝干涉还能测量透明介质的折射率和薄膜厚度等。按图 2.19.3 安排光路，能获得比较明亮的干涉图样，便于观测。

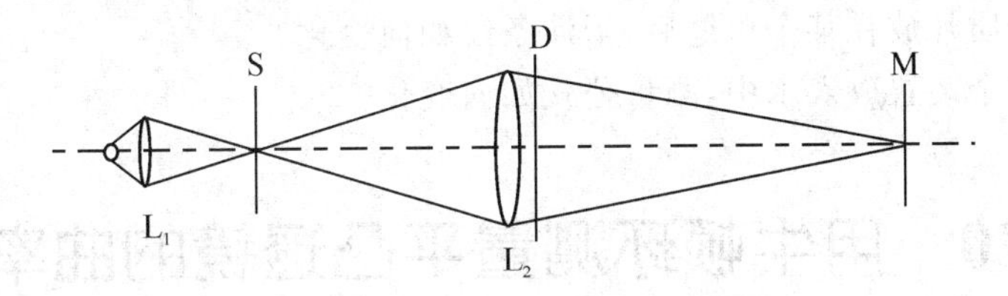

图 2.19.3 杨氏双缝干涉的光路图

四、实验内容

(1) 如图 2.19.1 所示，将单色光源、透镜 L_1 和 L_2、单缝 S、双缝 D 和测微目镜 M 的中心进行等高、共轴调节，并按图示顺序摆放仪器；点亮光源，通过透镜照亮狭缝 S，用手执白屏在单缝和双缝后面观察，应有清晰的光束。

(2) 按照图 2.19.3 调节各元件位置，使钠光通过透镜 L_1(f=50 mm)会聚到狭缝 S 上；用透镜 L_2(f=150 mm)将 S 成像于测微目镜分划板 M 上，然后将双缝 D 置于 L_2 近旁。

(3) 适当调宽单缝，保持足够的亮度。在测微目镜的视场中找到钠光的条纹，将测微目镜移动以增大双缝和接收屏的距离。

(4) 将单缝减小到合适的宽度，太宽则干涉不明显，太窄光强不够，无法测量。在调节好 S,D 和 M 的 mm 刻线平行后，目镜视场出现便于观测的双缝干涉条纹。

(5) 用测微目镜测量相邻明纹或相邻暗纹的条纹间距 Δx，用米尺测量双缝至目镜焦面的距离 D，取入射光波长 λ=589.3 nm(钠光灯的光波长为 589 nm 和 589.6 nm)，根据公式计算双缝间距 d。

五、注意事项

(1) 实验中应注意调节单缝和双缝间距，并使单缝双缝相互平行以便能形成相干光源，发生干涉现象。

(2) 使用测微目镜时要非常细心和耐心，转动手轮时要缓慢均匀，避免回程误差。

(3) 测量双缝到测微目镜焦平面的距离 D 时可用米尺测多次，取平均值。

(4) 测量条纹间距 Δx 时,可以测量 n 条明纹或暗纹间的距离 a,再求出相邻明纹或暗纹的距离,可以减小误差。

六、数据记录及处理

表 2.19.1

条纹序号	1	2	3	4	5	6
条纹位置读数						

七、思考题

1. 杨氏双缝实验中影响干涉条纹间距的因素有哪些?
2. 如果是白光入射单缝,将会看到怎样的条纹?
3. 若用一介质片放在某个单缝后,干涉条纹如何变化?
4. 如果将整个装置放入水中,测量公式如何变化?

实验 20　用牛顿环测量平凸透镜的曲率半径

一、实验目的

1. 观察劈尖干涉和牛顿环干涉的现象。
2. 学习用劈尖干涉原理测量细丝的直径。
3. 学习用牛顿环干涉原理测量球面的曲率半径。
4. 掌握读数显微镜的调节与使用方法。

二、实验器材

读数显微镜;钠光灯;牛顿环。

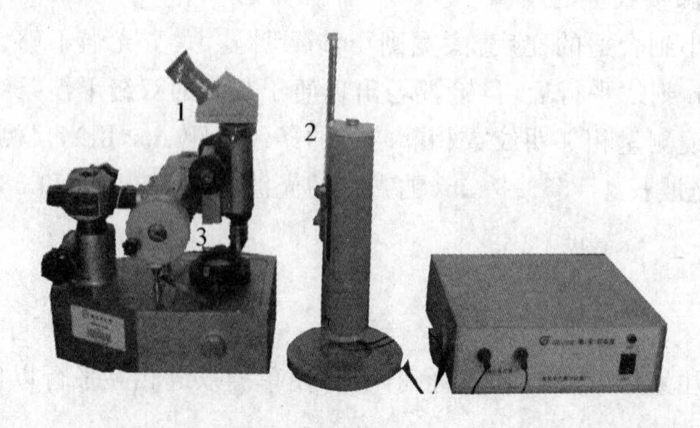

图 2.20.1　牛顿环测量平凸透镜曲率半径实验仪器实物图

三、实验原理

如图 2.20.2 所示，牛顿环实验装置是把一块曲率半径为 R 的平凸玻璃透镜 A 放在一块光学平板玻璃上面而构成。在两玻璃面之间就形成了厚度不均匀的空气薄膜，薄膜厚度 e 从中心接触点到边缘逐渐增加且中心对称。用平行单色光自上而下垂直照射平凸透镜时，透镜下表面的反射光与平板玻璃上表面的反射光是相干的，其光程差与入射光波长 λ 和空气薄膜厚度有关，在薄膜上表面形成的干涉条纹是以接触点为圆心的一系列明暗交替的同心圆环—牛顿环如图 2.20.3。每一个圆环所在处空气薄膜的厚度都相等，因此这种干涉称为等厚干涉。

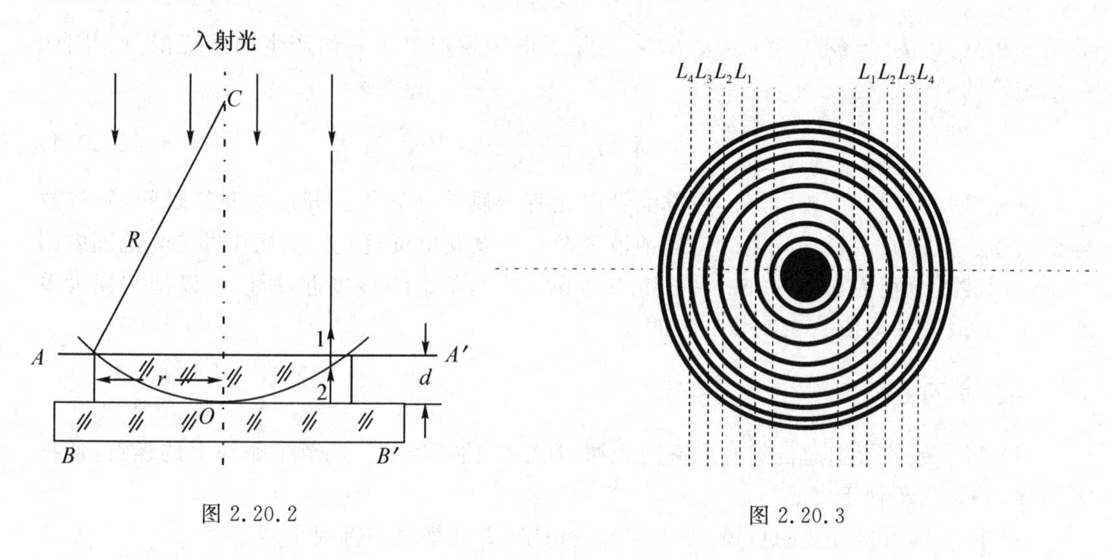

图 2.20.2　　　　图 2.20.3

在空气薄膜厚度为 e 处，考虑从其下表面反射的光有半波损失，因此薄膜上下表面反射的两束相干光的光程差为

$$\Delta=2e+\frac{\lambda}{2} \tag{2.20.1}$$

从图 2.20.2 中可以看出 $R^2=r^2+(R-e)^2$，简化后得 $r^2=2eR-e^2$，这里 r 表示厚度为 e 处的圆环状干涉条纹的半径，由于空气薄膜的厚度 e 远小于透镜的曲率半径 R，略去二级小量 e^2 有

$$e=\frac{r^2}{2R} \tag{2.20.2}$$

将(2.20.2)式代入(2.20.1)式得

$$\Delta=\frac{r^2}{R}+\frac{\lambda}{2}$$

根据干涉形成暗条纹的条件 $\Delta=(2k+1)\frac{\lambda}{2}$，$(k=0,1,2,3,\cdots)$得

$$r^2=kR\lambda \tag{2.20.3}$$

式中 $k=0,1,2,\cdots$分别对应 0 级，1 级，2 级，…暗环。已知入射光的波长，测得第 k 级暗环半径 r_k，由(2.20.3)式可计算出透镜的曲率半径 R。由于玻璃的弹性形变，平凸透镜和平板玻璃的接触点不是一个几何点，观察牛顿环时也会看到，其中心是个暗圆斑。这样牛顿环的

环心位置就不能准确测定，致使任一级暗环的半径 r_k 也不能准确测定，因此实验时改测暗环的直径；接触处由于形变及微小灰尘的存在，改变了空气薄膜的厚度而引起附加光程差，为了消除这种系统误差，取两个暗环直径的平方差。设空气薄膜的附加厚度为 a，(2.20.1)式和产生暗环的条件为

$$\Delta=2(e\pm a)\frac{\lambda}{2}=(2k+1)\frac{\lambda}{2}$$

即 $e=k\frac{\lambda}{2}\pm a$，再考虑(2.20.2)式，得 $r^2=kR\lambda\pm 2Ra$。取第 m、n 级暗环直径的平方为

$$D_m^2=(2r_m)^2=4(mR\lambda\pm 2Ra)$$

$$D_n^2=(2r_n)^2=4(nR\lambda\pm 2Ra)$$

将两式相减，得 $D_m^2-D_n^2=4(m-n)R\lambda$。消除了由于附加厚度 a 而产生的系统误差。因而平凸透镜的曲率半径

$$R=\frac{D_m^2-D_n^2}{4(m-n)\lambda} \qquad (2.20.4)$$

钠光灯是一种气体放电灯。在放电管内充有金属钠和氩气。开启电源的瞬间，氩气放电发出粉红色的光。氩气放电后金属钠被蒸发并放电发出黄色光。钠光在可见光范围内两条谱线的波长分别为 589.59 nm 和 589.00 nm。这两条谱线很接近，所以可以把它视为单色光源，并取其平均值 589.30 nm 为波长。

四、实验内容

(1) 将牛顿环仪朝向自然光或室内光源，观察牛顿环条纹。调节牛顿环上的螺钉，使松紧适度，并让暗斑处于中心。

(2) 调节读数显微镜的目镜，使十字叉丝清晰，并让横线与标尺平行。

(3) 摇动测微鼓轮手柄，使显微镜筒靠近标尺中部。

(4) 开启钠光灯，5 分钟后钠光灯发的光才正常。调整钠光灯的高度以及读数显微镜的位置，使光从玻璃反射后垂直投射在牛顿环上(即在目镜中看到明亮的黄色)。

(5) 为了防止牛顿环实验装置与平板玻璃片互相挤压而破碎，应转动调焦手轮，先使玻璃片接近牛顿环装置，然后使显微镜筒自下而上缓慢上升，直到看清楚牛顿环。

(6) 微调牛顿环，使十字叉中心与暗斑中心大致重合。

(7) 摇动测微鼓轮手柄，使显微镜头至 25 环处，十字叉竖线与暗环相切，再反向移动至 20 环处，记下标尺刻度(取 $n=5$、6、7、8、9、10，及 $m=15$、16、17、18、19、20)，依次记录下 20，19，18，17，16，15，10，9，8，7，6，5 环的读数，再继续沿同一方向移动显微镜(穿过圆心)，依次记录下另一边的刻度 5，6，7，8，9，10，15，16，17，18，19，20。记录时，十字叉竖线对准暗环中间。将这些数据填入下表(2.20.1)中。

五、注意事项

(1) 使用读数显微镜时，为避免引进螺距差，移测时必须向同一方向旋转，中途不可倒退。

(2) 调焦时镜筒应从下往上缓慢调节，以免碰伤物镜及待测物。

(3) 实验完毕应将牛顿环仪上的三个螺旋松开，以免牛顿环变形。

六、数据记录及处理

表 2.20.1

级数	m_i	20	19	18	17	16	15
暗环位置	左						
	右						
直径	D_{mi}						
级数	n_i	10	9	8	7	6	5
暗环位置	左						
	右						
直径	D_{ni}						
直径的平方差	$D_{mi}^2-D_{ni}^2$						
透镜曲率半径	R						

七、思考题

1. 将牛顿环实验装置放到白光下观察，此时的条纹有何特征？为什么？
2. 牛顿环干涉条纹形成在哪一个面上？产生的条件是什么？
3. 牛顿环干涉条纹的中心在什么情况下是暗的？什么情况下是亮的？
4. 如何用等厚干涉原理检验光学平面的表面质量？

实验 21　电桥法测量液体的介电常数

一、实验目的

1. 理解电桥法测量电容的基本原理和方法。
2. 掌握液体介质的介电常数的测量原理。

二、实验仪器

PCM-1A 型精密电容测量仪；电容池；导线若干；待测液体。

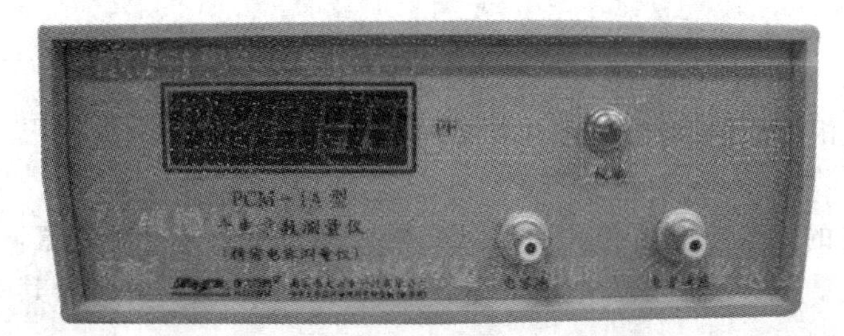

图 2.21.1　PCM-1A 型介电常数测定仪

图 2.21.2　电容池

三、实验原理

介电常数又叫介质常数,介电系数或电容率,它是表示绝缘能力特性的一个系数,以字母 ε 表示,单位为法/米 。在工程应用中,介电常数时常在以相对介电常数进行表达,而不是绝对值。相对介电常数(relative dielectric constant),表征介质材料的介电性质或极化性质的物理参数。其值等于以预测材料为介质与以真空为介质制成的同尺寸电容器电容量之比,该值也是材料贮电能力的表征。也称为相对电容率。不同材料不同温度下的相对介电常数不同,利用这一特性可以制成不同性能规格的电容器或有关元件。

介电常数是通过测量电容计算得到的。电容的测定方法主要有电桥法、拍频法和谐振法,其中拍频法和谐振法为测定介电常数时所通用的,这两种方法抗干扰性能好,精度高,但是仪器价格一般较贵,本实验采用的是电桥法,选用的仪器为 PCM-1A 型精密电容测量仪,下面就以 PCM-1A 型精密电容测量仪为例,说明电桥法测定液体电容的原理和仪器的使用方法。

PCM-1A 型精密电容测量仪采用集成电路芯片和四位半数字显示,具有性能稳定、高抗干扰和易于读数等特点,仪器需与特制的电容池结合使用才可以完成液体介电常数的测量。

1. 电桥法

电桥法的基本原理如下图 2.21.3 所示:

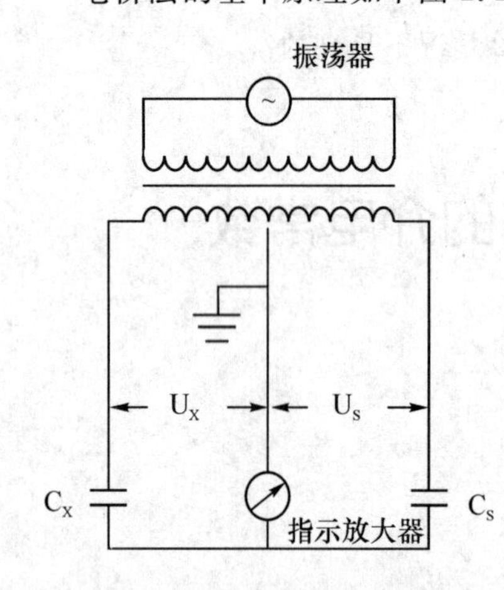

图 2.21.3　电容电桥示意图

这是一个交流阻抗电桥,电桥平衡的条件为 $C_X/C_S=U_S/U_X$,式中 C_X 是电容池两极之间的电容,C_S 是一个可调的标准差动电容器。

从图中可以看出,通过调节 C_S 使其等于 C_X,桥路两侧的电压降 U_S 和 U_X 亦相等,此时指示放大器的输出趋于零,由数字显示屏读出相应的 C_S 值,则可认为就是电容池的电容值。

实际上电容池的电容是电容池两极间的电容 C_C 和整个测试系统中的分布电容 C_d 并联构成。C_C 值随介质而异,而 C_d 是一个恒定值,它与仪器的性质有关,或可称之为仪器的本地值,在测量中,应予以扣除。在实验中通常可用以已知介电常数的标准物质与空气分别进行测定,其实测值 C 可表示如下:

$$C'_{标}=C_{标}+C_d$$
$$C'_{空}=C_{空}+C_d$$

如近似地认为空气与真空电容 C_0 相等,而某物质的介电常数 ε 与电容的关系为:

$$\varepsilon=\varepsilon_X/\varepsilon_0=C_X/C_0$$

式中 ε_X 和 ε_0 分别为该物质和真空的电容率。由相关手册可查得标准物质的介电常数值,再根据以上三式则可求得 C_d 和 C_0。同样可由未知溶液的电容 C' 值算得其电容值并求得其介电常数。

2. 电容池

液体介电常数测定仪通常包括电容池,其结构如下图 2.21.4 所示。

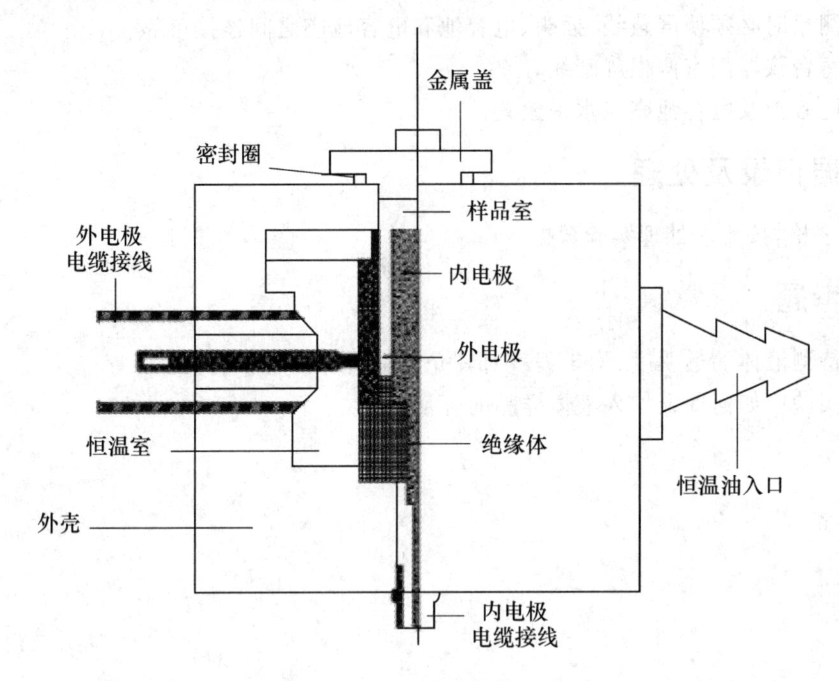

图 2.21.4　电容池结构示意图

使用时须注意:

(1) 必须选用非极性液体作恒温浴介质,如可用变压器油。

(2) 电容池的安装必须紧密,以防恒温油泄漏。

(3) 每次测定前应确保内外电极之间不存在杂质。

(4) 样品须浸没电极,但不可接触端盖,同时需旋紧盖子。测量前须恒温液体。

四、实验内容

(1) 插上电源插头,打开电源开关,预热 20 min。

(2) 每台仪器配有两根两头接有莲花插头的屏蔽线,将这两根线分别插至仪器上标有“电容池”和“电容池座”字样的莲花插座内,屏蔽线的另一端暂时不插入电容池和电容池座的插座。

(3) 保持两根屏蔽线不要短路和接触其他导电体。

(4) 按下校调按钮数字表头指示为零。

(5) 将一根屏蔽线另一头的莲花插头插入电容池上的莲花插座内,另一根屏蔽线的另一头插在“电容池座”上的莲花插座内。这时表头指示的便为空气电容值(新型电容池连接方法:电容池上标有 A、B 两个插座,分别连接至仪器上电容池和电容池座)。电容池内加入待测液体样品,便可从数字表头读出有介质时的电容值。请用移液管加样品,每次加入的样品量必须严格相同。

(6) 用吸管吸出电容池内的液体样品,并用洗耳球对电容池吹气,使电容池内液体样品全部挥发后才能加入新样品。

五、注意事项

（1）测量时必须使屏蔽线、插头、电容池和电容池座之间连接可靠。

（2）每台仪器配有两根屏蔽线。

（3）电容池及电容池座应水平放置。

六、数据记录及处理

自拟表格，按要求处理实验数据。

七、思考题

（1）待测液体的透明度、均匀程度对其介电常数有没有影响？

（2）实验中如何保证加入液体样品的等量性？

第三章 综合设计性实验

实验1 组装迈克耳孙干涉仪测量空气折射率

一、实验目的

1. 学习一种测量空气折射率的方法。
2. 进一步了解光的干涉现象及其形成条件。
3. 学习调整光路的方法。

二、实验仪器

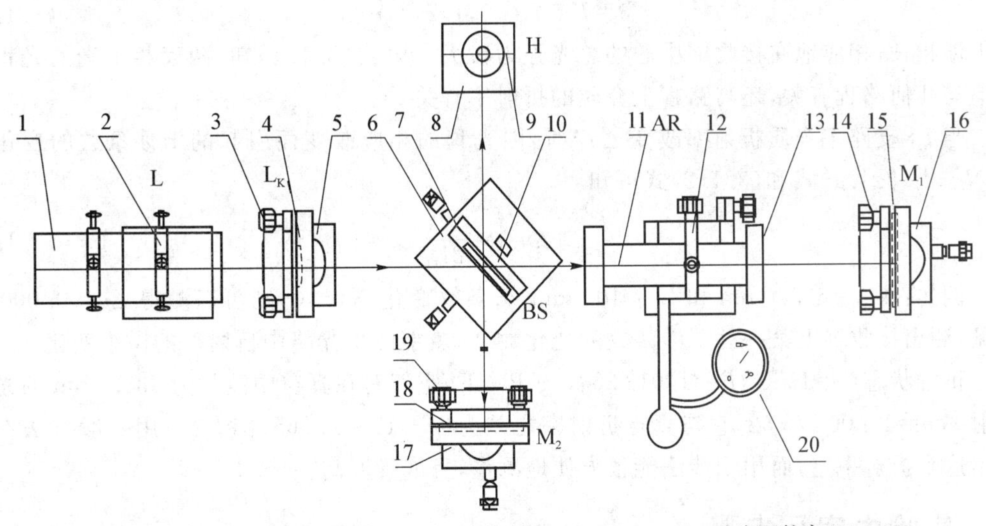

1—激光器；2—二维调整架(SZ-07)；3—扩束镜(f=15 mm)；4—升降调整座(SZ-03)；5—三维平移底座(SZ-01)；6—分束镜(50%)；7—通用底座(SZ-04)；8—白屏(SZ-13)；9—二维调整架(SZ-07)；10—空气室；11—光源二维调节架；12—二维平移底座(SZ-02)；13—二维调整架(SZ-07)；14—平面反射镜(SZ-18)；15—二维平移底座(SZ-02)；16—二维平移底座(SZ-02)；17—平面反射镜；18—二维调整架(SZ-07)；19—升降调整座(SZ-03)；20—精密电子气压计

图 3.1.1 自组迈克耳孙干涉仪测量空气折射率的实物示意图

三、实验原理

迈克耳孙干涉仪光路示意图如图 3.1.2 所示。其中，BS 为平板玻璃，称为分束镜，它的一个表面镀有半反射金属膜，使光在金属膜处的反射光束与透射光束的光强基本相等。

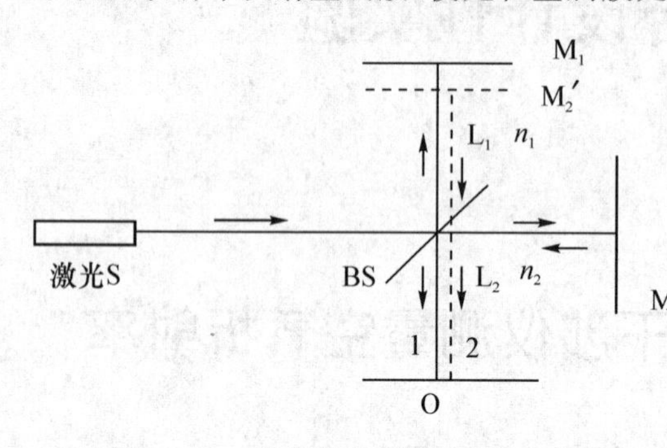

图 3.1.2 迈克耳孙干涉仪光路示意图

M_1、M_2 为互相垂直的平面反射镜，M_1、M_2 镜面与分束镜 BS 均成 45°角；M_1 可以移动，M_2 固定。M_2'表示 M_2 对 BS 金属膜的虚像。

从光源 S 发出的一束光，在分束镜 BS 的半反射面上被分成反射光束 1 和透射光束 2。光束 1 从 BS 反射出后投向 M_1 镜，反射回来再穿过 BS；光束 2 投向 M_2 镜，经 M_2 镜反射回来再通过 BS 膜面上反射。于是，反射光束 1 与透射光束 2 在空间相遇，发生干涉。

由图 3.1.2 可知，迈克耳孙干涉仪中，当光束垂直入射至 M_1、M_2 镜时，两束光的光程差 δ 为

$$\delta=2(n_1L_1-n_2L_2) \tag{3.1.1}$$

式中，n_1 和 n_2 分别是路程 L_1、L_2 上介质的折射率。

设单色光在真空中的波长为 λ，当

$$\delta=K\lambda,K=0,1,2,3,\cdots \tag{3.1.2}$$

时干涉相长，相应地在接收屏中心的总光强为极大。由式(3.1.1)知，两束相干光的光程差不但与几何路程有关，还与路程上介质的折射率有关。

当 L_1 支路上介质折射率改变 Δn_1 时，因光程的相应改变而引起的干涉条纹的变化数为 N。由(3.1.1)式和(3.1.2)式可知

$$|\Delta n_1|=\frac{N\lambda}{2L_1} \tag{3.1.3}$$

例如：取 $\lambda=633.0$ nm 和 $L_1=100$ mm，若条纹变化 $N=10$，则可以测得 $\Delta n=0.000\,3$。可见，测出接收屏上某一处干涉条纹的变化数 N，就能测出光路中折射率的微小变化。

正常状态($t=15$ ℃，$P=1.013\,25\times10^5$ Pa)下，空气对在真空中波长为 633.0 nm 的光的折射率 $n=1.000\,276\,52$，它与真空折射率之差为$(n-1)=2.765\times10^{-4}$。用一般方法不易测出这个折射率差，而用干涉法能很方便地测量，且准确度高。

四、实验内容及步骤

1. 实验装置

实验装置如图 3.1.3 所示。用 He-Ne 激光作光源(He-Ne 激光的真空波长为 $\lambda=633.0$ nm)，并附加小孔光栏 H 及扩束镜 T。扩束镜 T 可以使激光束扩束。小孔光栏 H 是为调节光束使之垂直入射在 M_1，M_2 镜上时用的。另外，为了测量空气折射率，在一支光路中加入一个玻璃气室，其长度为 L。气压表用来测量气室内气压。在 O 处用毛玻璃作接收屏，在它上面可看到干涉条纹。

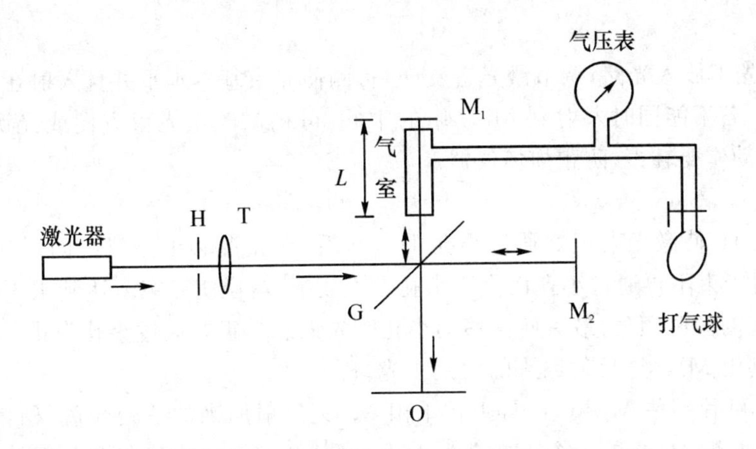

图 3.1.3 测量空气折射率实验装置示意图

2. 测量方法

调好光路后，先将气室抽成真空（气室内压强接近于零，折射率 $n=1$），然后再向气室内缓慢充气，此时，在接收屏上看到条纹移动。当气室内压强由 0 变到大气压强 p 时，折射率由 1 变到 n。若屏上某一点（通常观察屏的中心）条纹变化数为 N，则由式(3.1.3)可知

$$n=1+\frac{N\lambda}{2L} \tag{3.1.4}$$

但实际测量时，气室内压强难以抽到真空，因此利用(3.1.4)式对数据作近似处理所得结果的误差较大。应采用下面的方法才比较合理。

理论证明，在温度和湿度一定的条件下，当气压不太大时，气体折射率的变化量 Δn 与气压的变化量 Δp 成正比：

$$\frac{n-1}{p}=\frac{\Delta n}{\Delta p}=\text{常数}$$

所以

$$n=1+\left|\frac{\Delta n}{\Delta p}\right|p \tag{3.1.5}$$

将(3.1.3)式代入(3.1.5)式，可得

$$n=1+\frac{N\lambda}{2L}\frac{p}{|\Delta p|} \tag{3.1.6}$$

式(3.1.6)给出了气压为 p 时的空气折射率 n。

可见，只要测出气室内压强由 p_1 变化到 p_2 时的条纹变化数 N，即可由式(3.1.6)计算压强为 p 时的空气折射率 n，气室内压强不必从 0 开始。

例如，取 $p=760$ mmHg，改变气压 Δp 的大小，测定条纹变化数目 N，用(3.1.6)式就可以求出一个大气压下的空气折射率 n 的值。

3. 实验步骤

(1) 按实验装置示意图把仪器放好。打开激光光源。

(2) 调节光路。

光路调节的要求是：M_1，M_2 两镜相互垂直；经过扩束和准直后的光束应垂直入射到 M_1，M_2 的中心部分。

① 粗调。

H 和 T 先不放入光路，调节激光管支架，目测使光束基本水平并且入射在 M_1，M_2 反射镜中心部分。若不能同时入射到 M_1，M_2 的中心，可稍微改变光束方向或光源位置。注意操作要小心，动作要轻慢，防止损坏仪器。

② 细调。

(a) 放入 H，使激光束正好通过小孔 H。然后，在光源和干涉仪之间沿光束移动小孔 H。若移动后光束不再通过小孔而位于小孔上方或下方，说明光束未达到水平入射，应该缓慢调整激光管的仰俯倾角，最后使得移动小孔时光束总是正好通过小孔为止。此时，在小孔屏上可以看到由 M_1，M_2 反射回来的两列小光斑。

(b) 用小纸片挡住 M_2 镜，H 屏上留下由 M_1 镜反射回来的一列光斑，稍稍调节光束的方位，使该列光斑中最亮的一个正好进入小孔 H(其余较暗的光斑与调节无关，可不管它)。此时，光束已垂直入射到 M_1 镜上了。调节时应注意尽量使光束垂直入射在 M_1 镜的中心部分。

(c) 用小纸片挡住 M_1 镜，看到由 M_2 镜反射回来的光斑，调节 M_2 镜后面的三个调节螺钉，使最亮的一个光斑正好进入小孔 H。此时，光束已垂直入射到 M_2 镜的中心部分了。记住此时光点在 M_2 镜上的位置。

(d) 放入扩束镜，并调节扩束镜的方位，使经过扩束后的光斑中心仍处于原来它在 M_2 镜上的位置。

调节至此，通常即可在接收屏 O 上看到非定域干涉圆条纹。若仍未见条纹，则应按(b)、(c)、(d)步骤重新调节。

条纹出现后，进一步调节垂直和水平拉簧螺丝钉，使条纹变粗、变疏，以便于测量。

(3) 测量。

测量时，利用打气球向气室内打气，读出气压表指示值 p_1，然后再缓慢放气，相应地看到有条纹“吐出”或“吞进”(即前面所说条纹变化)。当“吐出”或“吞进”$N=30$ 个条纹时，记录气压表读数 p_2 值。然后重复前面的步骤，共取 6 组数据，求出移过 $N=30$ 个条纹所对应的气室内压强的变化值 p_2-p_1 的 6 次平均值 $\overline{|\Delta p|}$。

(4) 计算空气的折射率。

气压为 p 时的空气的折射率为

$$n=1+\frac{N\lambda}{2L}\frac{p}{\overline{|\Delta p|}}$$

我们要求测量 p 为 1 个大气压强时空气的折射率。

五、注意事项

(1) 点燃激光管需要几千伏直流高压，调节时不要碰到激光管上的电极，以免触电。强光还会灼伤眼睛，注意不要让激光直接射入眼睛。

(2) 严禁触摸光学仪器表面。

(3) 防止小气室及气压表摔坏；打气时不要超过气压表量程。

(4) 实验中必须保持安静，尽量避免身体触碰光学平台以及在实验台附近走动。

(5) 如何利用对气室抽空后充气的方法测量空气的折射率？

六、数据记录及处理

室温 $t=15$ ℃；大气压 $p_0=760$ mmHg；$L=200$ mm；$\lambda=632.8$ nm；$N=30$。

表 3.1.1

i	1	2	3	4	5	6
p_1/mmHg	280	280	280	280	280	280
p_2/mmHg						
p_2-p_1/mmHg						
平均值$\overline{\Delta p}$/mmHg						
空气折射率 n						

七、思考题

1. 本实验能否用白炽灯作光源？
2. 在什么条件下产生等倾干涉条纹？在什么条件下产生等厚干涉条纹？
3. 试简述如何使干涉条纹的宽度变大？

实验 2　激光全息照相的基本技术

一、实验目的

1. 了解全息照相的记录原理。
2. 了解全息照相的主要特点。
3. 掌握漫反射全息照片的摄制方法。

二、实验仪器

He-Ne 激光器；透镜；分束镜；平面反射镜；全息实验抗振台；全息干板；待拍样品；暗室；显影、定影设备全套；电子定时器。

三、实验原理

光波具有振幅和位相两种信息。普通照相底片上所记录的图像只反映了物体上各发光点的强弱变化，即只记录了物光的振幅信息，在照相纸上只显示出物体的二维平面图像，却丧失了物体的三维特征。全息照相则不同，它是借助于相干的参考光束 R 和物光束 O 相干涉的方法，在底片上记录了这两部分光束相互干涉形成的一系列的干涉图样。干涉图样的微观细节与物体光束(物体)唯一地对应，不同的物光束(物体)将产生不同的干涉图样。

全息底片上的光强是物光和参考光复数振幅的合振幅的平方：

$$I(x,y)=|O+R|^2=A_o^2+A_r^2+A_rA_o e^{i(\omega_r-\omega_o)}+A_rA_o e^{i(\omega_r-\omega_o)}$$
$$=A_o^2+A_r^2+2A_rA_o\cos(\omega_r-\omega_o)$$

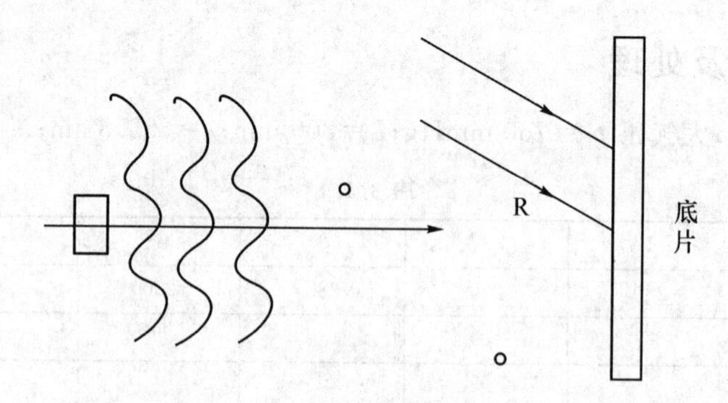

图 3.2.1　激光全息照相原理示意图

由此可见，干涉图样的形状不仅反映了物光束(信息光)的振幅(光强度)还反映了物光束与参考光束的位相关系，而其明暗对比程度(又称反差)显示了物光束的光强分布，所以这样的照相把物光的振幅和位相，即物光的全部信息都记录下来了，因而称为全息照相。

典型的全息照相光路如图 3.2.2 所示。由氦-氖激光器发出的激光束经分光板 2 分成两束，一束射向反射镜 3′，经反射，由扩束镜 4′扩束，照射到拍摄物体 5 上，经物体漫反射后照射在全息干板 6 上。这束光是由物体漫反射而来，故称为物光；另一束射向反射镜 3，经它反射，由 4 扩束后，直接照射干板 6，成为参考光。物光和参考光出自同一光源并且两束光的光程差在激光的相干长度以内，因而物光和参考光是相互干涉的，在全息干板 6 上形成较复杂的干涉图样(在一般情况下肉眼不能观察到这些图样)。曝光后的全息干板经显影、定影处理后即称为全息图。其上记录了物光和参考光相互叠加所形成的干涉图样，干涉条纹的对比度、走向以及疏密取决于物光和参考光的振幅和相位，因而全息干板上记录的干涉条纹包含了被摄物体的振幅信息和相位信息。在高倍显微镜下观察，全息图是一幅复杂的光栅结构图样。

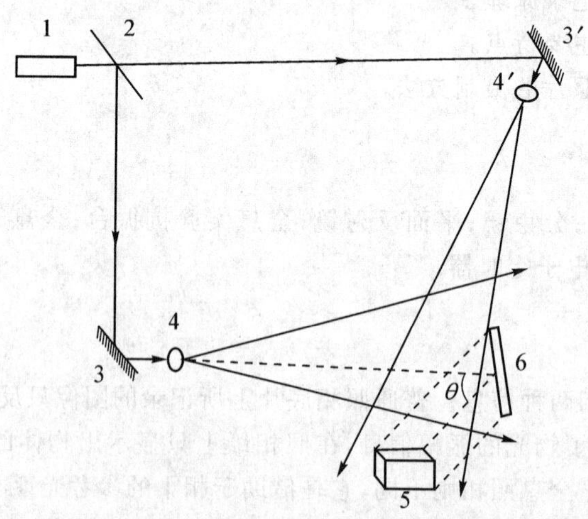

1—激光器；2—分光板；3、3′—全反镜；4、4′—扩束镜；5—被摄物体；6—全息干板

图 3.2.2　典型全息照相光路图

原物的再现是基于全息图的衍射。用原来的参考光照明所得的全息图，经衍射后产生 3 个波束：其中一个波束直接透射(0 级衍射光)，是再现光本射，不携带被摄物体的信息，强

度有所衰减。另外两个波束，一束是发散的(+1级衍射光)，形成原物的原始像(虚像)；一束是会聚的(−1级衍射光)，形成原始像的共轭像(实像)。图3.2.3为用参考光照明全息图的再现光路。

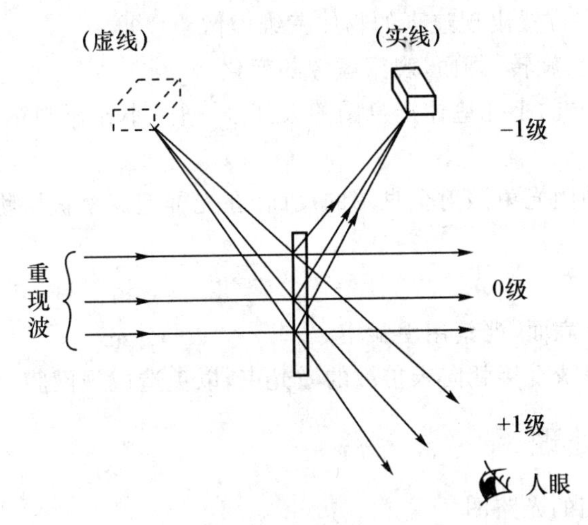

图3.2.3　用参考光照明全息图的再现光路

从上面的介绍看，全息图具有以下特点。

(1) 再现出被摄物的形象是完全逼真的三维立体形象。

(2) 具有分割的特点。全息图的任一部分都记录了全部光学信息，所以都能现出完整的被摄物形象，只是衍射光强度相应减弱。

(3) 全息干板可进行多次曝光记录。只需稍稍改变全息干板与参考光的入射方向的方位，这些不同景物的形象，可以无干扰地再现，而不发生重叠。再现时，只需适当转动全息图，就可逐个观察到不同的物像。

(4) 全息图的再现像亮度可调。再现时的入射光越强，再现像就越亮。

四、实验内容及步骤

1. 制作全息图

(1) 按图3.2.2安排光学元件并调整好光路，同时须注意以下事项。

① 物光路与参考光路的光程差尽量小，不超过2 cm(用软绳度量)。

② 参考光束与物光束在干板处相遇时，其夹角θ在30°～60°。

③ 用透镜(即扩束镜)将物光束扩展到一定程度，以保证被摄物全部受到光照。参考光束也应加以扩展，使放在全息干板处用来观察的小白屏有均匀光照。

④ 参考光束应强于物光束，在干板处的强度比约为2∶1(可在2∶1至5∶1范围)。

(2) 由激光器功率、物体的尺寸和表面反射率确定曝光时间，并把曝光定时器的时间旋钮置于相应的位置上(或在安全灯下直接观察时钟，约30 s)。

(3) 关闭室内照明灯，在暗室条件下把全息干板夹在干板架上，注意乳胶面向着物体。

(4) 曝光期间，注意手不要触及抗振台，不能说话和走动，以保持室内空气的稳定。

(5) 将曝光后的全息干板取下并放入已稀释的D19显影液里，待干板有一定的黑度后取出；用清水冲洗一下(最好进停显液)再放入定影液内定影，5 min后取出并用清水冲洗

5 min(最好定影后再作漂白处理);最后取出干板,吹干后就得到一张全息图。

2. 观察全息图

(1) 将吹干后的全息图按原来的方向夹持在干板架上,挡掉物光束,适当调整观察方向即可看到原来物体所在位置出现逼真的物体三维虚像。

(2) 将全息图倒置、旋转、翻面,观察虚像的变化。

(3) 用直径约 1 cm 的小孔遮住全息图的大部分,通过小孔再观察虚像,移动小孔,观察虚像的变化。

(4) 用没有扩束的激光束照射全息图的反面,在光屏上观察被摄物的实像。

五、注意事项

(1) 所有光学仪器表面,严禁用手触摸。

(2) 绝对不能用眼睛直接朝向未扩散的激光束,以免造成视网膜永久性损伤。

六、数据记录及处理

画出激光全息照相的光路图。

七、思考题

1. 全息照片被打碎后,能否用其中任意一碎片重现整个物像?为什么?
2. 全息照相要具备什么条件?
3. 为什么要求光路中物光与参考光的光程要尽量相等?

实验 3　单色仪的定标

一、实验目的

1. 了解光栅单色仪的构造原理和使用方法。
2. 以汞灯的主要谱线为基准,对单色仪在可见光区进行定标。
3. 掌握用单色仪测定滤光片光谱透射率的方法。

二、实验仪器

WGD-300 型光栅单色仪;溴钨灯(12 V,50 W);直流稳压电源,汞灯硅光电池;灵敏电流计;低倍显微镜;滤光片;会聚透镜(两片);毛玻璃。

三、实验原理

单色仪是一种分光仪器,它通过色散元件的分光作用,把一束复色光分解成它的“单色”组成。单色仪依采用色散元件的不同,可分为棱镜单色仪和光栅单色仪两大类。单色仪运用的光谱区很广,从紫外、可见、近红外一直到远红外。对于不同的光谱区域,一般需换用不同的棱镜或光栅。例如应用石英棱镜作为色散元件,则主要应用紫外光谱区,并需用光电倍

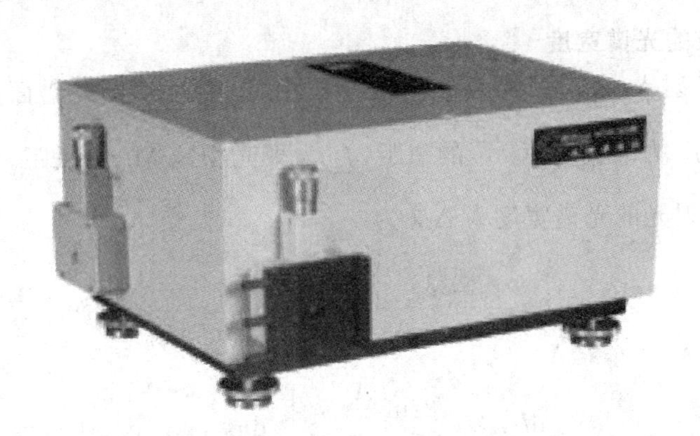

图 3.3.1　WGD-300 型光栅单色仪

增管作为探测器；棱镜材料用 NaCl（氯化钠）、LiF（氟华锂）或 KBr（溴化钾）等，则可运用于广阔的红外光谱区，用真空热电偶等作为光探测器。

1. WGD-300 型光栅单色仪光学原理图

WGD-300 型光栅单色仪光路采用低杂散光的 C-T 对称式光学系统。如图 3.3.2 所示。入射狭缝、出射狭缝均为直狭缝，光源发出的光束进入入射狭缝 S_1，S_1 位于反射式准光镜 M_3 的焦面上，通过 S_1 射入的光束经 F 滤光片滤光后，再经 M_3 反射成平行光束投向当前工作的平面光栅 G 上，衍射后的平行光束经物镜 M_4 成像在出射狭缝 S_2 上输出。WGD-300B 型多波段光栅单色仪整体光路元件基于同一块底板，可实现光路不变形；入射狭缝、出射狭缝 0～2 mm 连续可调；波长驱动结构采用正弦结构，用步进电机带动丝杠轴向平移，推动与光栅台连成一体的光栅台绕旋转中心转动，从而实现波长扫描。系统以组合的形式安装了 3 块经过调试的光栅，光栅常数分别为 1 200 目/mm、300 目/mm 、66 目/mm，通过面板上的光栅转换键驱动光栅转换电机调换当前工作光栅，可以实现从波长 200 nm～15 μm 的分段扫描，扫描过程中滤光片自动转换，光栅转换机构可以保证新转换的光栅定位准确，不需要再次校准光栅位置。单色仪经常是作为其他光谱仪或光谱装置中产生单色光的一个部件，可将不同波长的复合光按顺序分开。如配合相应的光源及接收系统，可形成相应的分光光度计。此仪器的波长精度高且稳定、可靠。

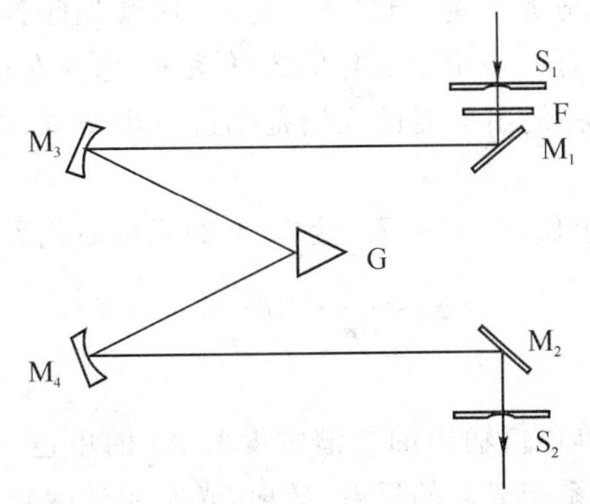

S_1—入射狭缝；S_2—出射狭缝；M_1、M_2—平面反射镜；
M_3、M_4—球面反射镜；F—滤光片组；G—光栅组

图 3.3.2　WGD-300 型光栅单色仪光学原理图

2. 单色仪光束的光谱宽度

若入射光从 S_1 射入，入射缝宽为 a，则狭缝 S_1 在出射缝 S_2 的光谱面上成像，其像宽为 $L_1=\frac{f_2}{f_1}\cdot a$。式中 f_1 为准直物镜 M_1 的焦距，f_2 为聚光物镜 M_1 的焦距。设光谱平面的线色散为 $dl/d\lambda$，则出射光的光谱宽度为 $\Delta_1\lambda$ 为

$$\Delta_1\lambda=\frac{d\lambda}{dl}\cdot\frac{f_1}{f_2}\cdot a \tag{3.3.1}$$

因棱镜的线色散为

$$\frac{dl}{d\lambda}=\frac{2\sin\frac{A}{2}}{\sqrt{1-n^2\sin^2\frac{A}{2}}}\cdot\frac{dn}{d\lambda}\cdot f_1 \tag{3.3.2}$$

式中 A 为棱镜顶角，n 为棱镜材料的折射率。

$$\Delta_1\lambda=\frac{\sqrt{1-n^2\sin^2\frac{A}{2}}}{2\sin\frac{A}{2}}\cdot\frac{d\lambda}{dn}\cdot\frac{a}{f_1}\cdot\frac{f_2}{f_1}$$

同样讨论，因出射缝宽度 a' 引起的光谱宽度 $\Delta_1\lambda$ 为

$$\Delta_1\lambda=\frac{\sqrt{1-n^2\sin^2\frac{A}{2}}}{2\sin\frac{A}{2}}\cdot\frac{d\lambda}{dn}\cdot\frac{a'}{f_2}\cdot\frac{f_2}{f_1}$$

因此，出射光光谱宽度 $\Delta_1\lambda$ 为

$$\begin{aligned}\Delta_1\lambda&=\Delta_1\lambda+\Delta_2\lambda\\&=\frac{\sqrt{1-n^2\sin^2\frac{A}{2}}}{2\sin\frac{A}{2}}\cdot\frac{d\lambda}{dn}\cdot\left(\frac{a}{f_1}+\frac{a'}{f_2}\right)\cdot\frac{f_2}{f_1}\end{aligned} \tag{3.3.3}$$

由上式可见，从单色仪输出的中心波长为 λ 的单色光，其出射的光谱宽度 $\Delta\lambda$ 与狭缝的角宽度之和成反比。以棱镜分光为例，当缝宽一定时，因紫光区具有较大的色散，因而紫光区较红光区的单色化程度要好。但由于实际的光学系统，总存在衍射效应，各种像差，谱线弯曲和光谱散焦的影响，都将使出射光的光谱范围进一步增宽，即降低了输出光的单色化程度。

应该指出，对于多数单色仪，有 $f_1=f_2$，故(3.3.3)式可简化为

$$\Delta\lambda=\frac{d\lambda}{dn}\cdot(a+a') \tag{3.3.4}$$

3. 单色光输出强度

在光源强度一定时，由单色仪输出的光谱宽度为 $\Delta\lambda$ 的单色光强度的大小与仪器光学元件的性质有关。例如光学系统表面的反射、散射、光学元件的吸收以及光波的偏振态，都会使输出光的强度降低，使用时总希望单色仪的光谱透过率要高，其具体数值只能由实验确定。

显然，增大狭缝的宽度，可以增加出射光的强度，但同时出射光束的光谱宽度 $\Delta\lambda$ 也将

增大。由于光谱宽度正比于狭缝的角宽度之和，而单色仪的出射光通量却正比于它们的乘积。当 $\Delta\lambda$ 值确定后，即 $a/f_1+a'/f_2=$常数时，可以证明，单色仪出射最大光通量的条件为

$$\frac{a}{f_1}=\frac{a'}{f_2} \tag{3.3.5}$$

上式表明，当出射缝宽和入射缝宽的像有同样宽度时，出射光强度最大，如果 $f_1=f_2$，则上式简化为 $a=a'$。

另外，若光谱宽度 $\Delta\lambda$ 增加 n 倍，则出射光通量将增加 n^2 倍。当 $\Delta\lambda$ 一定时，出射光通量与棱镜的色散有关。对于不同波长的光输出，因色散不同，所以狭缝的宽度应随着改变，才能获得适当的输出光强度。

表 3.3.1　汞灯主要光谱线波长表

颜色	波长/nm	强度	颜色	波长/nm	强度
紫色	404.66Δ 407.78Δ 410.81 433.92 434.75 435.84Δ	强 中 弱 弱 中 强	黄色	576.96Δ 579.07Δ 585.92 589.02	强 强 弱 弱
			橙色	607.26Δ 612.33Δ	弱 弱
蓝绿色	491.60Δ 496.03Δ	强 中	红色	623.44Δ	中
绿色	535.41 536.51 546.07Δ 567.59	弱 弱 强 弱	深红色	671.62Δ 690.72Δ 708.19	中 中 弱

四、实验内容

单色仪能输出不同波长的单色光，是依赖于棱镜台的转动才得以实现的。棱镜台的位置是由鼓轮刻度标志的，而鼓轮刻度的每一数值都是和一定波长的单色光输出相对应，因此，必须制作单色仪的鼓轮读数和对应光波波长的关系曲线——定标曲线（又称色散曲线），一旦鼓轮读数确定，便可从定标曲线上查知输出单色光的中心波长。

单色仪出厂时，一般都附有定标曲线的数据或图表供查阅，但是经过长期使用或重新装调之后，其数据会发生改变，这就需要重新定标，以对原数据进行修正。单色仪定标曲线的定标是借助于波长已知线光谱光源来进行的。本实验用汞灯来作为已知线光谱的光源，在可见光区域（400～760 nm）进行定标。在可见光波段，汞灯主要谱线的相对强度和波长如图 3.3.3 和表 3.3.1 所示。

1. 入射光源调整

将汞灯、凸透镜（短焦距）、WGD-1 型光栅单色仪，按顺序排列，使汞灯成像在单色仪的入射狭缝上，然后除去透镜，把入射狭缝开得大一些约 0.5 mm，实验者从出射狭缝观察，左

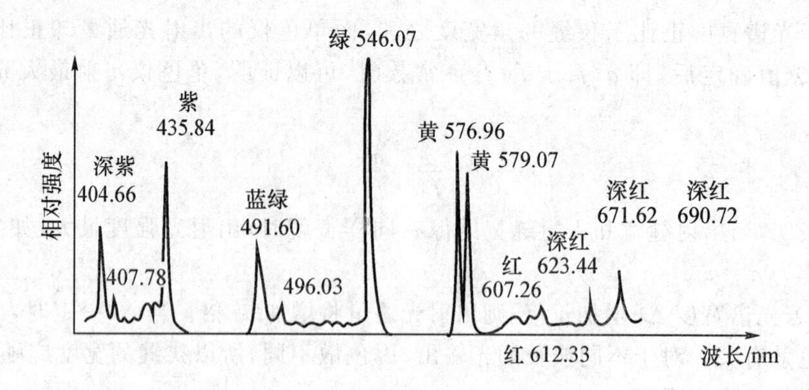

图 3.3.3 汞灯主要谱线的相对强度

右、上下移动光源，使光源的像正好处于出射光瞳的中心，再把透镜放入光路中，使光源的像处于入射缝上，关小入射缝到 0.02 mm。

2. 观测装置调整

出射狭缝 S_2(缝宽约 2 mm 为宜)前放一测微目镜(或读数显微镜)，调节测微目镜，使看清叉丝。然后调节其物镜，看清出射狭缝 S_2 和狭缝中的光谱线，如谱线较粗，可调节入射夹缝 S_1 上端的调节螺旋，使狭缝宽度减小。边调边看，直到谱线线清晰而又亮度足够(适当将谱线调细能提高谱线的分辨率)。实验中必须要调节到能分清汞灯光谱中的双黄线(波长分别为：579.1 nm 和 579.0 nm)。

3. 辨认汞灯谱线

汞灯光源在可见光波段有几十条谱线，最易观察到的约有 23 条。若是同学们初次接触单色仪所分解出的光谱，会碰到如下一些困难：(1)某些谱线看起来若隐若幻，只有定下心来，下意识地看，才能看清楚，例如，汞灯的红谱线有三条，其中第一条(波长为 725.00 nm)暗谱线，看起来非常朦胧；(2)对于颜色的界定不明确，特别是从一种颜色向另一种颜色过渡色更难分辨，如橙色与红色，初次接触难于分清，只能边看，边学，边认识；(3)观察光谱线与各人眼睛的好坏有很大关系，好的眼力，可多看出一些谱线，眼力差一些，就只能少看出一些谱线。

4. 测量

在基本辨认和熟悉全部 23 条谱线颜色特征以后，调节观测装置，把测微目镜(或读数显微镜)的叉丝对准出射缝 S_2 中央，向一个方向缓慢转动鼓轮，从红→紫，读出每一条谱线(叉丝对准谱线中央)所对应的鼓轮读数，重复读两次，并将每次的读数填入表格。

由汞灯的已知光谱(见表 3.3.1)，对单色仪的读数鼓轮进行定标(定了标的单色仪对于未知波长的光谱，可以从鼓轮上直接读出单色光波的波长)。

五、注意事项

(1) 要保持仪器内外的干燥，仪器内的干燥剂要经常调换，入射狭缝与出射狭缝外罩要盖好，盖上有玻璃的窗口，这样做可见光定标时，不必去除外罩，以保持仪器内干燥。

(2) 仪器搬动时，要先将杠杆 G 锁住，搬好后再松动，切忌在锁住 G 的情况，去转动读书鼓轮，这样轻者使 TT－λ 曲线平移，重者会使鼓轮卡死，使仪器损坏。

(3) 入射狭缝与出射狭缝是单色仪的重要部件,试验者开启和关闭狭缝,除保持一个方向读数外(消除螺距误差),转动时应轻巧,不能开得太宽,开到缝宽 3 mm 时,有可能卡死而损坏仪器。实验结束后,应使缝的刀口分开,以免水汽凝成水珠,使刀口生锈。

六、数据记录及处理

(1) 将用单色仪测出的各谱线的波长值,与表中的标准值进行比较,求出相对误差,试分析产生误差的原因。

(2) 画出波长的校正曲线。

(3) 从校正曲线得出钠光源在 590.0 nm 附近的光谱波长值。

七、思考题

1. 光栅单色仪怎样将复合光分解为单色光?

2. 对单色仪进行定标的目的是什么?

3. 调节入射狭缝 S_1 和出射狭缝 S_2 时应注意什么?

实验4 摄影技术

一、实验目的

1. 初步掌握照相基本知识,了解照相机、印相机及放大机的结构、工作原理及使用方法。

2. 了解感光底片、相纸的基本知识。

3. 掌握暗室冲洗技术。

二、实验仪器

照相机;印相机;放大机;感光底片(胶卷);印放相纸;显影药;定影药及其他设备等。

三、实验原理

照相技术主要基于透镜成像和光化学原理。它的全过程一般包括拍摄、负片制作和正片制作三个部分。

1. 拍摄

拍摄过程的方框图如下:

装片 → 用光和取景 → 速度/光圈 选择 → 调焦 → 曝光 → 有潜影底片

1) 成像原理

如图 3.4.1 所示,物体经镜头(如同一个会聚透镜)成倒立、缩小的实像于底片上。

成像清晰时,镜头焦距 f、物距 u 和像距 v 必须满足透镜公式 $\frac{1}{f}=\frac{1}{u}+\frac{1}{v}$。照相时,通

常 $u \geqslant f$，所以底片上形成倒立、缩小的实像。

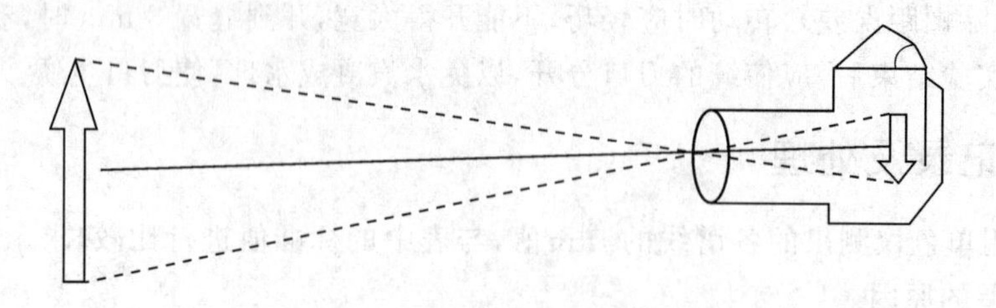

图 3.4.1　照相机的光路原理

2）感光底片及其性能

小型相机所用的感光底片俗称胶卷，它主要是由卤化银和乳胶混合后涂在基片（如塑料薄膜）上构成的。

曝光时，在光量子 $h\nu$ 的作用下，底片上感光乳剂中卤化银的银离子被还原成银，如：

$$AgBr + h\nu \longrightarrow Ag + Br$$

由于被还原的银原子数与光强成正比，因而曝光后在底片上银原子数的分布和像的明暗分布有对应关系，结果形成尚不能被人眼直接看到的潜影。

不同的底片其性能也有差异，通常是用感光度、反差、感色性这三个指标来表示底片的性能。

① 感光度：指底片对光的敏感程度。感光度越高，拍摄时所需的曝光量越少。中国、德国和美国分别用符号“GB”、“DIN”和“ASA”来表示感光度。GB 21°和 GB 24°胶卷，后者感光度高，即 24°比 21°的胶卷所需的曝光时间少。每隔 3°，曝光量相差 1 倍。

② 反差：反差是用来表示底片（经拍摄、冲洗后）的图像黑白分明的程度。反差大表示黑白层次分明，反差小则黑白层次不显著。

形成了潜影的感光底片，经过显影而产生与景物光密度相对应的图像。底片上某点的光密度 D 与该点吸收的光能有关，也与显影处理有关（一般显影时间长，反差就大）。当显影条件相同时，光密度仅取决于吸收的光能。底片吸收的光能用曝光量 H 表示。底片光密度 D 与曝光量的对数 $\lg H$ 之间的关系如图 3.4.2，称为乳胶感光特性曲线。景物愈亮，光密度愈大；反之，景物愈暗，光密度愈小，这样就在底片上形成了丰富的层次。要使层次丰富，则要求底片的光密度变化与景物亮度变化成线性比例。由图 3.4.2 可看出，只有 BC 段对应的曝光量和光密度成线性比例关系。因此，拍摄时应掌握好曝光量。

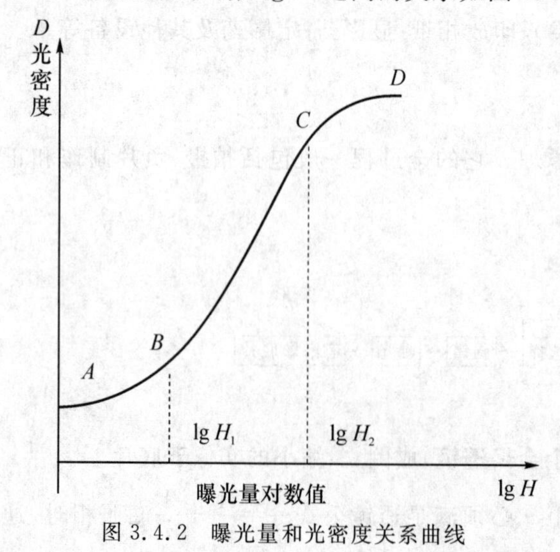

图 3.4.2　曝光量和光密度关系曲线

③ 感色性：底片对各种颜色光波的敏感程度和敏感范围。对于乳胶里加入有机染料的全色片，它对红光敏感而对蓝绿光反应迟钝，因此，全色片在显、定影处理时可和极弱的绿灯做安全灯；相反，印相纸和放大纸对红光几乎无反应，为此，可用红灯

作为它们显影时的安全灯。

3）照相机简介

图 3.4.3 所示为照相机的基本参数。

照相机一般由下列几个部分组成。

① 机身：镜头和底片之间的暗盒。

② 镜头：常由多片透镜组合而成，以消除像差，并得到较高的分辨率。镜头主要由焦距、相对孔径和视场角来表征。

③ 光圈：由一组金属薄片组成，通常安装在镜头的镜片之间。光圈有两个作用：一是用它可以连续调节通光孔径的大小，以控制到达感光片上的光照度的强弱，即控制进光量；二是调节景深。所谓景深，就是能在底片上同时成像清晰的物方空间的纵深范围。光圈小，景深大；反之，景深小。

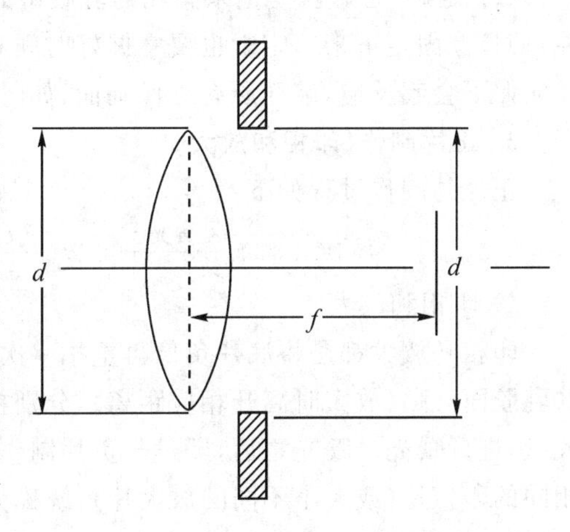

图 3.4.3　照相机的基本参数

如图 3.4.3 所示，用 d 表示光圈直径，当物距很大时，则度片上像面光照度 E 正比于光圈面积，即正比于 d^2；而反比于图像的面积，即反比于 f^2。所以像面光照度 E 与光圈直径及镜头焦距 f 的关系式为：

$$E=k\left(\frac{d}{f}\right)^2$$

式中，k 是与被摄物体亮度有关的系数，$\frac{d}{f}$称为物镜的相对孔径。一般照相机上都以相对孔径的倒数 $F=\frac{d}{f}$表示光圈的大小，称为光圈数。F 值的标度数值通常是 22、16、11、8、5.6、4、2.8、2 等。F 值越大，光圈孔径 d 越小，进光量就越少。相邻两 F 值相差$\sqrt{2}$倍，故光圈数改变一挡，曝光量近似变化 1 倍。

④ 快门：用控制曝光时间长短来控制曝光量的机构。快门开启时，光才能进入暗盒使底片曝光。快门打开时间的长短可预先通过速度盘来调节，速度盘上常标有 1、2、4、8、15、30、60、125、250、500 等数挡，即表示快门打开时间为 1 s、1/2 s、1/4 s、1/8 s、1/15 s、1/30 s、1/60 s、1/125 s、1/250 s、1/500 s。相邻两挡曝光时间差近似 1 倍。另外还有 B 门和 T 门，B 门表示按下按钮时快门打开，放开按钮快门关闭；T 门表示按下按钮时快门打开，再按一次，快门才关闭。

⑤ 取景对焦机构：用来选取拍摄景物及其范围，并帮助正确调节物体至镜头的距离，以使景物的像能清晰地成像在焦平面上。

2. 负片制作

负片的制作过程如下：

有潜影底片 —显影→ 显像 —停显、定影、水洗、晾干→ 负片

（1）显影：底片经曝光后，其上形成潜影，显影就是通过化学反应使潜影扩大并显示出来。感光后的底片放到显影液中，受到光照而还原出来的银原子就是显影中心，光照强的地

方还原出银的晶粒多，颜色较黑，而未受光照部分仍保持原乳胶的颜色。显影时必须掌握好温度和时间，才能得到黑白分明、层次丰富的显像。

(2) 定影：定影就是把未感光的乳胶中的卤化银，通过和定影液的化学作用而全部溶解掉，使显像固定下来。定影也要掌握好时间和温度，如定影不充分，则未感光的卤化银以后在光照下会起反应，破坏原有影像画面；如时间过长，则底片会变质。

3. 正片制作(印相和放大)

正片的制作过程如下：

负片、相纸 —曝光→ 潜影 —显影→ 显像 —漂洗、定影水洗、上光→ 正片

1) 印相和放大

印相和放大都是将底片负像再重拍一次，即将底片乳胶面(药面)和印相纸(或放大纸)的乳胶面对贴(放大时离开相应距离)，分别在印相箱和放大机上将透过底片对印相纸(或放大纸)进行曝光。曝光之后，经过与负片制作相类似的工艺过程后便可得到和被拍摄物明暗相同的印相片(或大小不同的放大片)，统称为正片(照片)。

2) 印相机

印相机结构如图 3.4.4 所示。

3) 放大机

放大机结构如图 3.4.5 所示。放底片的底片夹可拉出或推入；镜头上有光圈，可调节像光照度，以便控制曝光量。将放大机机身整体升降可调节像的大小，改变放大机镜头和底片距离，可使放大像清晰。

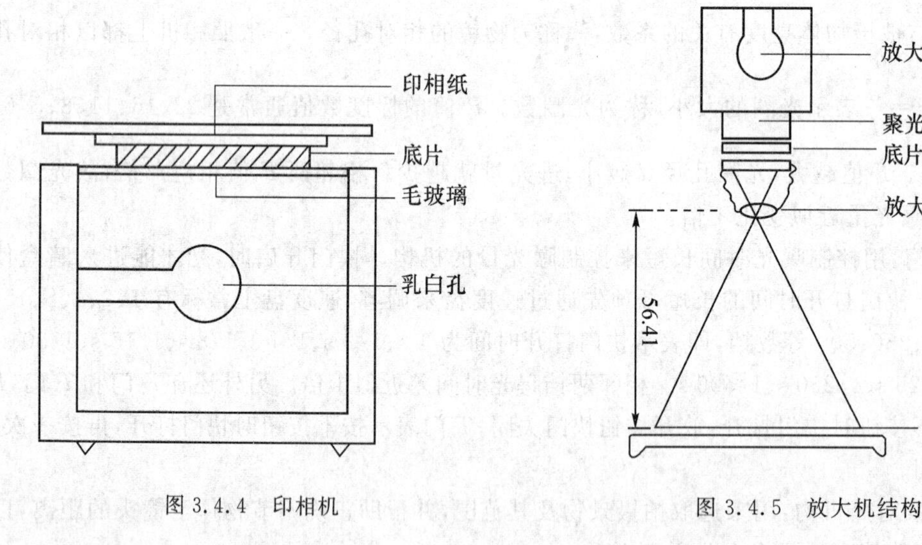

图 3.4.4 印相机　　　图 3.4.5 放大机结构

4) 照相纸

照相纸包括印相纸、放大纸和印放两用纸。它与胶卷不同，是在钡底纸(即在照相原纸上涂敷含有硫酸钡的明胶涂层，经干燥、压光或压花而成)上涂敷感光乳剂和保护层制成。它的感光速度很慢，只用银盐本身的感色性，是用反射光观察，药膜薄。在制作正片时，必须根据负片的反差情况正确选择相纸的种类。相纸按反差特性常分 4 种，黑白色调对比强烈叫作反差硬，黑白对比不强烈的叫反差软。“1 号”纸属软性，“2 号”纸属中性，“3 号”纸属硬

性，“4 号”纸属特硬性。

四、实验内容

1. 拍摄

(1) 在教师指导下熟悉所用照相机的构造和性能；练习光圈和快门速度的选择以及取景和对焦，然后装入胶卷。

(2) 拍摄 2～3 张照片。详细记录和拍摄有关条件：照相机型号与参数、胶卷性能、气候条件（或光照情况）、拍摄物体、距离、光圈、快门速度等。

2. 印相

(1) 熟悉印相机的使用方法及冲洗设备。

(2) 先做 2～3 个试样，以决定正确的曝光时间。根据负片反差特性合理选择相纸。

(3) 详细记录印相条件：选用相纸型号、曝光时间、显影液种类、温度、显影时间、定影液种类、定影时间、水洗时间。

3. 放大

(1) 熟悉放大机和曝光定时器的使用。

(2) 根据负片反差特性合理选择放大纸型号。在一小张放大纸上，对不同部分采用不同曝光时间，然后观察正常显影条件下的结果，以决定正确的曝光时间。

(3) 在同一显影条件下，用曝光不足、曝光正常和曝光过度三种条件放大 3 张照片，对实验结果进行分析比较。

详细记录放大条件：原负片反差特性、选用放大纸型号、光圈、曝光时间、显影液种类和温度、显影时间、定影液种类和定影时间、水洗时间。

五、注意事项

(1) 照相机使用必须按照要求正确操作，不得触摸镜头和任意擦拭；不拍时，将镜头盖盖好。

(2) 显影、定影时，要经常翻动相纸或大纸，不可数张长时间重叠，不然会影响显影、定影效果。

(3) 水洗阶段也要充分，不能求快。

(4) 暗室操作要细心谨慎，最后要做好清洁整理工作。

六、数据记录及处理

以拍摄的照片作为实验数据。

七、思考题

1. 印相纸和放大纸是否可通用？

2. 先用 GB 21°胶卷，用光圈 8、快门速度 1/125 s 拍摄，现改用 GB 24°胶卷，光圈 16，在同样条件下拍摄，问快门速度应取多少？

3. 照好相片的关键是什么？印好相片的关键是什么？

实验 5　光偏振现象的观察与研究

一、实验目的

1. 观察光的偏振现象，加深对偏振光的了解。
2. 掌握产生和检验偏振光的原理和方法。

二、实验仪器

SGP-1 型偏振光实验系统；SGP-1 型偏振光实验系统软件；计算机。

三、实验原理

光波的振动方向与光波的传播方向垂直。自然光的振动在垂直与其传播方向的平面内，取所有可能的方向，某一方向振动占优势的光叫部分偏振光，只在某一个固定方向振动的光线叫线偏振光或平面偏振光。将非偏振光(如自然光)变成线偏振光的方法称为起偏，用以起偏的装置或元件叫起偏器。

图 3.5.1　SGP-1 型偏振光实验系统

1. 平面偏振光的产生

1) 非金属表面的反射和折射

光线斜射向非金属的光滑平面(如水、木头、玻璃等)时，反射光和折射光都会产生偏振现象，偏振的程度取决于光的入射角及反射物质的性质。当入射角是某一数值而反射光为线偏振光时，该入射角叫起偏角。起偏角的数值 α 与反射物质的折射率 n 的关系是

$$\tan\alpha=n \tag{3.5.1}$$

称为布如斯特定律，如图 3.5.2 所示。根据此式，可以简单地利用玻璃起偏，也可以用于测定物质的折射率。从空气入射到介质，一般起偏角在 53°到 58°之间。

非金属表面发射的线偏振光的振动方向总是垂直于入射面的；透射光是部分偏振光；使用多层玻璃组合成的玻璃堆，能得到很好的透射线偏振光，振动方向平行于入射面的。

2) 偏振片

分子型号的偏振片是利用聚乙烯醇塑胶膜制成，它具有梳状长链形结构的分子，这些分子平行地排列在同一方向上。这种胶膜只允许垂直于分子排列方向的光振动通过，因而产

生线偏振光，如图 3.5.3 所示。分子型偏振片的有效起偏范围几乎可达到 180°，用它可得到较宽的偏振光束，是常用的起偏元件。

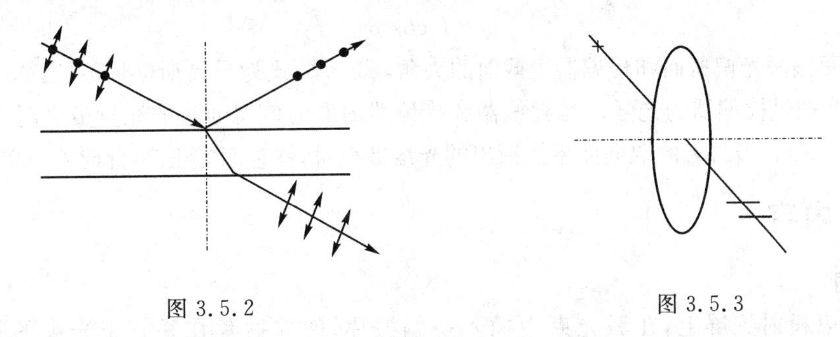

图 3.5.2　　　　图 3.5.3

鉴别光的偏振状态叫检偏，用作检偏的仪器叫元件或叫检偏器。偏振片也可作检偏器使用。自然光、部分偏振光和线偏振光通过偏振片时，在垂直光线传播方向的平面内旋转偏振片时，可观察到不同的现象，如图 3.5.4 所示，图中(a)表示旋转 P，光强不变，为自然光；(b)表示旋转 P，无全暗位置，但光强变化，为部分偏振光；(c)表示旋转 P，可找到全暗位置，为线偏振光。

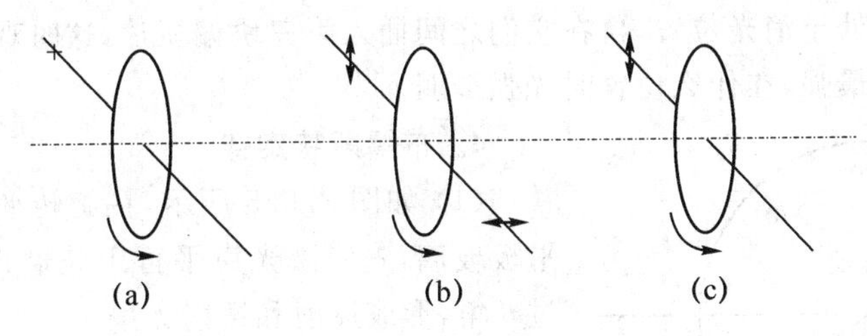

图 3.5.4

2. 圆偏振光和椭圆偏振光的产生

平面偏振光垂直入射晶片，如果光轴平行于晶片的表面，会产生比较特殊的双折射现象。这时，非常光 e 和寻常光 o 的传播方向是一致的，但速度不同，因而从晶片出射时会产生相位差

$$\delta=\frac{2\pi}{\lambda_0}(n_0-n_e)d \tag{3.5.2}$$

式中 λ_0 表示单色光在真空中的波长，n_o 和 n_e 分别为晶体中 o 光和 e 光的折射率，d 为晶片厚度。

(1) 如果晶片的厚度使产生的相位差 $\lambda=\frac{1}{2}(2k+1)\pi, k=0,1,2,\cdots$，这样的晶片称为 1/4 波片。平面偏振光通过 1/4 波片后，透射光一般是椭圆偏振光；当 $\alpha=\frac{\pi}{4}$ 时，则为圆偏振光；当 $\alpha=0$ 或 $\frac{\pi}{2}$ 时，椭圆偏振光退化为平面偏振光。由此可知，1/4 波片可将平面偏振光变成椭圆偏振光或圆偏振光；反之，它也可将椭圆偏振光或圆偏振光变成平面偏振光。

(2) 如果晶片的厚度使产生的相差 $\delta=(2k+1)\pi, k=0,1,2,\cdots$，这样的晶片称为半波片。如果入射平面偏振光的振动面与半波片光轴的交角为 α，则通过半波片后的光仍为平面偏振光，但其振动面相对于入射光的振动面转过 2α 角。

3. 平面偏振光通过检偏器后光强的变化

强度为 I_0 的平面偏振光通过检偏器后的光强 I_θ 为

$$I_\theta = I_0 \cos^2\theta \tag{3.5.3}$$

式中，θ 为平面偏振光偏振面和检偏器主截面的夹角，(3.5.3)式为马吕斯(Malus)定律，它表示改变角可以改变透过检偏器的光强。当起偏器和检偏器的取向使得通过的光量极大时，称它们为平行(此时 $\theta=0°$)。当二者的取向使系统射出的光量极小时，称它们为正交(此时 $\theta=90°$)。

四、实验内容

1. 起偏

将激光束投射到屏上，在激光束中插入一偏振片，使偏振片在垂直于光束的平面内转动，观察透射光光强的变化。

2. 消光

在第一块偏振片和屏之间加入第二块偏振片，将第一块偏振片固定，在垂直于光束的平面内旋转第二块偏振片，观察现象。

3. 三块偏振片的实验

使两块偏振片处于消光位置，再在它们之间插入第三块偏振片，这时观察第三块偏振片在什么位置时光强最强，在什么位置时光强最弱。

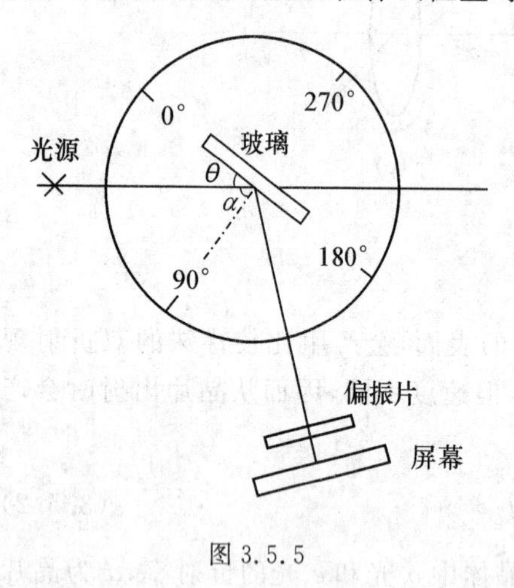

图 3.5.5

4. 布儒斯特定律

(1) 如图 3.5.5 所示，在旋转平台上垂直固定一平板玻璃，先使激光束平行于玻璃板，然后使平台转过 θ 角，形成反射和透射光束。

(2) 使用检片器检验反射光的偏振态，并确定检偏器上偏振片的偏振轴方向。

(3) 测出起偏角 α，按(3.5.1)式，计算出玻璃的折射率。

5. 圆偏振光和椭圆偏振光的产生

(1) 按图 3.5.5 所示，调整偏振片 A 和 B 的位置使通过的光消失，然后插入一片 1/4 波片 C_1(注意使光线尽量穿过元件中心)。

(2) 以光线为轴先转动 C_1 消光，然后使 B 转 360°观察现象。

(3) 再将 C_1 从消光位置转过 15°、30°、45°、60°、75°、90°，以光线为轴每次都将 B 转 360°观察并记录现象。

6. 圆偏振光、自然偏振光与椭圆偏振光和部分偏振光的区别

由偏振理论可知，一般能够区别开线偏振光和其他状态的光，单用一片偏振片是无法将圆偏振光与自然光、椭圆偏振光与部分偏振光区别开的。如果再提供一片 1/4 波片 C_2 加在检偏的偏振片前，就可鉴别出它们。

按上述步骤，再在实验装置上增加一片 1/4 波片 C_2，观察并记录现象。

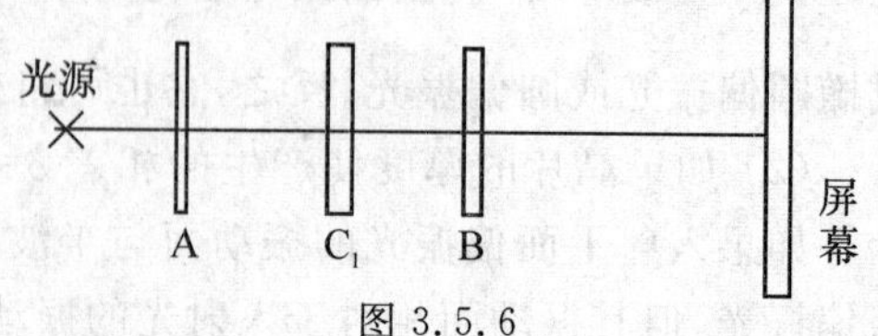

图 3.5.6

五、数据记录及处理

表 3.5.1

半波片转动角度	检偏器转动角度
15°	
30°	
45°	
60°	
75°	
90°	

表 3.5.2

λ/4 波片转动的角度	检偏器转动 360°观察到的现象	光的偏振性质
15°		
30°		
45°		
60°		
75°		
90°		

六、思考题

1. 两片 1/4 波片组合,能否做成半波片?
2. 在确定起偏角时,找不到全消光的位置,根据实验条件分析原因。

实验 6　单缝衍射光强分布及缝宽的测量

一、实验目的

1. 观察单缝的夫琅和费衍射现象及其随单缝宽度变化的规律,加深对光的衍射理论的理解。

2. 学习光强分布的光电测量方法。

3. 利用衍射花样测定单缝的宽度。

二、实验仪器

SGS-1/2 型衍射光强自动记录系统;SGS-1/2 型衍射光强自动记录系统软件;计算机。

三、实验原理

光的衍射现象是光的波动性的重要表现。根据光源及观察衍射图像的屏幕(衍射屏)到

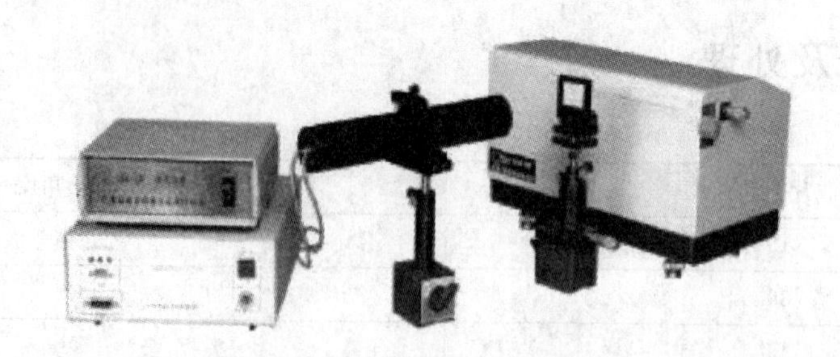

图 3.6.1 SGS-1/2 型衍射光强自动记录系统

产生衍射的障碍物的距离不同，分为菲涅耳衍射和夫琅禾费衍射两种。前者是光源和衍射屏到衍射物的距离为有限远时的衍射，即所谓近场衍射；后者则为无限远时的衍射，即所谓远场衍射。

要实现夫琅禾费衍射，必须保证光源至单缝的距离和单缝到衍射屏的距离均为无限远（或相当于无限远），即要求照射到单缝上的入射光、衍射光都为平行光，屏应放到相当远处，在实验中只用两个透镜即可达到此要求。实验光路如图 3.6.2 所示，与狭缝 E 垂直的衍射光束会聚于屏上 P_0 处，是中央明纹的中心，光强最大，设为 I_0，与光轴方向成 φ 角的衍射光束会聚于屏上 P_A 处，P_A 的光强由计算可得：

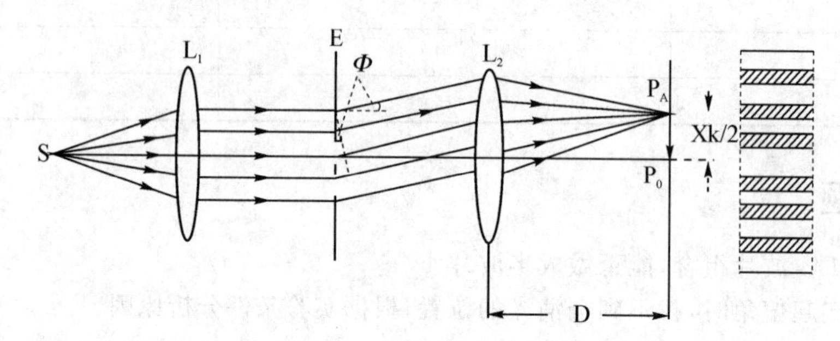

图 3.6.2 夫琅禾费单缝衍射光路图

$$I_A = I_0 \frac{\sin^2\beta}{\beta^2}\left(\beta = \frac{\pi b \sin\varphi}{\lambda}\right)$$

式中，b 为狭缝的宽度，为单色光的波长。当 $\beta=0$ 时，光强最大，称为主极大，主极大的强度决定于光强的强度和缝的宽度。当 $\beta=K\pi$ 时，出现暗条纹。即：

$$\sin\varphi = K\frac{\lambda}{b}\ (K=\pm1,\pm2,\pm3,\cdots)$$

除了主极大之外，两相邻暗纹之间都有一个次极大，由数学计算可得出现这些次极大的位置在 $\beta=\pm1.43\pi,\pm2.46\pi,\pm3.47\pi,\cdots$，这些次极大的相对光强 I/I_0 依次为 0.047，0.017，0.008，…

夫琅禾费衍射的光强分布如图 3.6.3 所示。

用氦-氖激光器作光源，则由于激光束的方向性好，能量集中，且缝的宽度 b 一般很小，这样就可以不用透镜 L_1，若观察屏（接受器）距离狭缝也较远（即 D 远大于 b）则透镜 L_2 也可以不用，这样夫琅禾费单缝衍射装置就简化为图 3.6.4，这时，

$$\sin\varphi \approx \tan\varphi = x/D$$

由上两式可得：

$$b=K\lambda D/x$$

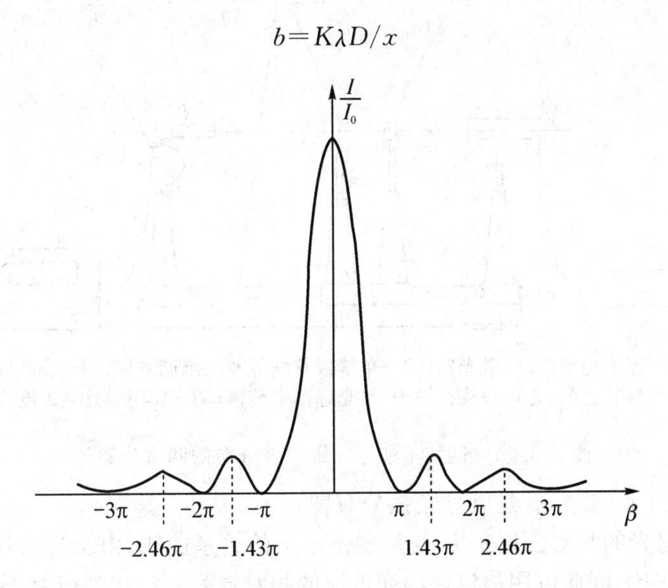

图 3.6.3　夫琅禾费衍射的光强分布

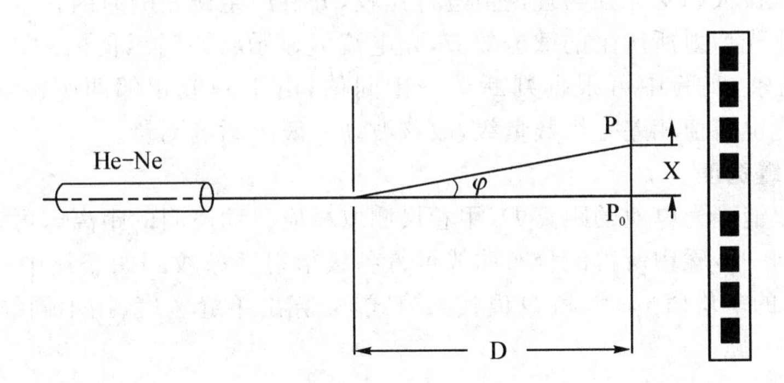

图 3.6.4　夫琅禾费单缝衍射的简化装置

四、实验内容

1. 衍射、干涉等一维光强分布的测试

(1) 按图 3.6.5 搭好实验装置。此前应将激光管装入仪器的激光器座上，并接好电源；

(2) 打开激光器，用小孔屏调整光路，使出射的激光束与导轨平行；

(3) 打开检流计电源，预热及调零，并将测量线连接其输入孔与光电探头；

(4) 调节二维调节架，选择所需要的单缝、双缝、可调狭缝等，对准激光束中心，使之在小孔屏上形成良好的衍射光斑；

(5) 移去小孔屏，调整一维光强测量装置，使光电探头中心与激光束高低一致，移动方向与激光束垂直，起始位置适当；

(6) 开始测量，转动手轮，使光电探头沿衍射图样展开方向(x 轴)单向平移，以等间隔的位移(如 0.5 mm 或 1 mm 等)对衍射图样的光强进行逐点测量，记录位置坐标 x 和对应的检流计(置适当量程)所指示的光电流值读数 I，要特别注意衍射光强的极大值和极小值所对应的坐标的测量；可在坐标纸上以横轴为测量装置的移动距离，纵轴为光电流值，将记录

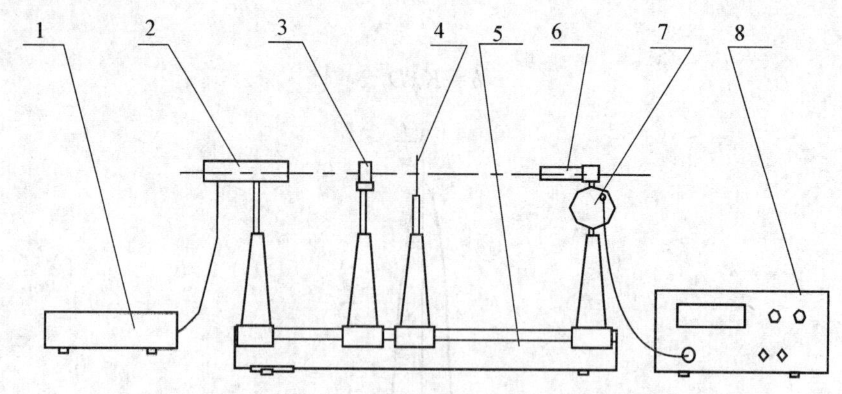

1—激光电源；2—激光器；3—单缝或双缝等及二维调节架；4—小孔屏；
5—导轨；6—光电探头；7—一维光强测量装置；8—WJF型数字式检流计

图 3.6.5　衍射、干涉等一维光强分布的测试光路图

下来的数据绘制出来，就是单缝衍射光强分布图；

(7) 绘制衍射光的相对强度 I/I_0 与位置坐标 x 的关系曲线，由于光的强度与检流计所指示的电流读数成正比，因此可用检流计的光电流的相对强度 i/i_0 代替衍射光的相对强度 I/I_0。

(8) 将各次极大相对光强与理论值进行比较，分析产生误差的原因；

(9) 由于激光衍射所产生的散斑效应，光电流值显示将在时示值的约 10% 范围内上下波动，属正常现象，实验中可根据判断选一中间值，由于一般相邻两个测量点(如间隔为 0.5 mm时)的光电流值相差一个数量级，故该波动一般不影响测量。

2. 测量单缝宽度

(1) 测量单缝到光电池的距离 D，用卷尺测取相应移动座间的距离即可；

(2) 再从前一步骤中所得的分布曲线可得各级衍射暗条纹到明条纹中心的距离 x_k，求出同级距离 x_k 的平均值 x_k，将和 D 值代入公式，计算出单缝宽度，用不同级数的结果计算平均值。

五、数据记录及处理

(1) 测量夫琅禾费单缝衍射的光强分布。

(2) 测量单缝宽度 a 由衍射光强分布曲线可找到主极大和 1,2,3 级次极大。

表 3.6.1

k	−3	−2	−1	0	1	2	3
x/mm							
i/i_0							

六、思考题

1. 缝宽的变化对衍射条纹有什么影响？

2. 硅光电池前的狭缝光阑的宽度对实验结果有什么影响？

3. 若在单缝到观察屏的空间区域内，充满着折射率为 n 的某种透明媒质，此时单缝衍射图样与不充媒质时有何区别？

4. 用白光光源做光源观察单缝的夫琅禾费衍射，衍射图样将如何？

实验 7　简谐振动的研究

一、实验目的

1. 考察弹簧振子的振动振幅、质量与周期的关系。
2. 测定弹簧的劲度系数和有效质量。
3. 测定简谐振动的能量。
4. 学习用图解法和图示法处理数据。

二、实验仪器

气源;气垫导轨;计时系统;弹簧。

三、实验仪器简介

1. 气源

气源是由电动机带动风扇转动形成压缩空气的装置,压缩空气用导管通到气轨的进气口。

2. 气垫导轨

各种型号气垫导轨的结构大致相同,如图 3.7.1 所示。本文以 J2125-B-1.5 型气垫导轨为例来说明气垫导轨的各部分功能。

① 进气口:用波纹管与气源连接,将一定压强的气流输入导轨空腔。

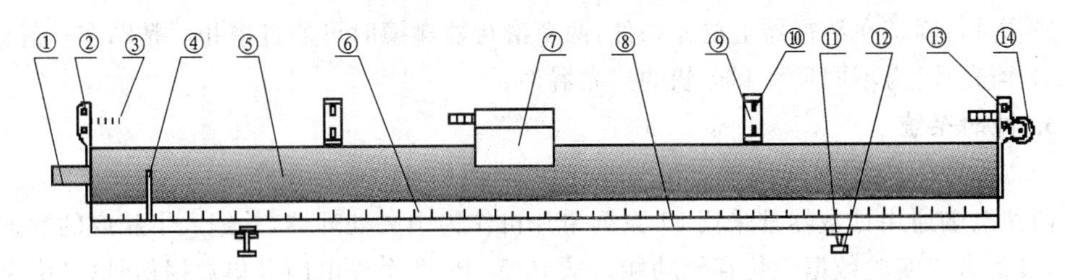

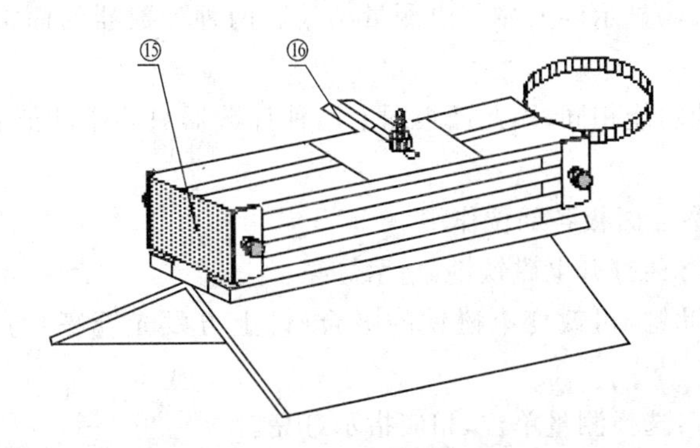

图 3.7.1　J2125-B-1.5 型气垫导轨

② 左端堵:图 3.7.1 左端的堵板,为进气口和弹射器的安装提供支持。

③ 弹射器:固定在导轨堵板上和滑行器上的弹簧碰圈,作发射使用,可使滑行器获得一个初速度。

④ 起始挡板:使滑行器重复地从导轨上同一位置开始运动。

⑤ 导轨:采用截面为三角形的空心铝合金管体制成。两个侧面上按一定规律分布着气孔。进入导轨的压缩空气从气孔中喷出,在滑行器内表面和导轨表面之间形成一层很薄的气垫,将滑行器浮起。滑行器在导轨表面运动过程中,只受到很小的空气黏滞阻力的影响,能量损失极小,所以滑行器的运动可近似地看作是无摩擦阻力的运动。

⑥ 标尺:固定在导轨上,用来指示光电门和滑行器的位置。

⑦ 滑行器:用铝合金制成,在滑行器上方的 T 型槽中可安装不同尺寸的挡光片,在滑行器两侧的 T 型槽中可加装不同质量的砝码。滑行器两端可以安装弹射器或搭扣。

⑧ 底座:用来固定导轨并防止导轨变形。

⑨ 光电门支架:为单侧上下双层结构,可安装在导轨的任意位置处。

⑩ 光电门:是计时器的传感元件,由聚光灯泡和光敏二极管构成。分别安装在光电门支架旁侧上下两层相对应的位置处,利用二极管在光照和遮光两种状态下电阻的变化,获得信号电压,以此来控制计数器工作。

⑪ 支脚:采用三点结构,双脚端用来调节导轨的横向水平,单脚的端用来调节导轨纵向的水平。调节由调节螺钉来完成。

⑫ 垫脚:支脚下面的垫块,垫脚的平面一侧贴在桌面上,调平螺钉的尖端放在垫脚凹面的一侧内。

⑬ 右端堵:图 3.7.1 右端的堵板,为滑轮和弹射器的安装提供支持。

⑭ 滑轮:使用前要调整轴尖,使滑轮转动灵活。

⑮ 搭扣:固定在滑行器上尼龙扣件,两个滑行器碰撞时可通过搭扣而粘贴在一起。

⑯ 挡光片:为不同尺寸和形状的挡光器件。

3. 计时系统

1) MUJ-6B 电脑通用计数器和 J-MS-6 电脑通用计数器的工作原理

两种电脑通用计数器都采用 51 系列单片机作为中央处理器,并编入了相应的数据处理程序,具备多组实验数据记忆存储功能。从 P_1 和 P_2 两个光电门采集数据信号,经中央处理器处理后,在 LED 数码显示屏上显示出测量结果。两种计数器的面板图如图 3.7.2(a)和图 3.7.2(b)所示。

这两种计数器的功能相同,因此面板图上两种计数器只要是功能相同的部分都赋予了相同的编号。

2) 电脑通用计数器面板各部位作用

电磁铁开关指示灯:打开电磁铁键,指示灯亮。

电磁铁键:按动此键,可改变电磁铁的吸合(键上方发光管亮)与放开(键上方发光管灭)。

测量单位指示灯:选择测量单位,相应指示灯亮。

显示屏:由六位 LED 数码显示管组成。

功能转换指示灯:选择测量功能,相应指示灯亮。

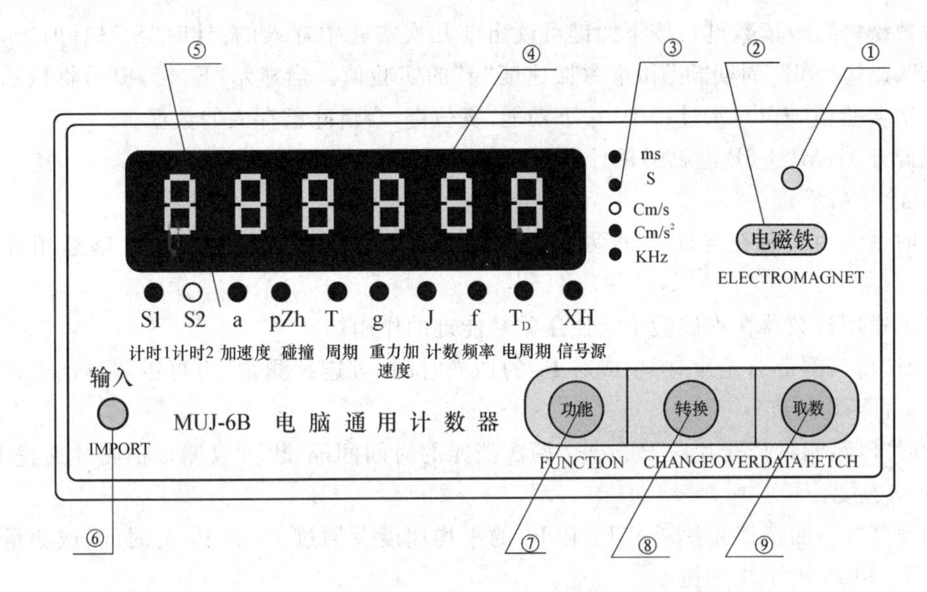

图 3.7.2(a)　MUJ-68 电脑通用计数器

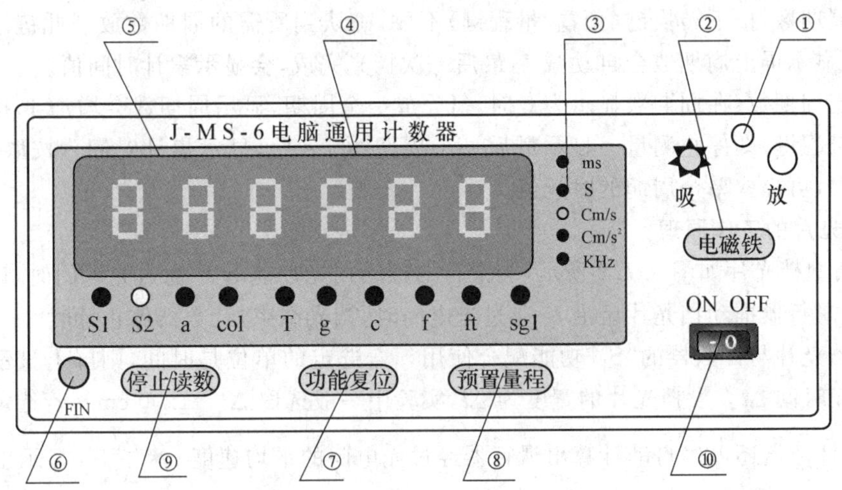

1—电磁铁开关指示灯；2—电磁铁键；3—测量单位指示灯；4—显示屏；5—功能转换指示灯；6—测频输入口；7—功能键(功能/复位键)；8—转换键(预置/量程键)；9—取数键(停止/读数键)；10—电源开关

图 3.7.2(b)　J-MS-6 电脑通用计数器

测频输入口:外界信号输入接口。

功能键(功能/复位键):用于十种功能的选择和取消,显示数据复位。①功能复位:在按键之前,如果光电门遮过光,按下此键,则显示屏清"0",功能复位。②功能选择:功能复位以后,按下此键仪器将选择新的功能。若按住此键不放,可循环选择功能,至所需的功能灯亮时,放开此键即可。

转换键(预置/量程键):用于测量单位的转换,挡光片宽度的设定及简谐振动周期值的设定。①按下此键小于 1 s 时,测量值在时间和速度之间转换。②按下此键大于 1 s 时,可重新选择所需的挡光片宽度,机内有 1.0 cm、3.0 cm、5.0 cm 和 10.0 cm 四种规格供选择。确认到选用的挡光片宽度放开此键即可。

取数键(停止/读数键):按下此键可读出前几次实验中存入的:计时“S_1”、计时“S_2”、加速度“a”、碰撞“col”、周期“T”和重力加速度“g”的实验值。当显示“E×”,提示将显示存入的第×次实验值。在显示过程中,按下功能/复位键,会清除已存入的数据。

电源开关:MUJ-6B电脑通用计数器的电源开关在后面板上。

3) 计时系统

计时系统由固定在导轨上的两个光电门和随滑块运动的挡光片及电脑通用计数器组成。

电脑通用计数器在本试验中所使用的功能键的作用:

计时“S_1”:测量挡光片对 P_1 或对 P_2 的挡光时间,可连续测量,也可以测量挡光片通过 P_1 或 P_2 的平均速度。

计时“S_2”:测量挡光片对 P_1 或 P_2 两次挡光的时间间隔,也可以测量挡光片通过 P_1 或 P_2 的平均速度。

加速度“a”:测量挡光片通过 P_1 和 P_2 的平均速度及通过 P_1 和 P_2 的时间,或测量挡光片通过 P_1 和 P_2 的平均加速度。

周期“T”:测量简谐振动中若干个周期的时间或周期的个数。

设定周期数:按下转换键(预置/量程键)不放,确认到所需的周期数放开此键。每完成一个周期,显示屏上周期数会自动减1,最后一次挡光完成,会显示累计时间值。

不设定周期数:在周期数显示为0时,每完成一个周期,显示周期数会增加1,按下转换键(预置/量程键)即停止测量。显示最后一个周期约1 s后,显示累计时间。按取数键(停止/读数键),可提取单个周期的时间值。

4. 挡光片的工作原理

(1) 凸型挡光片如图3.7.3所示,当滑行器推动挡光片前沿 l_1 通过光电门时,计数器开始计时,当滑行器推动挡光片后沿 l_2 通过光电门时,挡光结束,计数器停止计时。

此类挡光片与计数器的“S_1”功能配合使用。若选定的单位是时间,则屏上显示的是挡光片的挡光时间 Δt。设挡光片的宽度为 Δl,实验中一般选取 $\Delta l=1.00$ cm。若选定的单位是速度,则计数器还可以自动计算出滑行器经过光电门的平均速度 $v=\dfrac{\Delta l}{\Delta t}$,并显示出来。

(2) 凹型挡光片如图3.7.4所示,当滑行器推动前挡光条的前沿 l_1 挡光时,计数器开始计时,当滑行器推动后挡光条的前沿 l_2 挡光时,计数器停止计时。

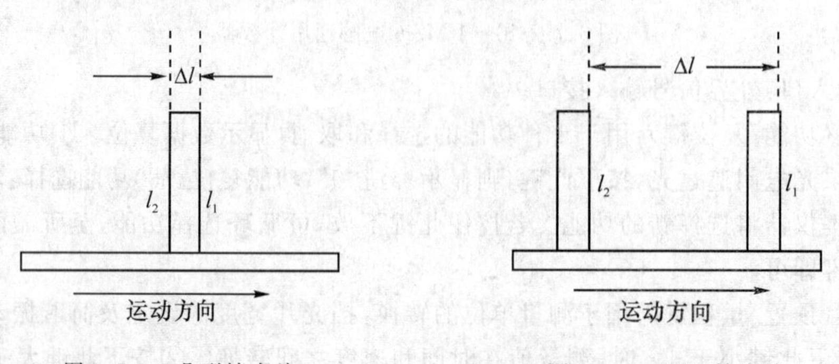

图3.7.3 凸型挡光片　　图3.7.4 凹型挡光片

此类挡光片与计数器的“S_2”功能配合使用。若选定的单位是时间,则屏上显示的是两

次挡光的时间间隔 Δt。挡光片的前后挡光条同侧边沿之间的距离为 Δl，实验中有宽度为 1.00 cm、3.00 cm、5.00 cm、10.00 cm 宽度的挡光片供选择。若选定的单位是速度，则计数器还可自动算出滑行器通过光电门的平均速度 $v=\frac{\Delta l}{\Delta t}$，并显示出来。

此类挡光片与计数器的“a”功能配合，可自动计算出滑行器通过两个光电门的平均加速度。原理为：计数器能自动算出滑行器经过两个光电门的平均速度 v_1 和 v_2，还可以记录滑行器通过两个光电门的时间 t，然后由公式 $\bar{a}=\frac{v_2-v_1}{t}$ 自动算出滑行器通过两个光电门的平均加速度。

四、实验原理

将两个劲度系数均为 k_1、自然长度均为 l_0 的弹簧，一端系住一个质量为 m_1、放置在气轨上的滑行器，另一端分别固定在气轨的两端，如图 3.7.5 所示，选取水平方向向右为正方向。当 m_1 处在平衡位置 0 点时，每个弹簧的伸长量均为 x_0，此时滑行器所受的合外力为零。

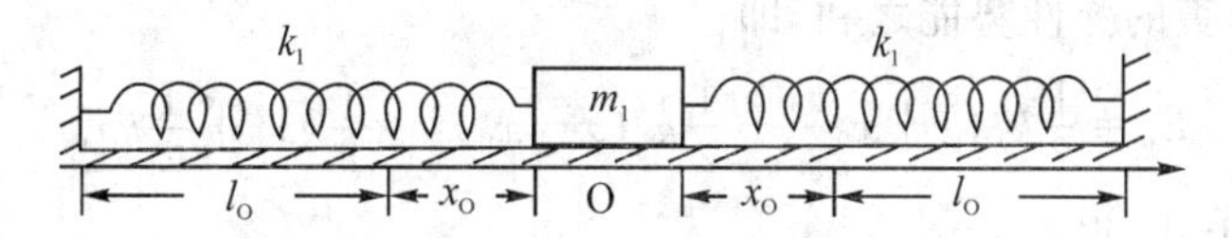

图 3.7.5　弹簧振子示意图

1. 弹簧振子的运动方程

当 m_1 从 0 点沿坐标轴向右位移 x 时，左边的弹簧被拉长，右边的弹簧被压缩。如果忽略阻力，则 m_1 受左边弹簧的弹性恢复力 $-k_1(x+x_0)$ 和右边弹簧弹性恢复力 $-k_1(x-x_0)$ 的作用，结果 m_1 受到的合力为

$$F=-k_1(x+x_0)-k_1(x-x_0)=-2k_1x=-kx$$

式中 $k=2k_1$，此式说明合力与相对于平衡位置的位移 x 的大小成正比、方向相反并指向平衡位置，因此满足简谐振动的动力学特征。根据牛顿运动定律，得：

$$-kx=ma \tag{3.7.1}$$

令

$$\omega^2=\frac{k}{m} \tag{3.7.2}$$

可以证明(3.7.1)式的解为

$$x=A\cos(\omega t+\varphi) \tag{3.7.3}$$

此式为谐振动的运动方程，其中 A 为振幅，φ 为振动的初相，A 和 φ 由系统的初始条件决定。ω 为圆频率，由系统本身的固有性质决定，m 为振动系统的有效质量，即

$$m=(m_1+m_0) \tag{3.7.4}$$

式中 m_0 称为弹簧的有效质量。

2. 分析简谐振动的周期 T 与 m 的关系，测定 m_0 及 k

根据周期的定义 $T=2\pi/\omega$，将(3.7.2)、(3.7.4)式代入，得

$$T^2=4\pi^2\ \frac{m}{k}=\frac{4\pi^2}{k}(m_1+m_0)=\frac{4\pi^2}{k}m_0+\frac{4\pi^2}{k}m_1 \tag{3.7.5}$$

如果改变滑行器 m_1 的质量，即在滑行器上依次加 5 个质量均为 m' 的物体，使滑行器的质量 m_1 分别为 m_1、m_1+m'、m_1+2m'、m_1+3m'、m_1+4m' 和 m_1+5m'，测出与其对应的周期 T 依次为 T_1、T_2、T_3、T_4、T_5 和 T_6。如果 T 与 m_1 的关系确实满足(3.7.5)式，则 T^2-m 图线为一直线，该直线的斜率 $a=4\pi^2/k$，截距 $a=4\pi^2 m_0/k$。利用图解法求出 a 和 b，那么弹簧的劲度系数 k 和有效质量 m_0 为

$$k=\frac{4\pi^2}{a} \text{ 和 } m_0=\frac{bk}{4\pi^2}=\frac{b}{a} \tag{3.7.6}$$

3. 简谐振动的能量

简谐振动的机械能 E 包括系统的振动动能 E_k 和弹性势能 E_p 两部分：

$$E=E_k+E_p \tag{3.7.7}$$

其中振动动能 $E_k=\frac{1}{2}mv^2=\frac{1}{2}(m_1+m_0)v^2$ 由(3.7.2)式，可得滑行器在任意时刻的振动速度 $v=-\omega A\sin(\omega t+\varphi)$，所以系统的振动动能为

$$E_k=\frac{1}{2}(m_1+m_0)\omega^2 A^2\sin^2(\omega t+\varphi) \tag{3.7.8}$$

弹性势能是两个弹簧的弹性势能之和，即

$$E_p=\frac{1}{2}k_1(x+x_0)^2+\frac{1}{2}k_1(x-x_0)^2=\frac{1}{2}kx^2+\frac{1}{2}kx_0^2$$

将(3.7.3)式代入上式，得

$$E_p=\frac{1}{2}k[A^2\cos^2(\omega t+\varphi)+x_0^2] \tag{3.7.9}$$

因为 $m\omega^2=k$，将(3.7.8)、(3.7.9)式代入(3.7.7)式，得

$$E=\frac{1}{2}kA^2+\frac{1}{2}kx_0^2 \tag{3.7.10}$$

其中 k、A、x_0 都与时间无关，因此在简谐振动过程中的机械能是守恒的。在不同位置上系统的动能和势能各不相同，它们之间在相互转换。本实验通过测定相对平衡位置的不同位移 x_i 时的速度 v_i，求出相应的 E_{ki} 和 E_{pi}，从而验证简谐振动过程中机械能守恒。

五、实验内容及步骤

1. 测定振幅与周期的关系

(1) 打开气源，调整导轨水平。打开电脑计数器，设置挡光片宽度值，选择计数器的测周期功能，选用凸型挡光片，移动一个光电门至导轨中间部位，使其靠近挡光片，但两者位置不能重合，避免使挡光片挡光。另一个光电门移到导轨的一端，也不能挡光。

(2) 将滑行器拉离平衡位置 30.00 cm，自然释放，使滑行器作简谐振动。若不设定周期数，在周期数显示为零时，每完成 1 个周期，显示周期数会加 1，当显示数为 10 时，按一下转换键(或预置键)即停止测量，约 1 s 后，屏上将显示出 10 个周期的时间。

若设定了周期数，每完成一个周期，显示周期数会减 1，当挡光片完成最后一次挡光，显示屏会自动显示出设定周期的累加时间值。将数据记入表 3.7.1 中。

(3) 依次将滑行器拉离平衡位置 27.00 cm、24.00 cm、21.00 cm、18.00 cm、15.00 cm，重复测量对应的周期，将数据记入表 3.7.1 中。计算周期的平均值，并分析实验结果。

2. 测定质量与周期的关系,并求 k 及 m_0

(1) 将滑行器拉离平衡位置 30.00 cm,滑行器质量为 m_1 时振动 10 个周期的时间是 t_1,并求出相应的周期 T_1,填入表 3.7.2 中。

(2) 改变 m_1 的质量,依次在滑行器上加砝码 m'、$2m'$、$3m'$、$4m'$、$5m'$,测出相应振动 10 个周期的时间 t_2、t_3、t_4、t_5 和 t_6,并求出相应的周期 T_2、T_3、T_4、T_5 和 T_6,填入表 3.7.2 中。

(3) 以 T^2 为纵坐标,m_1 为横坐标,根据图示法规则作 T^2-m_1 图线。利用图解法求出直线的斜率 a 和截距 b,根据(3.7.6)式求出 k 和 m_0。

3. 测量系统的机械能

(1) 将计时器功能调整为 S_1,设定挡光片宽度,选定速度单位。

(2) 首先将光电门置于接近平衡位置处,记下光电门的位置。振幅选定为 30.00 cm,让滑行器作简谐振动。读出挡光片 3 次经过光电门的速度,将数据记入表 3.7.3 中。

(3) 逐次将光电门沿坐标轴正方向移动,每次移动 4.00 cm,直到离开平衡位置 12.00 cm 处。每次均以 30.00 cm 的振幅起振,每一位置重复 3 次,将数据记入表 3.7.3 中。求出每一处位置处滑行器的速度的平均值 $\bar{v}_i$。

(4) 将 x_i 与 v_i 分别代入(3.7.8)、(3.7.9)式,求出相应的 E_{ki} 和 E_{pi},计算 $E_{ki}+E_{pi}$,分析与(3.7.10)式得到的 E 之间的相对误差。

六、注意事项

把滑行器拉离平衡位置让其振动的时候,一定不能让滑行器经过光电门,只能把滑行器往偏离光电门的一边拉离。

七、数据记录及处理

表 3.7.1 振幅与周期的关系

振幅 A/cm	30.00	27.00	24.00	21.00	18.00	15.00
时间 t/s						
周期 $T=t/10$						

表 3.7.2 质量与周期的关系

$m_1=$ ________ kg $m'=$ ______ kg $A=$ ______ cm

滑行器质量/kg	$m_1=$	$m_1+m'=$	$m_1+2m'=$	$m_1+3m'=$	$m_1+4m'=$	$m_1+5m'=$
相应周期/s	$T_1=$	$T_2=$	$T_3=$	$T_4=$	$T_5=$	$T_6=$

表 3.7.3 速度与位移的关系

$A=$ ________ cm

速度/(cm/s)	次数	$x_0=0$	$x_1=4$ cm	$x_2=8$ cm	$x_3=12$ cm
v_i	1				
	2				
	3				
平均 v_i					

八、思考题

1. 从测量中得到的数据，试分析周期与振幅、周期与振动物体质量的关系。如果T^2-m_1图是一条直线，说明什么？能否说明这已完全验证了(3.7.6)式？

2. 用物理天平称量弹簧的实际质量为m，与测得的有效质量m_0相比较，会发觉它们不相等，试解释之。

实验8　音频信号光纤传输技术实验

一、实验目的

1. 了解光纤传输的基本原理及音频信号光纤传输系统的基本结构。
2. 了解光纤传输系统中光电转换和电光转换模块的基本性能。
3. 了解如何在音频信号光纤传输系统中获得较好信号传输质量。

二、实验仪器

TK-FE型光纤音频信号传输实验仪，如图3.8.1所示；函数信号发生器；双踪示波器；收音机。

三、实验原理

1. 系统的组成

图3.8.2给出了一个音频信号直接光强调制光纤传输系统的结构原理图，它主要包括由LED及其调制、驱动电路组成的光信号发送器、传输光纤和由光电转换、I-V变换及功放电路组成的光信号接收器三个部分。光源器件LED的发光中心波长必须在传输光纤呈现低损耗的0.85 μm、1.3 μm或1.5 μm附近，本实验采用中心波长0.85 μm附近的GaAs半导体发光二极管作光源、峰值响应波长为0.8～0.9 μm的硅光二极管(SPD)作光电检测元件。为了避免或减少谐波失真，要求整个传输系统的频带宽度能够覆盖被传信号的频谱范围，对于语音信号，其频谱在300～3 400 Hz的范围内。由于光导纤维对光信号具有很宽的频带，故在音频范围内，整个系统的频带宽度主要决定于发送端调制放大电路和接收端功放电路的幅频特性。

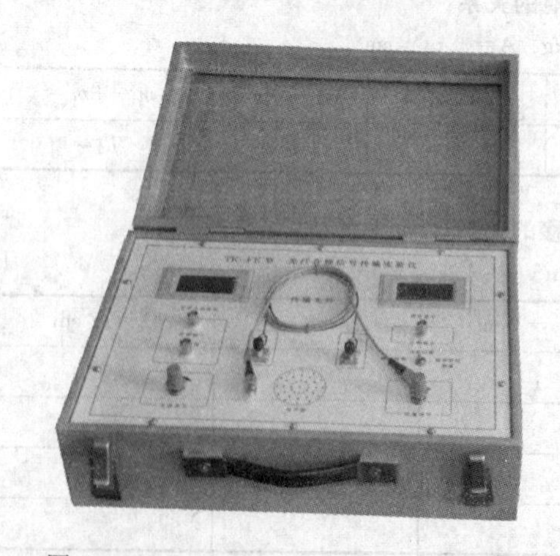

图3.8.1　TK-FE型光纤音频信号传输实验仪

此电路的工作原理如下。

音频信号经IC1放大电路传到LED调制电路。W2调节发光管LED工作(偏置)电流，音频电流调制此工作电流，并经LED转换成音频调制的光信号，经光纤传至光

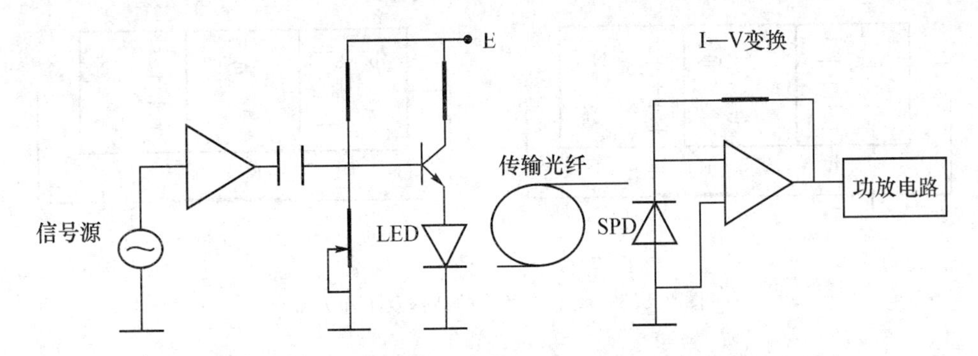

图 3.8.2 音频信号光纤传输实验系统原理图

电二极管 SPD 再复原成原始音频电流信号，经由 IC2 构成的 I-V 变换电路转换成电压信号，最后通过功率放大电路输出声音功率信号，推动扬声器发出声音。这样就完成了音频信号通过光纤的传输过程。

2. 半导体发光二极管的驱动、调制电路

本实验采用半导体发光二极管 LED 作光源器件。音频信号光纤传输系统发送端 LED 的驱动和调制电路如图 3.8.3 所示，以 BG1 为主构成的电路是 LED 的驱动电路，调节这一电路中的 W2 可使 LED 的偏置电流在 0～20 mA 的范围内变化。被传音频信号由 IC1 为主构成的音频放大电路放大后经电容器 C4 耦合到 BG1 基极，对 LED 的工作电流进行调制，从而使 LED 发送出光强随音频信号变化的光信号，并经光导纤维把这一信号传至接收端。半导体发光二极管输出的光功率与其驱动电流的关系称 LED 的电光特性，如图 3.8.4 所示。为了使传输系统的发送端能够产生一个无非线性失真而峰—峰值又最大的光信号，使用 LED 时应先给它一个适当的偏置电流，其值等于这一特性曲线线性部分中点对应的电流值，而调制电流的峰—峰值应尽可能大地处于这一电光特性的线性范围内。

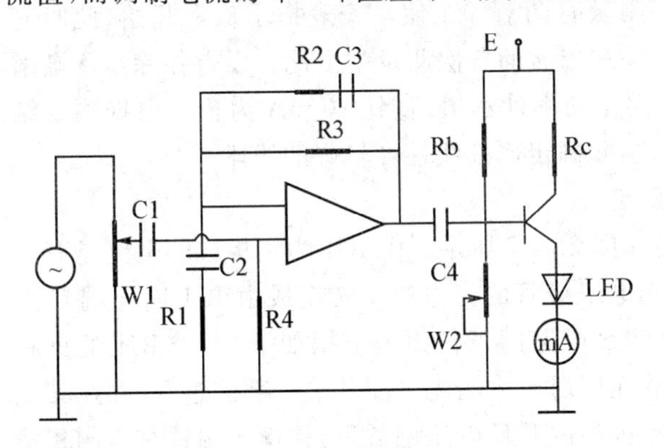

图 3.8.3 LED 的驱动和调制电路

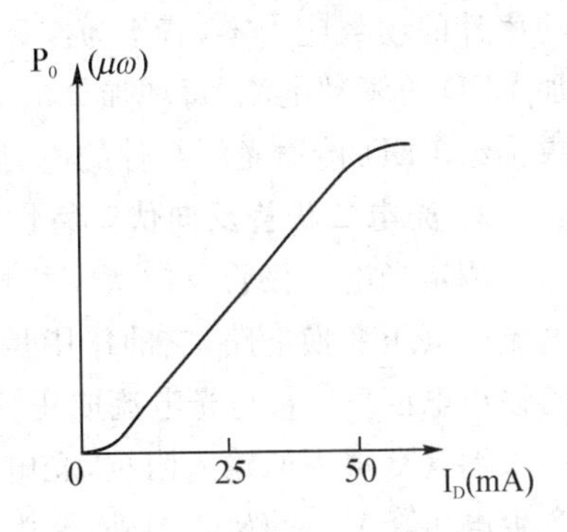

图 3.8.4 LED 的正向伏安特性

3. 半导体光电二极管的工作原理及特性

半导体光电二极管 SPD 与普通的半导体二极管一样，都具体一个 PN 结，光电二极管在外形结构方面有它自身的特点，这主要表现在光电二极管的管壳上有一个能让光射入其光敏区的窗口。此外，与普通二极管不同，它经常工作在反向偏置电压状态如图 3.8.5(a)所示或无偏压状态如图 3.8.5(b)所示。

半导体光电二极管 SPD 的反向伏安特性如图 3.8.6 所示。

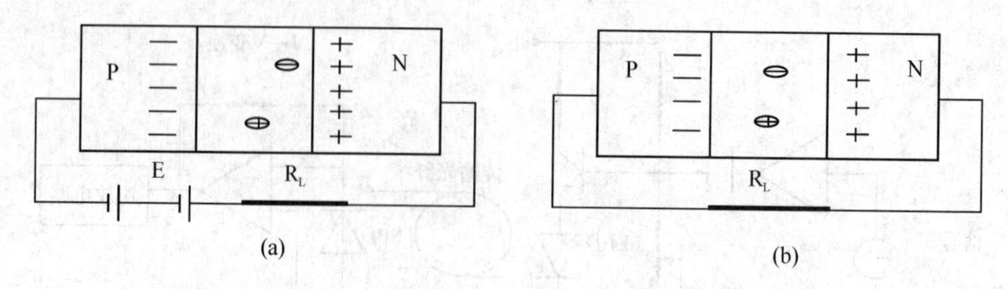

图 3.8.5 光电二极管的结构及工作方式

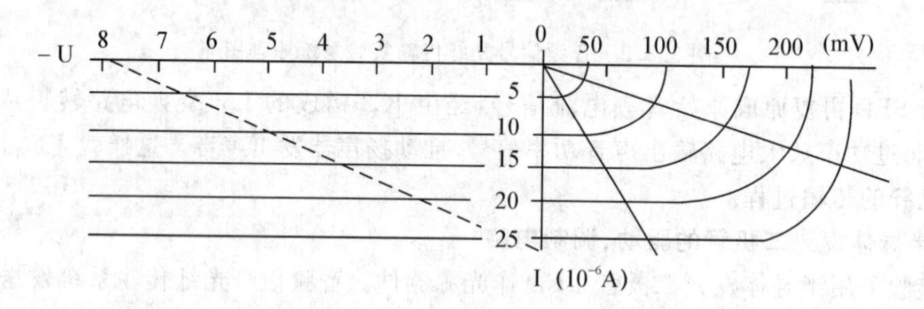

图 3.8.6 光电二极管的伏安特性曲线

四、实验内容

1. LED-传输光纤组件电光特性的测定

测量前首先将两端带电流插头的电缆线一头插入光纤绕线盘上的电流插孔，另一端插入发送器前面板上的"LED"插孔，并将光电探头插入光纤绕线盘上引出传输光纤输出端的同轴插孔中，SPD 的两条出线接至仪器前面板光功率指示器的相应插孔内，在以后实验过程中注意保持光电探头的这一位置不变。测量时调节 W2 使毫安表指示从零开始(此时光功率计的读数应为零，若不为零记下读数，并在以后的各次测量中以此为零点扣除)，逐渐增加 LED 的驱动电流，每增加 2 mA 读取一次光功率计示值，直到 20 mA 为止。根据测量结果描绘 LED-传输光纤组件的电光特性曲线，并确定出其线性度较好的线段。

2. 光电二极管反向伏安特性曲线的测定

测定光电二极管反向伏安特性的电路如图 3.8.7 所示。由 IC1 为主构成的电路是一个电流—电压变换电路，它的作用是把流过光电二极管的光电流 I 转换成由 IC1 输出端 C 点的输出电压 V_o，它与光电流成正比。整个测试电路的工作原理依据如下：由于 IC1 的反相输入端具有很大的输入阻抗，光电二极管受光照时产生的光电流几乎全部流过 R_f 并在其上产生电压降 $V_{cb}=IR_f$。另外，又因 IC1 具有很高的开环电压增益，反相输入端具有与同相输入端相同的地电位，故 IC1 的输出电压：

$$V_o=IR_f \tag{3.8.1}$$

已知 R_f 后，就可根据上式由 V_o 计算出相应的光电流 I。

在图 3.8.7 中，为了使被测光电二极管能工作在不同的反向偏压状态下，设置了由 W1 组成的分压电路。具体测量时首先把 SPD 的插头接至接收器前面板左侧 SPD 相应的插孔中，然后根据 LED 的电光特征曲线在 LED 工作电流从 0～20 mA 的变化范围内查出输出光功率均分的 5 个工作点对应的驱动电流值，为以后论述方便起见，对应这 5 个电流值分别

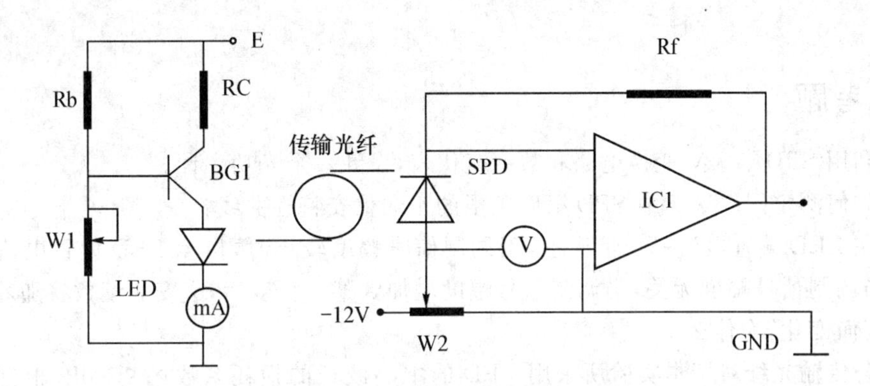

图 3.8.7　光电二极管反向伏安特性的测定

标以 I_1，I_2，I_3，I_4 和 I_5。测量 LED 工作电流为 $I_1 \sim I_5$ 时所对应的 5 种光照情况下光电二极管的反向伏安特性曲线。对于每条曲线，测量时，调节 W1 使被测二极管的反偏电压逐渐增加，从 0 V 开始，每增加 1 V 用接收器前面板的数字毫伏表测量一次 IC1 输出电压 V_o 值，根据这一电压值由(3.8.1)式即可算出相应的光电流 I。

3. 音频放大器频带特性

音频放大器的频带宽度决定了所传音频信号保证不失真且有良好放大作用的频率范围。具体测试时，应将音频放大器的输入断与双踪示波器的一个通道和低频信号发生器相连，输出端和示波器的另一通道相连。将音频输入信号保持在 20 Hz～20 kHz 之间，幅度保持 10 mV 不变，改变频率 f 从 10～20 kHz，测出对应的放大器输出信号峰峰值 U_{out} 值。作出 $U_{out} - \lg f$ 曲线，求出带宽 Δf。

4. 语言信号的传输

实验整个音频信号光纤传输系统的音响效果。实验时把示波器和数字毫伏表接至接收器 I—V 变换电路的输出端，适当调节发送器的 LED 偏置电流和调制输入信号幅度，使传输系统达到无非线性失真、光信号幅度为最大的最佳听觉效果。

五、数据记录及处理

(1) 光纤传输系统静态电光/光电传输特性测定。

打开仪器电源，连接光纤，分别观测面板上两个三位半数字表头分别显示发送光驱动强度和接收光强度。调节发送光强度电位器，每隔 200 单位(相当于改变发光管驱动电流 2 mA)分别记录发送光驱动强度数据与接收光强度数据，填写表 3.8.1 中并在方格纸上绘制静态电光/光电传输特性曲线。

表 3.8.1

发送光强度										
接收光强度										

(2) 光纤传输系统频响的测定。作关系曲线并要求给出具体数据即最低和最高截止频率。

(3) LED 偏置电流与无失真最大信号调制幅度关系测定。作关系曲线并要求给出具体数据。

六、思考题

1. 利用 SPD、I—V 变换电路和数字毫伏表，设计一个光功率计。

2. 如何测定图 3.8.7 中 SPD 第四象限的正向伏安特性曲线？

3. 在 LED 偏置电流一定情况下，当调制信号幅度较小时，指示 LED 偏置电流的毫安表读数与调制信号幅度无关，当调制信号幅度增加到某一程度后，毫安表读数将随着调制信号的幅度而变化，为什么？

4. 若传输光纤对于本实验所采用 LED 的中心波长的损耗系数 $\alpha \leqslant 1$ dB，根据实验数据估算本实验系统的传输距离还能延伸多远？

实验 9　数字万用表的原理与使用

数字万用表亦称数字多用表(DMM)，其种类繁多，型号各异。我们使用的这款数字万用表为 VC890C＋型。VC890C＋型数字万用表可用来测量直流电压和交流电压、直流电流和交流电流、电阻、电容、二极管、三极管、通断测试、温度等参数。此机型采用双积分 A/D 转换为核心，显示位数为 $3\frac{1}{2}$位，显示方式采用 LCD 液晶显示。数字万用表的优点：高准确度和高分辨力；高输入阻抗；高测量速率；自动判别极性；全部测量实现数字直读；自动调零；抗过载能力强。其缺点：不能显示测量动态过程；量程转换开关机械强度差；测电压、电流需不同表笔插孔，不方便。

一、实验目的

1. 理解数字万用表的基本工作原理。

2. 掌握数字万用表的使用方法。

3. 学会设计电路图，并按照电路图连接实验仪器。

二、实验仪器

VC890C$^+$数字万用表一套；电阻；电容；二极管；三极管各一个；低压交、直流电源；电阻箱；滑动变阻器；导线；开关。

三、实验原理

VC890C$^+$数字万用表如图 3.9.1 所示。数字万用表是由数字电压表配上相应的功能转换电路构成的，它可对交、直流电压，交、直流电流、电阻、电容等多种参数进行直接测量。数字电压表通常使用一块集成电路芯片，它将 A/D 转换器与能够直接驱动显示器的显示逻辑控制器集成在一起，在其周围配上相关的电阻器、电容器和显示器，组成数字万用表表头。它只测量直流电压，其他参数必须转换成和其自身大小成一定比例关系的直流电压后才能被测量。数字万用表的整体性能主要由这一数字表头的性能决定。数字电压表是数字万用表的核心,A/D转换器是数字电压表的核心,不同的A/D转换器构成不同原理的数字万用表。功能转换电路是数字万用表实现多参数测量的必备电路。电压、电流的测量电路一般由无源的分压、分流电阻网络组成;交、直流转换电路与电阻、电容等电参数测量的转换电路,一般采用有源器件组成的网络来实现。功能选择可通过机械式开关的切换来实现,量程选择可通过转换开关切换,也可以通过自动量程切换电路来实现。数字万用表的基本功能是测量交直流电压、交直流电流以及测量电阻,其基本工作原理如图3.9.2所示。

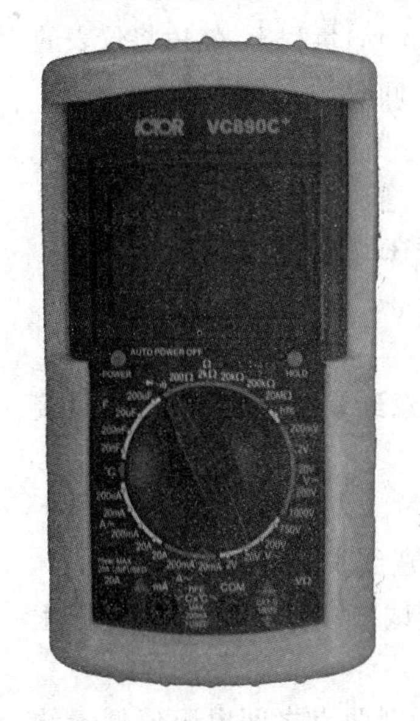

图3.9.1　VC890C⁺数字万用表

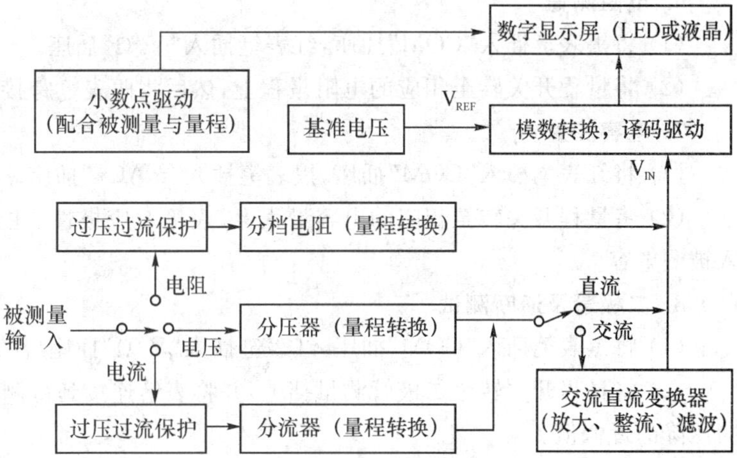

图3.9.2　数字万用表的基本工作原理

四、实验步骤

1. 设计测量电路

(1) 设计直流电压(或电流)测量电路。

(2) 根据电路图连接实验仪器。

(3) 设计交流电压(或电流)测量电路。

(4) 根据电路图连接实验仪器。

2. 直流电压测量

(1) 将黑表笔插入"COM"插座,红表笔插入"V/Ω"插座。

(2) 将量程开关转至相应的DCV(Direct Current Voltage)量程上,然后将测试表笔跨接在被测电路上,红表笔所接的该点电压与极性显示在屏幕上。

3. 交流电压测量

(1) 将黑表笔插入"COM"插座,红表笔插入"V/Ω"插座。

(2) 将量程开关转至相应的ACV(Alternating Current Voltage)量程上,然后将测试表笔跨接在被测电路上,红表笔所接的该点电压与极性显示在屏幕上。

4. 直流电流测量

(1) 将黑表笔插入"COM"插座,红表笔插入"mA"插座中(最大为200 mA),或红表笔插入“20 A”插座中(最大为 20 A)。

(2) 将量程开关转至相应的 DCA(Alternating Current Ampere)量程上,然后将仪表的表笔串联接入被测电路中,被测电流值及红表笔点的电流极性将同时显示在屏幕上。

5. 交流电流测量

(1) 将黑表笔插入“COM”插座,红表笔插入“mA”插座中(最大为 200 mA),或红表笔插入“20 A”插座中(最大为 20 A)。

(2) 将量程开关转至相应的 ACA(Alternating Current Ampere)量程上,然后将仪表的表笔串联接入被测电路中,被测电流值及红表笔点的电流极性将同时显示在屏幕上。

6. 电阻测量

(1) 将黑表笔插入“COM”插座,红表笔插入“V/Ω”插座。

(2) 将量程开关转至相应的电阻量程上,然后将两表笔跨接在被测电阻上。

7. 电容测量

(1) 将红表笔插入“COM”插座,黑表笔插入“mACx”插座。

(2) 将量程开关转至相应的电容量程上,表笔对应极性(注意红表笔极性为“+”极)接入被测电容。

8. 二极管及通断测试

(1) 将黑表笔插入“COM”插座,红表笔插入“V/Ω”插座(注意红表笔极性为“+”极)。

(2) 将量程开关转至二极管测量挡上,并将表笔连接到待测试二极管,读数为二极管正向压降的近似值。

(3) 将表笔连接到待测线路的两点,如果内置蜂鸣器发生,则两点之间电阻值低于约(70±20)Ω。

9. 温度测量

测量温度时,将热电偶传感器的冷端(自由端)负极插入“mA”插座,正极插入“COM”插座中,热电偶的工作端(测温端)置于待测物上面或内部,可直接从屏幕上读取温度值,读数为摄氏度。

10. 三级管 hFE

(1) 将量程开关置于 hFE 挡。

(2) 将测试附件的“+”极插入“COM”插座,“-”极插入“mA”插座。

(3) 决定所测晶体管为 NPN 或 PNP 型,将发射极、基极、集电极分别插入测试附件上相应的插孔。

五、注意事项

(1) 各量程测量时,禁止输入超过量程的极限值。

(2) 36 V 以下的电压为安全电压,在测高于 36 V 直流、25 V 交流电压时,要检查表笔是否可靠接触,是否正确连接、是否绝缘良好等,以避免电击。

(3) 换功能和量程时,表笔应离开测试点。

(4) 选择正确的功能和量程,谨防误操作。

(5) 测量电阻时,请勿输入电压值等。

六、数据记录及处理

表 3.9.1

测量	1	2	3	4	5	6	平均值
直流电压							
交流电压							
直流电流							
交流电流							
电阻							
电容							
二极管							
温度							
三极管							

实验 10　大学物理仿真实验 V2.0 for Windows 简介

大学物理仿真实验 V2.0 for Windows 是中国科学技术大学研发的一套模拟型的 CAI 软件，它也是目前国内唯一一套具有一定规模和水准的大学物理实验教学软件。该软件通过计算机把实验设备、教学内容、教师指导和学生的操作有机地融合为一体，形成了一部活的、可操作的物理实验教科书。通过仿真物理实验，学生对实验的物理思想和方法、仪器的结构及原理的理解，可以达到实际实验相同的效果，实现了培养学生动手能力，实验技能，深化学生物理知识的目的，同时增强了学生对物理实验的兴趣，大大提高了物理实验教学水平，是物理实验教学改革的有力工具。

一、系统需求

CPU：Intel Pentium 及其兼容芯片。

内存：512 MB 以上。

显卡：支持 640×480×64K 色。

声卡：Sound Blaster 及其兼容声卡。

鼠标：Microsoft 兼容鼠标。

光驱：符合 ISO9660。

操作系统：Microsoft Windows XP 中文版或 Windows 2003 中文版。

二、仿真实验的安装

(1) 启动 Windows 系统。

(2) 保证 Windows 目录下有 150 MB 以上的剩余空间。

(3) 将安装光盘放入光驱，运行光盘上的 SETUP. EXE 程序，按提示安装，当安装程序完成安装后重新启动 Windows 系统。

(4) 安装后生成“大学物理仿真实验 V2.0”程序组,双击“大学物理仿真实验 V2.0”图标即可运行。

注意:系统运行时光盘必须留在光驱里。

三、仿真实验的删除

在 Windows 系统的文件管理器(或 Windows 的“开始”菜单)里双击“删除大学物理仿真实验 v2.0”图标,按照提示操作即可删除本软件。

四、大学物理仿真实验的基本操作方法

在仿真实验中几乎所有的操作都要使用鼠标。如果您的计算机安装了鼠标,启动 Windows 后,屏幕上就会出现鼠标指针光标。移动鼠标,屏幕上的指针光标随之移动。下面是本手册中鼠标操作的名词约定。

单击:按下鼠标左键再放开。

双击:快速地连续按两次鼠标左键。

拖动:按下鼠标左键并移动。

右键单击:按下鼠标右键再放开。

图 3.10.1 仿真实验主界面 a

1. 系统的启动

在 Windows 系统的文件管理器(或 Windows 的“开始”菜单)里双击“大学物理仿真实验 v2.0”图标,启动仿真实验系统。首先弹出的是仿真实验主界面 a,如图 3.10.1 所示,过几秒后出现仿真实验主界面 b,如图 3.10.2 所示,单击“上一页”、“下一页”按钮可前后翻页。用鼠标单击各实验项目文字按钮(不是图标)即可进入相应的仿真实验平台。结束仿真实验后回到主界面,单击“退出”按钮即可退出本系统。如果某个仿真实验还在运行,则在主界面单击“退出”按钮无效,待关闭所有正在运行的仿真实验后,系统会自动退出。

图 3.10.2　仿真实验主界面 b

2. 仿真实验的操作方法

1）概述

仿真实验平台采用窗口式的图形化界面，形象生动，使用方便。

由仿真系统主界面进入仿真实验平台后，首先显示该平台的主窗口——实验室场景，如图 3.10.3 所示，该窗口大小一般为全屏或 640×480 像素。实验室场景内一般都包括实验台、实验仪器和主菜单。用鼠标在实验室场景内移动，当鼠标指向某件仪器时，鼠标指针处会显示相应的提示信息(仪器名称或如何操作)，如图 3.10.4 所示。有些仪器位置可以调节，可以按住鼠标左键进行拖动。

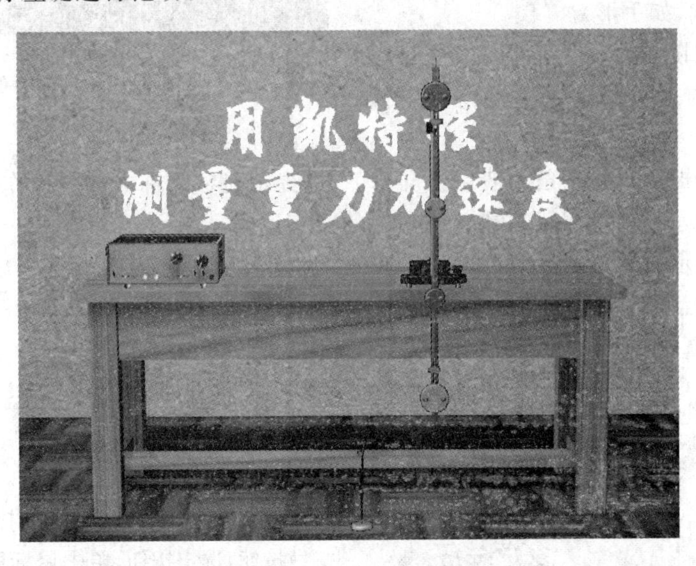

图 3.10.3　实验室场景(凯特摆实验)

主菜单一般为弹出式，隐藏在主窗口里。在实验室场景上单击右键即可显示，如图 3.10.5所示。菜单项一般包括：实验背景知识、实验原理的演示，实验内容、实验步骤和仪器说明文档,开始实验或进行仪器调节,预习思考题和实验报告,退出实验等。

图 3.10.4 提示信息

2) 仿真实验操作

① 开始实验。

有些仿真实验启动后就处于“开始实验”状态,有些需要在主菜单上选择。

② 控制仪器调节窗口。

调节仪器一般要在仪器调节窗口内进行。

打开窗口:双击主窗口上的仪器或从主菜单上选择,即可进入仪器调节窗口。

移动窗口:用鼠标拖动仪器调节窗口上端的细条。

关闭窗口:方法(1) 右键单击仪器调节窗口上端的细条,在弹出的菜单中选择“返回”或“关闭”。

方法(2) 双击仪器调节窗口上端的细条。

方法(3) 激活仪器调节窗口,按 Alt+F4 键。

③ 选择操作对象。

激活对象(仪器图标、按钮、开关、旋钮等)所在窗口,当鼠标指向此对象时,系统会给出下列提示中的至少一种。

(a) 鼠标指针提示。鼠标指针光标由箭头变为其他形状(如手形)。

(b) 光标跟随提示。鼠标指针光标旁边出现一个黄色的提示框,提示对象名称或如何操作。

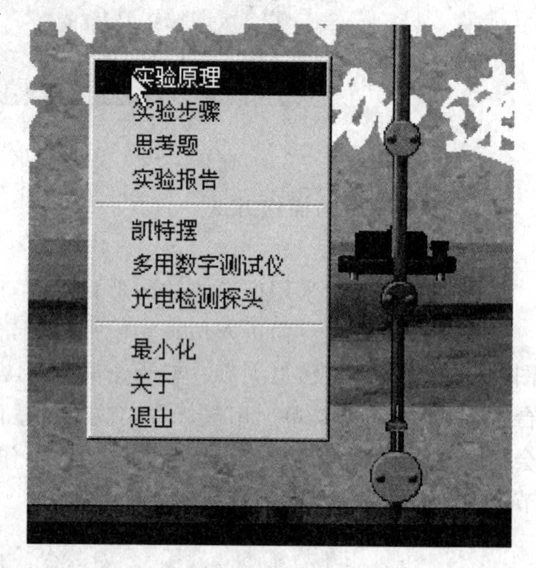

图 3.10.5 主菜单

(c) 状态条提示。状态条一般位于屏幕下方,提示对象名称或如何操作。

(d) 语音提示。朗读提示框或状态条内的文字说明。

(e) 颜色提示。对象的颜色变为高亮度(或发光),显得突出而醒目。出现上述提示即表明选中该对象,可以用鼠标进行仿真操作。

④ 进行仿真操作。

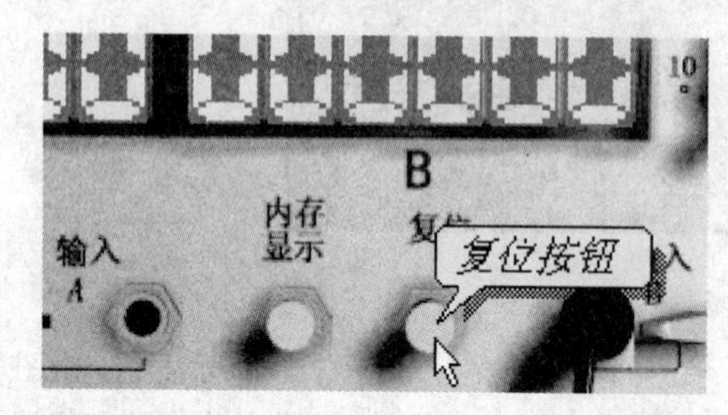

图 3.10.6 按钮

(a) 移动对象。

如果选中的对象可以移动,就用鼠标拖动选中的对象。

(b) 按钮、开关、旋钮的操作。

按钮:选定按钮,单击鼠标即可,如图 3.10.6 所示。

开关:对于两挡开关,在选定的开关上单击鼠标切换其状态。多挡开关,在选定的开关上单击左键或右键切换其状态，如图 3.10.7、图 3.10.8 所示。

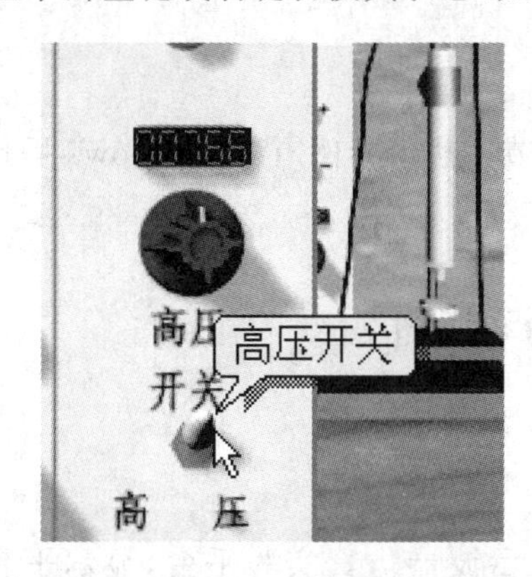

图 3.10.7　两挡开关

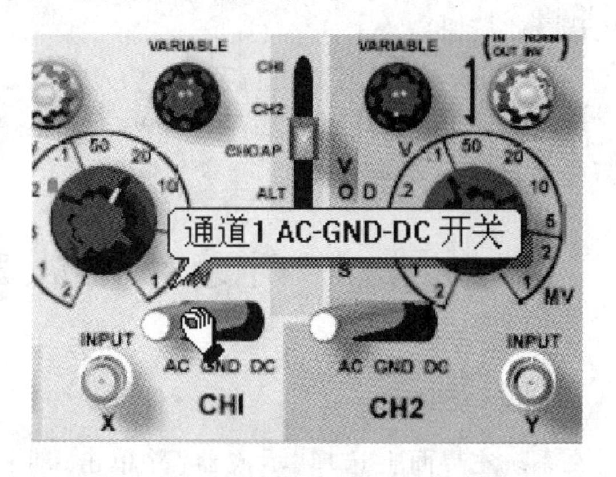

图 3.10.8　多挡开关

旋钮：选定旋钮，单击鼠标左键，旋钮反时针旋转；单击右键，旋钮顺时针旋转，如图 3.10.9 所示。

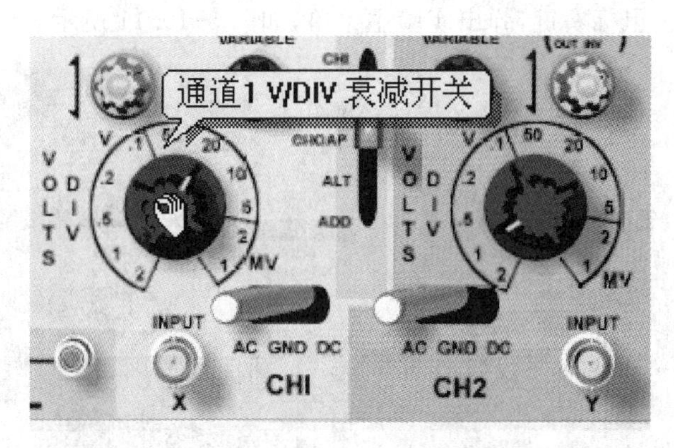

图 3.10.9　旋钮开关

3）连接电路

连接两个接线柱：选定一个接线柱，按住鼠标左键不放拖动，一根直导线即从接线柱引出。将导线末端拖至另一个接线柱释放鼠标，就完成了两个接线柱的连接，如图 3.10.10 所示。

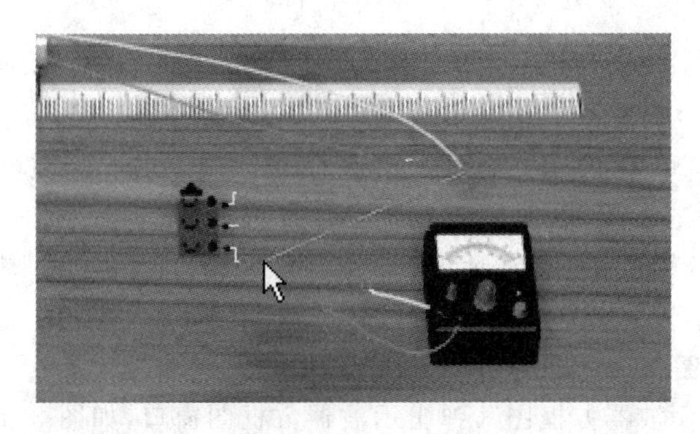

图 3.10.10　连线

删除两个接线柱的连线：将这两个接线柱重新连接一次(如果面板上有“拆线”按钮，则应先选择此按钮)。

4) Windows 标准控件的调节

仿真实验中也使用了一些 Windows 标准控件，调节方法请参阅有关 Windows 操作的书籍或 Windows 的联机帮助。

附录 示波器的使用

一、主窗口

在系统主界面上选择“示波器”并单击，即可进入示波器仿真实验平台，显示平台主窗口。

二、主菜单

在主窗口上单击鼠标右键，弹出实验主菜单，如图 3.10.11 所示。

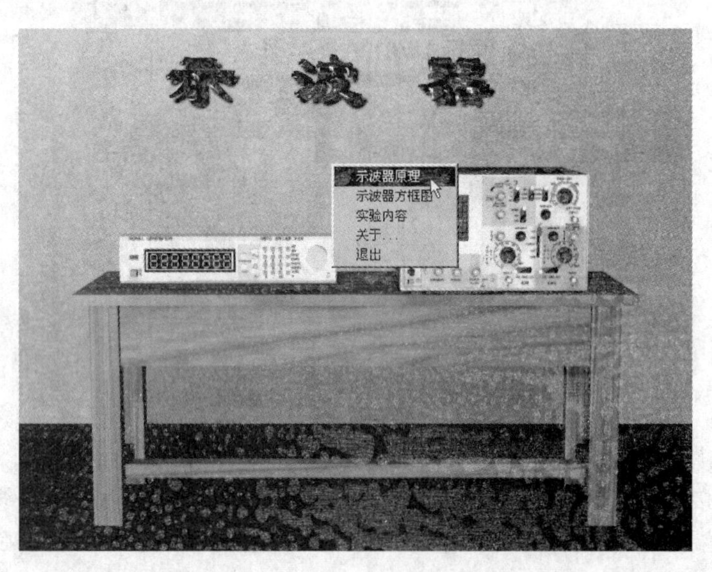

图 3.10.11

用鼠标单击菜单选项，即可进入相应的实验内容(若单击“退出”，则退出示波器实验)。

1. 实验原理

用鼠标单击主菜单上的“示波器原理”，打开示波器原理窗口。在窗口中单击鼠标右键，弹出示波器触发方式选择菜单，如图 3.10.12 所示。

分别选择不同的触发方式将显示示波器的成像原理，选择“退出”将返回示波器实验平台主窗口。

2. 示波器方框图

选择主菜单的“示波器方框图”，弹出示波器方框图窗口，如图 3.10.13 所示。单击鼠标，将返回示波器实验平台主窗口。

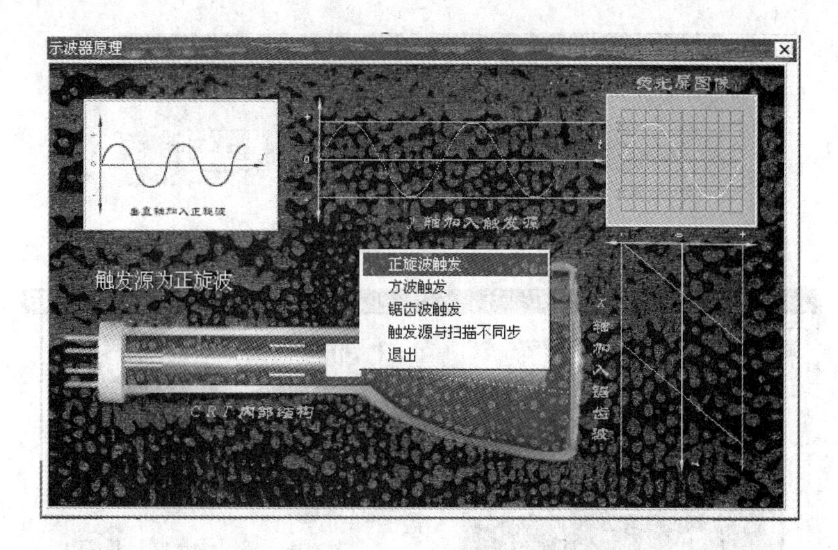

图 3.10.12

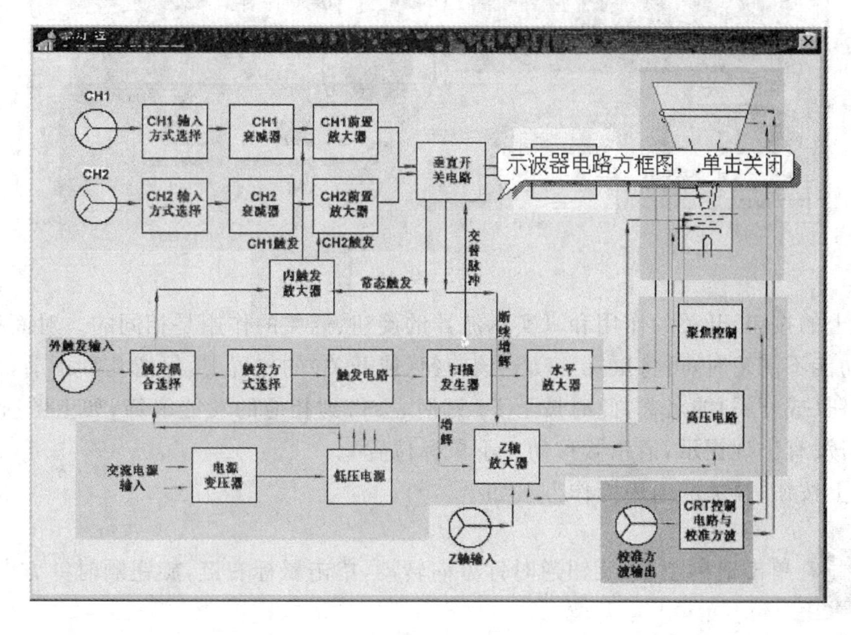

图 3.10.13

三、实验内容

用鼠标单击主菜单中的“实验内容”,将会弹出一个确认是否正式进行示波器实验的对话窗口,如图 3.10.14 所示。

用鼠标单击“正式完成实验”按钮,正式完成实验。实验中的待测信号为随机产生,信号真实值将在做完实验后自动传入实验报告。用鼠标单击“只做示波器练习”按钮,只做示波器练习,不记录数据。

在确认完是否正式完成示波器实验后,对话窗口消失,弹出一个示波器面板,如图3.10.15所示。

如果您要正式完成示波器实验，请在测量完一个待测波后将数据填入表格中

✓正式完成实验　✓只做示波器练习

图 3.10.14

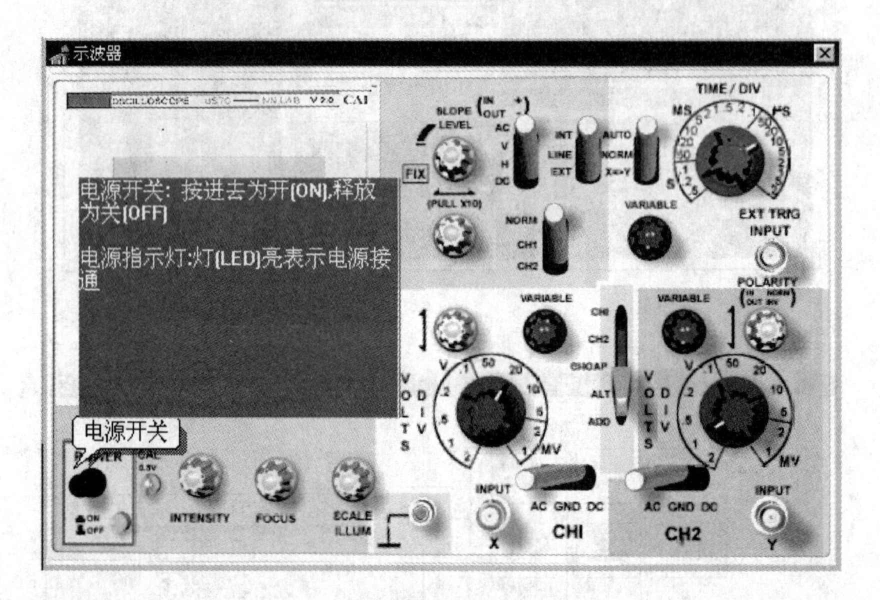

图 3.10.15

面板上的按钮、开关的作用和真实示波器的旋钮、开关的作用是相同的。对面板上的旋钮、开关功能不清楚时，可将鼠标移动到该旋钮（或开关）的位置上，停留几秒不动，系统将会给出该旋钮（或开关）的名称，此时按下 F1 键时，会得到相应的功能解释，如上图所示（以上操作时，若没有出现提示，请稍微移动一下鼠标位置）。

面板上按钮、开关的通用操作方法如下。

单击鼠标左键，旋钮逆时针方向转动，单击鼠标右键，旋钮顺时针方向转动。

单击鼠标左键，开关向上扳动，单击鼠标右键，开关向下扳动。

1. 校准示波器

校准示波器的步骤如下。

(1) 调节示波器聚焦。在示波器使用前必须调节好聚焦。必须在校准示波器后，示波器才能用直接法准确测量信号。

(2) 如图 3.10.16 所示，在通道 CH1 输入校准信号。用鼠标单击校准信号输入口，则在通道 CH1 的输入端出现红色插头，表明校准信号已经接入 CH1（同样当把垂直方式选择

开关拨到 CH2 挡处便可把校准信号接入 CH2 通道，校准通道 CH2)。

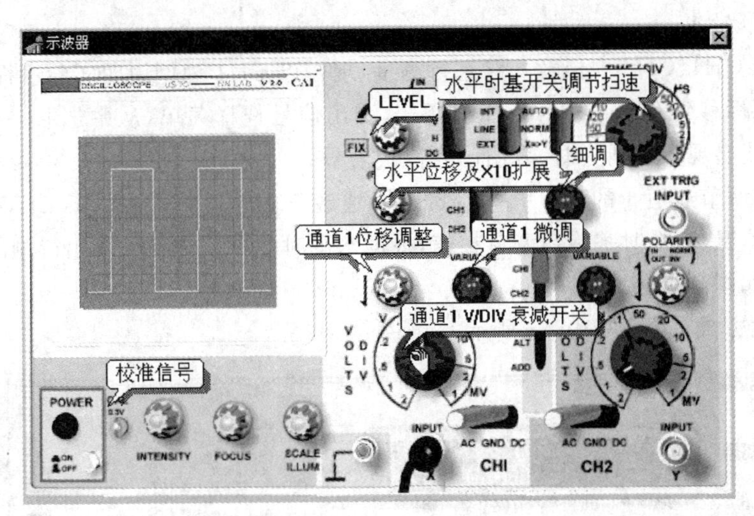

图 3.10.16

(3) 分别调节通道 1 的 V/DIV 衰减开关，通道 1 的位移调整，同步(LEVEL)钮，水平位移及×10 扩展，水平时基开关调节扫速及细调开关，用来校准示波器。

2. 直接法测量未知信号电压

可利用 CH1、CH2 中任意一路进行测量，现在以 CH1 为例说明测量过程(见图 3.10.17)。

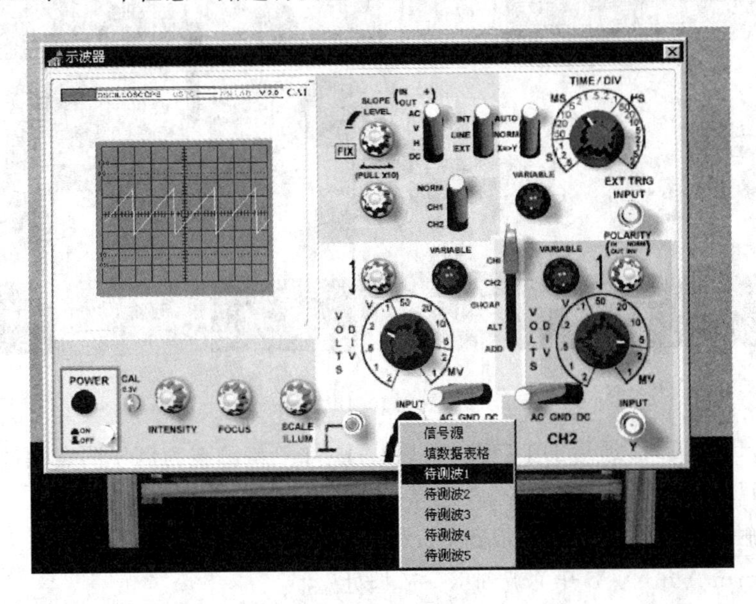

图 3.10.17

(1) 将鼠标移到 CH1 的 INPUT 处单击，弹出信号选择菜单，从中选取一个待测信号。当 CH1 的输入端出现黑色插头时，表明已经接入信号。

(2) 分别调节通道 1 的 V/DIV 衰减开关，通道 1 的位移调整，同步(LEVEL)钮，水平位移及×10 扩展，水平时基旋钮调节扫速，根据 V/DIV 和波形在示波器的格子数算出待测波形的电压。

3. 测量未知信号频率

1) 直接测量法

(1) 利用CH1、CH2中任意一路进行测量,现在以CH1为例说明实验过程。

(2) 将鼠标移到CH1的INPUT处单击,弹出信号选择菜单,从中选取一个待测信号。CH1的输入端出现黑色插头时,表明已经接入信号。

(3) 分别调节通道1的V/DIV衰减开关,通道1的位移调整,同步(LEVEL)钮,水平位移及×10扩展,水平时基旋钮调节扫速,根据水平时基刻度和格数算出待测波的频率。

2) 李萨如图测量法

内部触发方式,如图3.10.18所示。

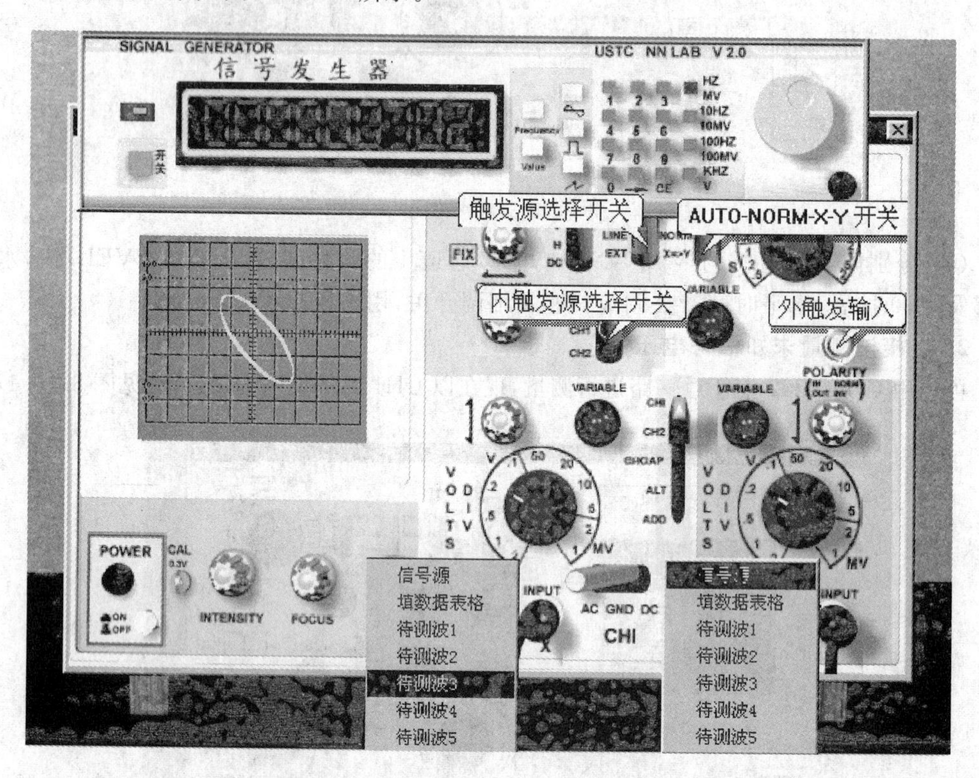

图3.10.18

(1) 在CH1或CH2通道加上待测波(以CH1加上待测波为例说明实验过程)。

(2) 在CH2输入端加上信号源,并选择一合适频率。

(3) 把内触发源方式选择开关扳到CH2挡处,用信号发生器输出信号作为触发源。

(4) 把Norm-Auto-X-Y开关扳到X→Y挡处。

(5) 分别调节通道1,2的V/DIV衰减开关,通道1,2的位移调整,同步(LEVEL)钮,水平位移,通过改变信号发生器输出信号频率使示波器中出现的李萨如图为环形。

(6) 同理,在CH2加上待测波,在CH1加上信号源,同样可以完成测量。

外部触发方式方法和过程与内部触发方式大致一样,差别如下。

a. 触发源方式选择开关拨到EXT挡(外部触发方式)。

b. 外部触发输入端口输入信号发生器信号,另外一路信号由CH1或CH2的输入端输入。调节信号发生器的输出信号频率,使示波器上出现李萨如图形。此时,根据李萨如图形和信号发生器的输出频率可以求出待测信号的频率。

4. 观测两个通道信号的组合

把垂直方式选择开关拨到 ADD 挡处,在屏幕上显示输入 CH1 和 CH2 的两路信号的叠加。

把垂直方式选择开关拨到 ALT 挡处,在屏幕上交替显示两路信号。

把垂直方式选择开关拨到 CHOP 挡处,在屏幕上同时显示两路信号。

信号发生器使用方法如下。

(1) 鼠标单击信号发生器面板,如图 3.10.19 所示的“电源开关”按钮,打开信号发生器电源。

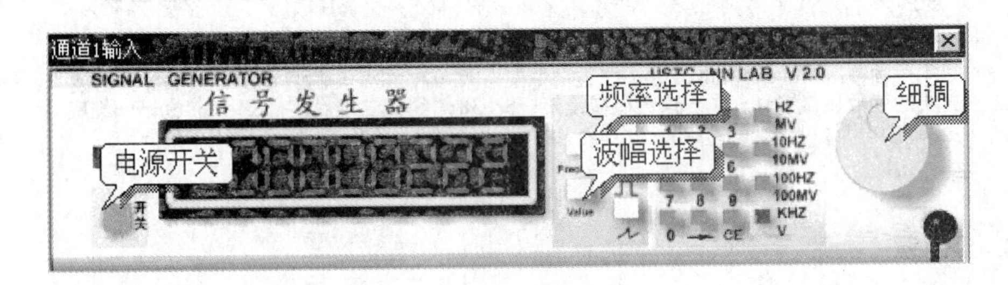

图 3.10.19

(2) 鼠标单击“频率选择”按钮,开始输入信号频率。

(3) 鼠标单击“KHZ/V”按钮,选择读数的频率单位。

(4) 鼠标单击数字按钮,输入信号频率数值,此时显示窗口显示的是输出信号的频率数值。

(5) 鼠标单击“波幅选择”按钮,开始输入信号幅度。

(6) 鼠标单击“KHZ/V”按钮,选择读数的幅度单位。

(7) 鼠标单击数字按钮,输入信号幅度数值,此时显示窗口显示的是输出信号的幅度数值。

(8) 鼠标选中“细调”按钮,可微调输出信号的频率(或幅度)值。

(9) 鼠标单击“→”按钮,清除上个数值输入。

(10) 鼠标单击“CE”按钮,输出数值被清零。

实验 11　自组显微镜与望远镜

一、实验目的

1. 了解显微镜及望眼镜的结构和工作原理。
2. 设计组装望远镜及显微镜。
3. 测量自组的望远镜及显微镜的放大率。

二、实验仪器

1. 望远镜

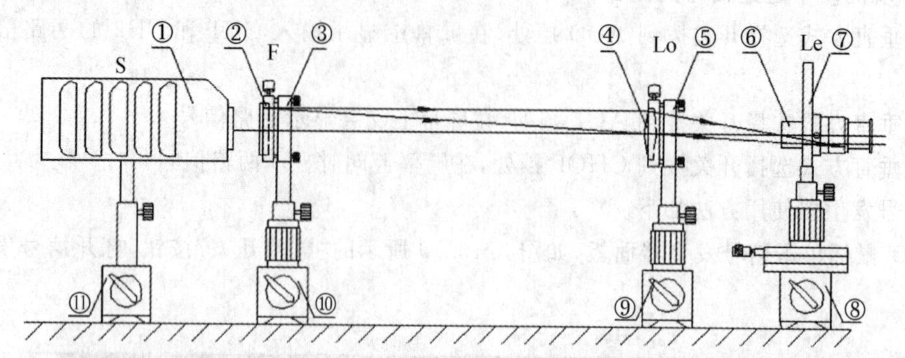

①—带有毛玻璃的白炽灯光源S；②—毫米尺F：L=7 mm；③—二维调整架：SZ-07；④—物镜Lo fo=225 mm；⑤—二维调整架：SZ-07；⑥—测微目镜Le：（去掉其物镜头的读数显微镜）；⑦—读数显微镜架：SZ-38；⑧—二维底座：SZ-02；⑨—一维底座：SZ-03；⑩—一维底座：SZ-03；⑪—通用底座：SZ-04；⑫—白屏H:SZ-13

图 3.11.1

2. 显微镜

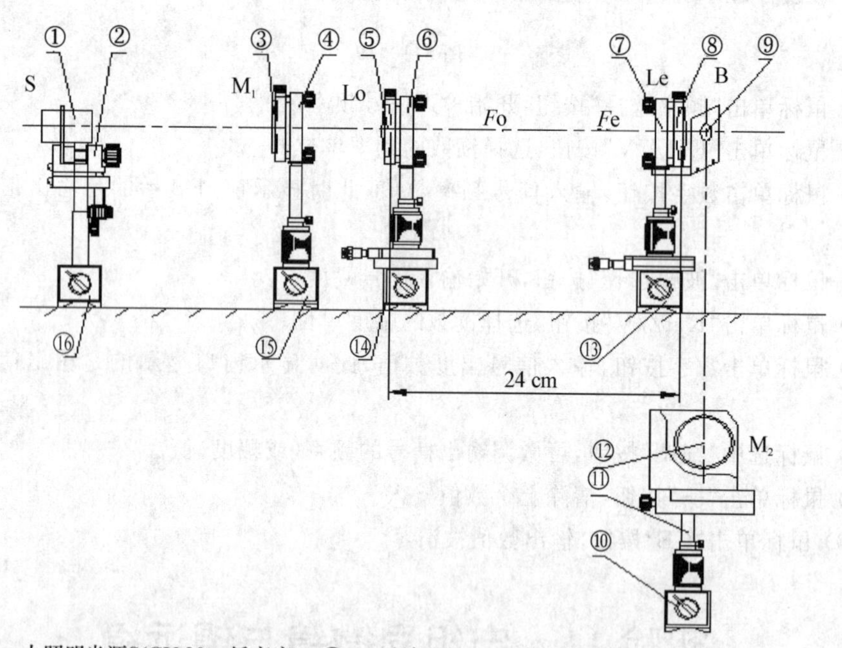

①—小照明光源S(GY-20，低亮度)；②—干版架(SZ-12)；③—微尺M_1(1/10 mm)；④—透镜架(SZ-08)；⑤—物镜L_0(f_0=45 mm)；⑥—二维架(SZ-07)；⑦—二维架(SZ-07)；⑧—目镜L_e(f_e= 34 mm)；⑨—45° 玻璃架(SZ-45)；⑩—升降调节座(SZ-03)；⑪—透镜架(SZ-08)；⑫—毫米尺M_2(l=30 mm)；⑬—三维平移底座(SZ-01)；⑭—二维平移底座(SZ-02)；⑮—升降调节座(SZ-03)；⑯—通用底座(SZ-04)

图 3.11.2

三、实验原理

1. 人眼的分辨本领和光学仪器的视觉放大率

人眼的分辨本领是描述人眼刚能区分非常靠近的两个物点的能力的物理量。人眼瞳孔的半径约为 1 mm,一般正常人的眼睛能分辨在明视距离(25 cm)处相距为 0.05～0.07 mm 的两点,这两点对人眼的所张的视角约为 $1'$,称为分辨极限角。当微小物体或远处物体对人眼所张的视角小于此最小极限角时,人眼将无法分辨它们,需借助光学仪器(如放大镜、显微镜、望远镜等)来增大物体对人眼所张的视角。在用显微镜或望远镜在作为助视仪器观察物体时,其作用都是将被观测物体对人眼的张角(视角)加以放大,这就是助视光学仪器的基本工作原理。在人眼前配置助视光学仪器。若同一目标,通过光学仪器和眼睛构成的光具组,在视网膜上成像长度为 l';若把同一目的物放在助视仪器原来所成像平面上,而用肉眼直接观察,在视网膜上所成像的长度为 l,则 l' 与 l 之比称为助视仪器的放大本领(视觉放大率),如图 3.11.3 所示。

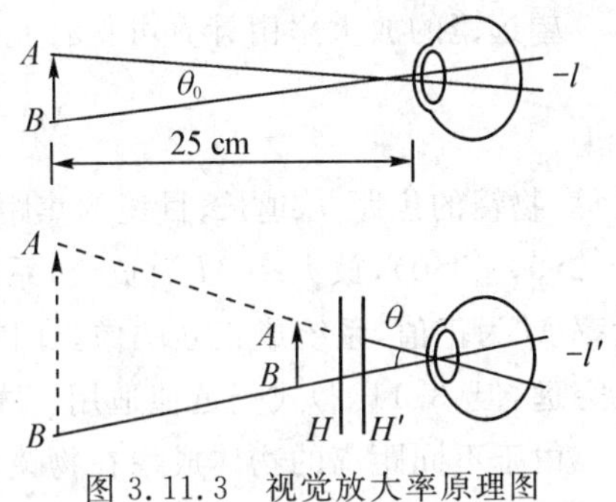

图 3.11.3 视觉放大率原理图

在图 3.11.3 中,$\overline{AB}$表示在明视距离处的物,H、H'为助视仪器的主点,θ_0 为直接观察时在明视距离处$\overline{AB}$的视角,θ 为通过助视仪器所成像于明视距离处的视角,在人眼视网膜上的像长分别为 l 和 l',则仪器的视觉放大率 M 表示为

$$M=\frac{l'}{l}=\frac{\tan\theta}{\tan\theta_0}\approx\frac{\theta}{\theta_0} \tag{3.11.1}$$

2. 望远镜及其视觉放大率

望远镜是帮助人眼观望远距离物体的仪器,也可作为测量和瞄准的工具。望远镜也是由物镜和目镜组成的,其中对着远处物体的一组叫作物镜,对着眼睛的叫作目镜,物镜焦距较长,目镜焦距较短。物镜用反射镜的,称为反射式望远镜;物镜用透镜的,称折射式望远镜。目镜是会聚透镜的,称为开普勒望远镜;目镜是发散透镜的,称为伽利略望远镜。

因被观测物体离物镜的距离远大于物镜的焦距($u>2f_0$),所以物体将在物镜的后焦面附近形成一个倒立的缩小实像。与原物体相比,实像靠近了眼睛很多,因而视角增大了。然后实像再经过目镜而被放大,由目镜所成的像,可以在明视距离到无限远之间的任何位置上。因此,望远镜的功能是对远处物体成视角放大的像。构建望远镜光路图如图 3.11.4 所示。

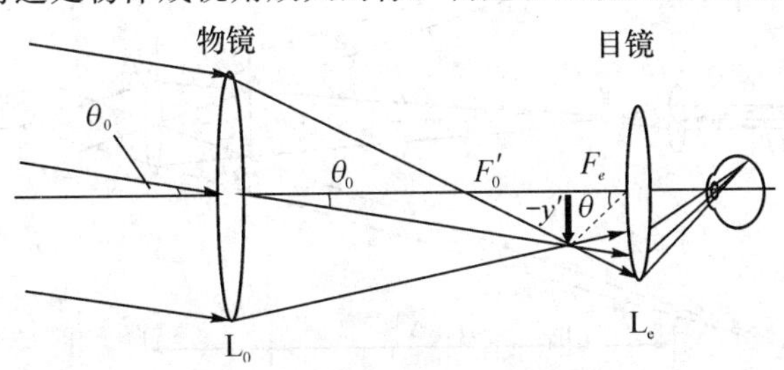

图 3.11.4 望远镜的基本光路图

在图 3.11.4 中，F_e 为目镜的物方焦点，F'_0 为物镜的像方焦点，θ_0 为明视距离处物体对眼睛所张的视角，θ 为通过光学仪器观察时在明视距离处的成像对眼睛所张的视角。

远处物体发出的光束经物镜后被会聚于物镜的焦平面 F'_0 上，成一缩小倒立的实像 $-y'$，像的大小决定于物镜焦距及物体与物镜间的距离。当焦平面 F'_0 恰好与目镜的焦平面 F_e 重合在一起时，会在无限远处呈一放大的倒立的虚像，用眼睛通过目镜观察时，将会看到这一放大且可移动的倒立虚象。若物镜和目镜的像方焦距为正(两个都是会聚透镜)，则为开普勒望远镜；若物镜的像方焦距为正(会聚透镜)，目镜的像方焦距为负(发散透镜)，则为伽利略望远镜。

望远镜的放大率由计算可得：

$$M=\frac{\theta}{\theta_0}=\frac{y'/f'_e}{-y'/f'_0}=-\frac{f'_0}{f'_e} \tag{3.11.2}$$

可见，物镜的焦距 f'_0 越长、目镜的焦距 f'_e 越短，则望远镜的放大率则越大。对开普勒望远镜($f'_0>0, f'_e>0$)，放大率 M 为负值，系统成倒立的像；而对伽利略望远镜($f'_0>0, f'_e<0$)，放大率 M 为正值，系统成正立的像。因在实际观察时，物体并不真正位于无穷远，像也不成在无穷远，但(3.11.2)式仍近似适用。

由于不同距离的物体成像在物镜焦平面附近不同的位置，而此成像又必须在目镜焦距的范围内，并且接近目镜的焦平面，因此观察不同距离的物体时，需要调要物镜和目镜之间的距离，即改变镜筒的长度，这称为望远镜的调焦。

在光学实验中，经常用目测法来确定望远镜的视觉放大率。目测法指用一只眼睛观察物体，另一只眼睛通过望远镜观察物体的像，同时调节望远镜的目镜，使两者在同一个平面上且没有视差，此时望远镜的视觉放大率即为 $M=\frac{y_2}{y_1}$，其中 y_2 是在物体所处平面上被测物体的虚像的大小，y_1 是被测物体的大小，只要测出 y_2 和 y_1 的比值，即可得到望远镜的视觉放大率。

3. 显微镜及其视觉放大率

显微镜和望远镜的光学系统十分相似，都是由两个凸透镜共轴组成，其中，物镜的焦距很短，目镜的焦距较长。如图 3.11.5 所示，实物 PQ 经物镜 L_0 成倒立实像 $P'Q'$ 于目镜 L_e 的物方焦点 F_e 的内侧，再经目镜 L_e 成放大的虚像 $P''Q''$ 于人眼的明视距离处。

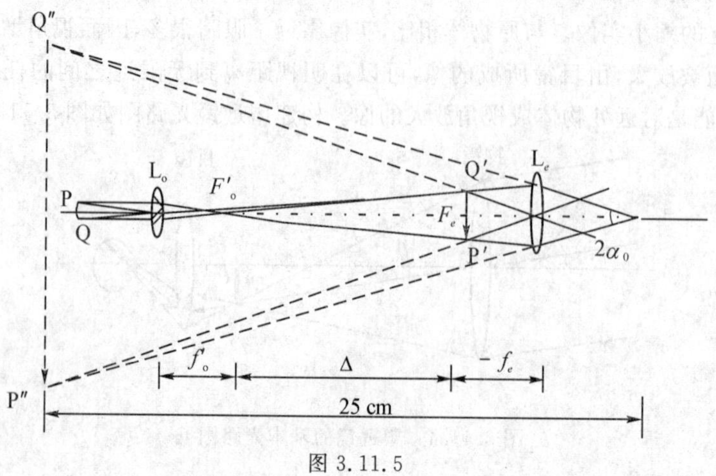

图 3.11.5

四、实验内容

1. 组装望远镜

(1) 按图 3.11.1 放好各元器件，调节同轴等高，固定目镜，移动物镜，向约 3 m 远处的标尺调焦，使一只眼睛在目镜中间看到清晰的标尺像。

(2) 设定标尺红色指标间距 d_1 为 5 cm，大致和组装的望远镜等高。睁开双眼，一只眼睛通过组装望远镜看标尺像，另一直眼睛直接注视标尺，经适应性练习，用视觉系统同时获得被望远镜放大的标尺像和直观的标尺如图 3.11.6 所示，把通过望远镜观察到的两个红色指标像投影到标尺实物上，记住上下红色指标像在实物标尺上的位置，走近标尺读出上下位置间隔 d_2。

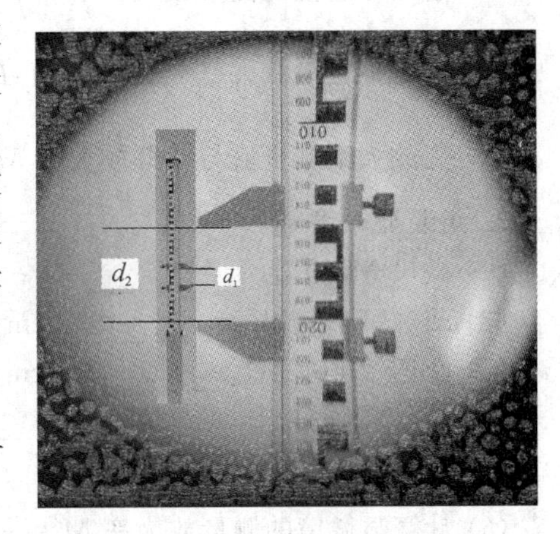

图 3.11.6

(3) 求出望远镜的测量放大率 $\Gamma=\frac{d_2}{d_1}$，并与计算放大率 $M=\frac{f_0}{f_e}$ 作比较。

注：标尺放在有限距离 S 远处时，望远镜放大率 Γ' 可做如下修正：$\Gamma'=\Gamma\frac{S}{S+f_0}$。

当 $S>100f_0$ 时，修正量 $\frac{S}{S+f_0}\approx 1$。

2. 组装显微镜

(1) 参照图 3.11.2 布置各器件，调等高同轴；

(2) 将透镜 L_o 与 L_e 的间距定为 24 cm($\Delta=24\ \text{cm}-f_0-f_e$)；

(3) 沿米尺移动靠近光源的毛玻璃微尺 M_1，从显微镜系统中得到微尺放大像；

(4) 在 L_e 之后置一与光轴成 45°角的平玻璃板，距此玻璃板一定距离处置一毫米尺 M_2(毫米尺到 45°角的平玻璃板的距离等于微尺 M_1 到 45°角的平玻璃板的距离)，用白光源(图 3.11.2 中未画出)照亮毫米尺 M_2；

(5) 移动微尺 M_1，消除视差，读出未放大的 M_2 的 30 格所对应的 M_1 的格数 a；

(6) 显微镜的测量放大率 $M=\frac{30\times 10}{a}$；显微镜的计算放大率 $M'=\frac{25\Delta}{f_o f_e}$。

五、注意事项

(1) 通过凸透镜可以成虚像和实像的特性进行透镜的适当选择。

(2) 可选择多个透镜进行组合，并适当组合消除像差。

(3) 注意不要用手摸透镜、反射镜等光学元件的光学表面。

(4) 在实验过程中，注意光学仪器的轻拿轻放。

六、数据记录及处理

1. 组装望远镜

(1) 目镜位置读数：$L_e=$ ________ cm；

（2）物镜位置读数：L_o=__________cm；

（3）标尺与物镜距离：S=__________cm；

（4）设定标尺卡口间距为 $d_1=5$ cm 时，像卡口间距 d_2=__________ cm；

（5）设定标尺卡口间距为__________cm；

（6）求出望远镜的测量放大率 $\Gamma=\frac{d_2}{d_1}$；

（7）计算望远镜放大率 Γ' 的修正值：$\Gamma'=\Gamma\frac{S}{S+f_0}$；

（8）把放大率测量值与计算放大率 $M=\frac{f_0}{f_e}$ 作比较，计算百分误差。

2. 组装显微镜

（1）微尺 M_1 位置=__________cm；

（2）凸透镜 Lo 位置=__________cm；

（3）凸透镜 Le 位置=__________cm；

（4）毫米尺 M_2 与 Le 的间距=__________cm；

（5）M_2 的 30 格（30 mm）对应的 M_1 的长度 a=__________格（0.1 mm/格）；

（6）计算显微镜的测量放大率 $M=\frac{30\times 10}{a}$，并与显微镜的计算放大率 $M'=\frac{25\Delta}{f'_o f_e}$ 进行比较，计算百分误差。

七、思考题

1. 可否将望远镜的目镜与物镜倒转，使望远镜变成显微镜？如果这样做会出现什么问题？

2. 将显微镜倒置使用，会出现什么现象？

3. 请问伽利略望远镜与开普勒望远镜在结构形式上有什么区别？

4. 在自准直法测焦距的实验中，当透镜从远处移近物屏时，为什么能在物屏上出现两次成像？哪一个才是透镜的自准像，如何判断它？

5. 对于在光学平台上搭建的望远镜（或显微镜），如何调节焦距以获得清晰的成像？

6. 用同一个望远镜观察不同距离的目标时，其视觉放大率是否不同？

实验 12　电表的改装与校准

一、实验目的

1. 了解磁电式电表的基本结构。

2. 掌握电表扩大量程的方法。

3. 掌握电表的校准方法。

二、实验仪器

待改装的表头；毫安表与伏特表（作标准表用）；电阻箱；滑线变阻器；直流稳压电源等。

三、实验原理

电流计(表头)一般只能测量很小的电流和电压,如果要用它来测量较大的电流或电压,就必须进行改装,扩大其量程。

1. 将电流计改装为安培表

电流计的指针偏转到满刻度时所需要的电流 I_g 称为表头量程。这个电流越小,表头灵敏度越高。表头线圈的电阻 R_g 称为表头内阻。表头能通过的电流很小,要将它改装成能测量大电流的电表,必须扩大它的量程,方法是在表头两端并联一分流电阻 R_s,如图 3.12.1。这样就能使表头不能承受的那部分电流流经分流电阻 R_s,而表头的电流仍在原来许可的范围之内。

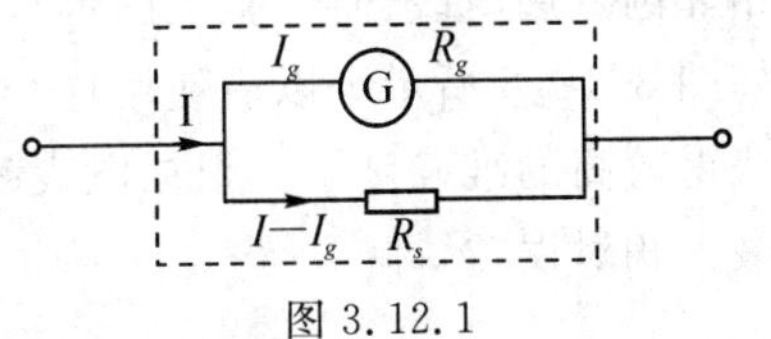

图 3.12.1

设表头改装后的量程为 I,由欧姆定律得

$$(I-I_g)R_s=I_gR_g$$

$$R_s=\frac{I_gR_g}{I-I_g}=\frac{R_g}{I/I_g-1} \tag{3.12.1}$$

式中 I/I_g 表示改装后电流表扩大量程的倍数,可用 n 表示,则有

$$R_s=\frac{R_g}{n-1}$$

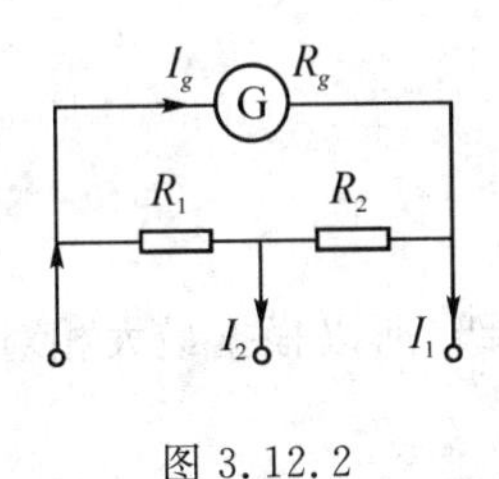

图 3.12.2

可见,将表头的量程扩大 n 倍,只要在该表头上并联一个阻值为 $R_g/(n-1)$ 的分流电阻 R_s 即可。在电流计上并联不同阻值的分流电阻,便可制成多量程的安培表,如图 3.12.2 所示。

同理可得:
$$\begin{cases}(I_1-I_g)\cdot(R_1+R_2)=I_gR_g\\(I_2-I_g)R_1=I_g(R_g+R_2)\end{cases}$$

则
$$R_1=\frac{I_gR_gI_1}{I_2(I_1-I_g)},R_2=\frac{I_gR_g(I_2-I_1)}{I_2(I_1-I_g)}$$

2. 将电流计改装为伏特表

电流计本身能测量的电压 V_g 是很低的。为了能测量较高的电压,可在电流计上串联一个扩程电阻 R_p,如图 3.12.3 所示,这时电流计不能承受的那部分电压将降落在扩程电阻上,而电流计上仍降落原来的量值 V_g。

设电流计的量程为 I_g,内阻为 Rg,改装成伏特表的量程为 V,由欧姆定律得

$$I_g(R_g+R_p)=V$$

$$R_p=\frac{V}{I_g}-R_g=\left(\frac{V}{V_g}-1\right)R_g \tag{3.12.2}$$

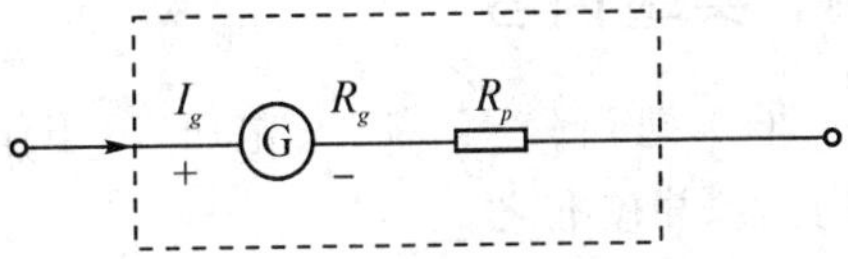

图 3.12.3

式中 V/V_g 表示改装后电压表扩大量程的倍数,可用 m 表示,则有 $R_p=(m-1)R_g$,可见,要将表头测量的电压扩大 m 倍时,只要在该表头上串联阻值为 $(m-1)R_g$ 扩程电阻 R_p。在电流计上串联不同阻值的扩程电阻,便可制成多量程的电压表,如图 3.12.4 所示。同理可得

$$I_g(R_g+R_1)=V_1$$

$$R_1=\frac{V_1}{R_g}-R_g$$

$$I_g(R_g+R_1+R_2)=V_2$$

$$R_2=\frac{V_2}{I_g}-R_g-R_1$$

3. 电表的校准

电表扩程后要经过校准方可使用。方法是将改装表与一个标准表进行比较，当两表通过相同的电流（或电压）时，若待校表的读数为 I_X，标准表的读数为 I_0，则该刻度的修正值为 $\Delta I_X=I_0-I_X$。将该量程中的各个刻度都校准一遍，可得到一组 I_X、ΔI_X（或 V_X、ΔV_X）值，将相邻两点用直线连接，整个图形呈折线状，即得到 I_X-ΔI_X（或 V_X-ΔV_X）曲线，称为校准曲线，如图 3.12.5 所示。以后使用这个电表时，就可以根据校准曲线对各读数值进行校准，从而获得较高的准确度了。根据电表改装的量程和测量值的最大绝对误差，可以计算改装表的最大相对误差，即

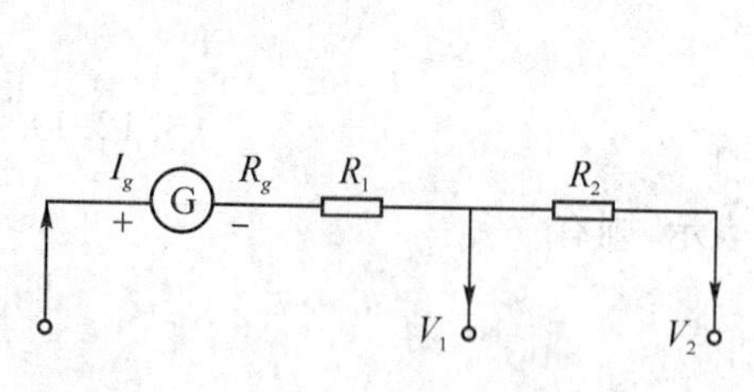

图 3.12.4

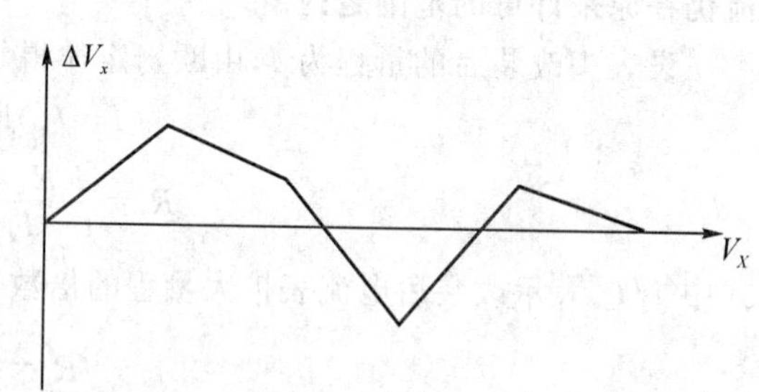

图 3.12.5

$$最大相对误差=\frac{最大绝对误差}{量程}\times 100\%\leqslant a\%$$

其中 $a=\pm0.1$、±0.2、±0.5、±1.0、±1.5、±2.5、±5.0 是电表的等级，所以根据最大相对误差的大小就可以定出电表的等级。

例如：校准某电压表，其量程为 0～30 V，若该表在 12 V 处的误差最大，其值为 0.12 V，试确定该表属于哪一级？

$$最大相对误差=\frac{最大绝对误差}{量程}\times 100\%=\frac{0.12}{30}\times 100\%=0.4\%<0.5\%$$

因为 0.2<0.4<0.5，故该表的等级属于 0.5 级。

四、实验内容

(1) 把 0～3 V～15 V 电压表（当作待改装的电流表）中的 3 V 挡，改装成 0～45 mA 的毫安表，并校准之。

① 原 3 V 挡的内阻约为 1 kΩ，所以这表头的量程为 $I_g=3$ mA 左右。根据已知的 I_g、R_g 代入公式算出 R_s。

② 按图 3.12.6 接线，图中 R_s 用电阻箱代替，电源用 4.5 V，R_1、R_2 分别作为粗调、细调的滑线变阻器。

③ 合上 K，移动粗调滑线变阻器 R_1 使标准毫安表接近满度，再移动细调滑线变阻器 R_2 使之满度。检查被改装的电流表是否恰好满度。若不刚好满度就要略微改变 R_s，使其恰好满度。

④ 移动滑线变阻器 R_1、R_2，使被改装电流表每退 6 小格，记下标准毫安表示数。

⑤ 画校准曲线和定出改装后电表的等级。

(2) 把 0～3 V～15 V 电压表(当作待改装的电流表)中的 3 V 挡，改装成 0～15 V 的电压表，并校准之。

① 根据已知的 R_g 代入公式算出扩程电阻 R_p 的值。

② 按图 3.12.7 接线，图中 R_p 用电阻箱代替，电源用 18 V，注意考虑滑线变阻器应选用图中 R_1 还是 R_2。

③ 合上 K，移动滑线变阻器直到标准伏特表指示 15 V 为止。检查被改装的电流表是否满度，否则要略微改变 R_p 使之恰好满度。

④ 移动滑线变阻器，使被改装电表每退 6 小格，记下标准伏特表示数。

⑤ 画校准曲线和定出改装后电表的等级。

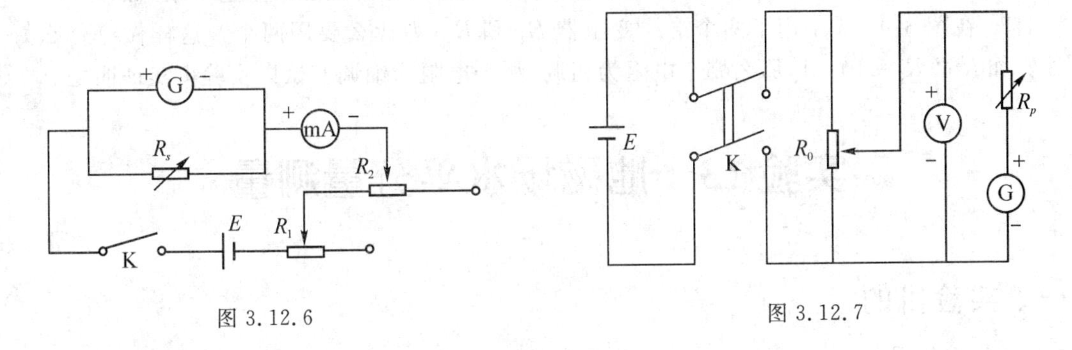

图 3.12.6　　　　图 3.12.7

五、注意事项

(1) 试验中对电表进行校准时注意保护各仪器，避免因电流过大、电压过高而损坏仪器。

(2) 调节时应避免使电表指针超过量程，将滑动变阻器滑至初始位置，调节时应缓慢改变变阻器的阻值。

(3) 调节变阻箱时，应防止从“9”挡突变到“0”挡。

六、数据记录及处理

1. 电流计改为电流表

表 3.12.1

待改装电表量程________，内阻________，扩大倍数________，$R_{s理}$________，$R_{s实}$________。

待改装电表格数	6.0	12.0	18.0	24.0	30.0
待改装电表示数 I_x/mA	9.0	18.0	27.0	36.0	45.0
标准表示数 I_0/mA					
$\Delta I=I_0-I_x$/mA					

(其中 $R_{s理}$ 为计算值，$R_{s实}$ 为改变后的实际值，下面的 $R_{P理}$ 和 $R_{P实}$ 相同)

2. 电流计改为电流表

表 3.12.2

电压表扩大倍数______，$R_{P理}$______，$R_{P实}$______					
改装电表格数	6.0	12.0	18.0	24.0	30.0
待改装电表示数 V_x/V	3.0	6.0	9.0	12.0	15.0
标准表示数 V_0/V					
$\Delta V=V_x-V_0$/V					

七、思考题

1. 假定表头内阻不知道，你能否在改变电压的同时确定表头的内阻？

2. 零点和满度校准好后，之间的各刻度仍然不准，试分析可能产生这一结果的原因。

3. 在图 3.12.6 中用了两个滑线变阻器 R_1 和 R_2，为什么要用两个？这样做有什么好处？如 $R_1 : R_2=10 : 1$，那么哪个电阻为粗调，哪个电阻为细调？试以实验事实证明之。

实验 13　地磁场水平分量测量

一、实验目的

1. 了解正切电流计的原理。

2. 学习测量地磁场水平分量的方法。

3. 学习分析系统误差的方法。

二、实验仪器

亥姆霍兹线圈一个；直流稳压电源一台；电阻箱一个；C31-mA 型毫安表一架；罗盘一个；换向开关；水准器等。

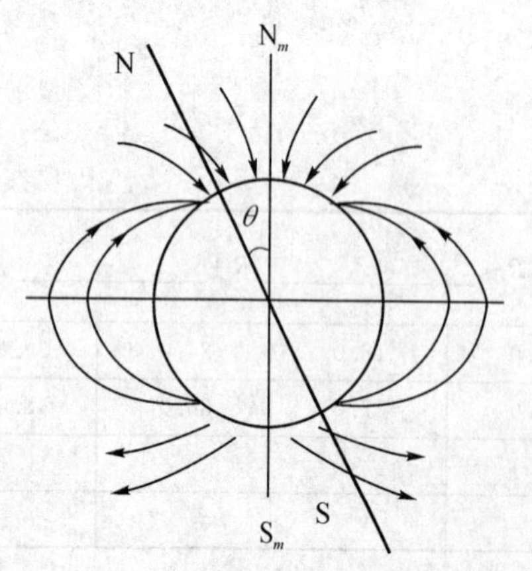

图 3.13.1　地磁两极与地理两极不重合

三、实验原理

因地球带有巨大的磁性而在其周围形成了磁场，人们称之为地磁场。地磁的存在最简单地表现为对磁针所起的定向作用。测量地磁的方法典型有：本实验所介绍的地磁场水平分量测量和利用电子自旋共振法测地磁场的垂直分量。通常以地磁三要素（磁偏角、磁倾角和地磁水平分量）来表征地磁场的方向和大小。地磁场的主要部分是一个磁偶极场。地磁的两极 N_m 和 S_m 接近于地球的地理两极 N 和 S，但它们并不完全重合，如图 3.13.1 所示。地磁轴 N_m、S_m 与地球的旋转轴 N、S 之间的夹

角 θ 约为 11.5°。地磁场的强度和方向是随地点和时间变化的，一般为 10^{-5}T 量级。

图 3.13.2 给出了地磁场 $\boldsymbol{B}$ 在直角坐标系中的取向图，O 点表示测量点，x 轴指向北，即为地理子午线(经线)的方向；y 轴指向东，即为地理纬线方向；xOy 代表地平面，z 轴垂直地平面向下。

图 3.13.2 中地磁场的 $\boldsymbol{B}$、B_x、B_y、B_z、$B_{/\!/}$、α、β 构成了地磁场的七要素。这里把 $\boldsymbol{B}$ 在地平面 xOy 的投影 $B_{/\!/}$ 称为地磁场的水平分量，其所指的方向即子午线的方向(磁针北极所指的方向)；把 $B_{/\!/}$ 与地理南北的夹角 β 称为磁偏角，即磁子午线与地理子午线的夹角；把 $\boldsymbol{B}$ 偏离地平面的角度称为磁倾角。

从图中可以看到，地磁的七要素不是独立的，实际上只存在三个独立要素。只要知道三个独立要素，其他剩余的四个就可计算出来。习惯上把磁偏角 β、磁倾角 α 和地磁的水平分量 $B_{/\!/}$ 定为某一点地磁场的三个独立要素。

利用正切电流计原理可以测量地磁场的水平分量 $B_{/\!/}$。正切电流计示意图如图 3.13.3(a)所示，它由一个双线圈的亥姆霍兹线圈和一架罗盘组成。该亥姆霍兹线圈由一对线圈组成，两个线圈互相平行、绕行方向一致、相互串联，且共轴，两线圈的间距等于线圈半径。

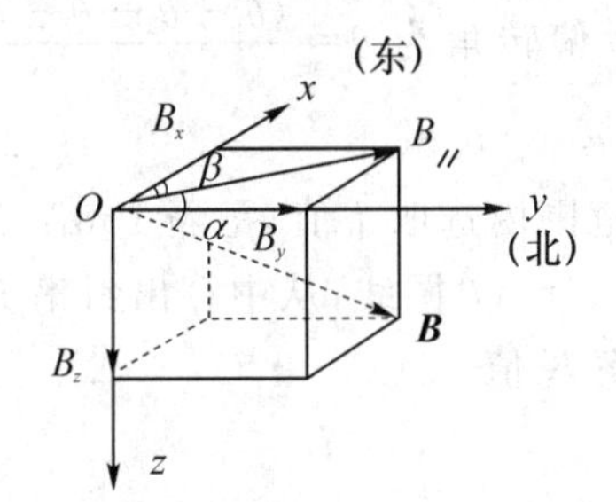

图 3.13.2　地磁场 $\boldsymbol{B}$ 在直角坐标系中的取向图

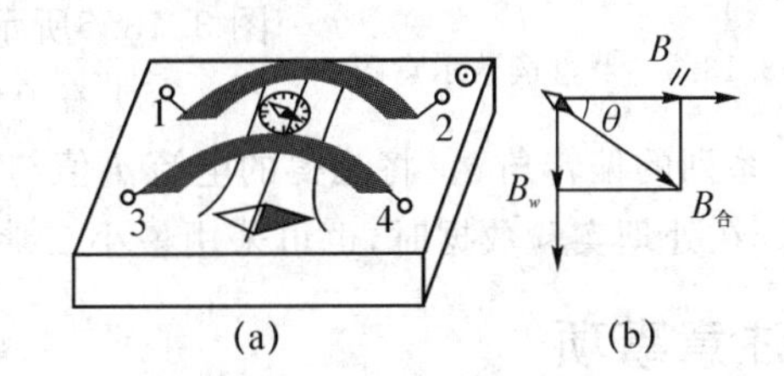

图 3.13.3　正切电流计示意图

这种亥姆霍兹线圈的特点是：在中心点附近较大的范围内的磁场是相当均匀的，故由于空间场的不均匀性引起的误差是很小的。根据理论计算亥姆霍兹线圈公共轴线中点的磁场为

$$B_W=\frac{\mu_0 NI}{\bar{R}}\cdot\frac{8}{5^{3/2}}=0.716\frac{\mu_0 NI}{\bar{R}} \tag{3.13.1}$$

式(3.13.1)中 N 为线圈的匝数，由实验室提供；$\bar{R}$ 为线圈的平均半径，由实验中测量得到；I 为流经线圈的电流强度，μ_0 为真空磁导率。

通电前，把罗盘放在两线圈的公共轴的中点，调节底盘高低使正切电流计处于水平面上，调节底盘方位使罗盘中磁针北极的方向即为 $B_{/\!/}$ 的方向。现在按图 3.13.4 实验电路接通电源，则亥姆霍兹线圈将在公共轴方向产生磁场 B_W，由于 B_W 的附加作用，将使罗盘处的磁场按如图 3.13.3(b)所示改变，磁针将指向 $\boldsymbol{B}_合$ 方向，从罗盘中就可读出 $\boldsymbol{B}_合$ 与 $B_{/\!/}$ 的夹角 θ，由于 $\tan\theta=B_W/B_{/\!/}$，所以

$$B_{/\!/}=B_W/\tan\theta \tag{3.13.2}$$

把式(3.13.1)代入上式，即得

$$B_{/\!/}=0.716\frac{\mu_0 NI}{\bar{R}\cdot\tan\theta} \tag{3.13.3}$$

也可把上式改写为：

$$I=K\cdot\tan\theta \tag{3.13.4}$$

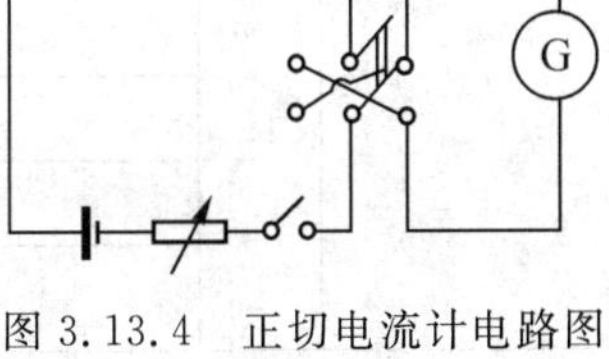

图 3.13.4　正切电流计电路图

其中 $K=\dfrac{\overline{R}\cdot B_{/\!/}}{0.716\mu_0 N}$。由于对同一测量地点和固定的正切电流计，$B_{/\!/}$、$\overline{R}$ 和 N 均为不变值，所以 K 为常量。由于 I 与 $\mathrm{tg}\,\theta$ 成正比，故称之为正切电流计。根据式(3.13.3)和式(3.13.4)，只要测出 θ 和 I，就能测出地磁的水平分量 $B_{/\!/}$ 值。

四、实验内容

(1) 按图 3.13.4 实验电路图连接线路，注意亥姆霍兹的两个线圈必须串联。

(2) 将罗盘置于亥姆霍兹线圈轴线中心，构成一台正切电流计。调节正切电流计的底座使之水平(让水准器的气泡调至正中间位置)。

(3) 旋转正切电流计使罗盘磁针与线圈平面平行，即让磁针的 N 极指向罗盘的“零”刻度线。

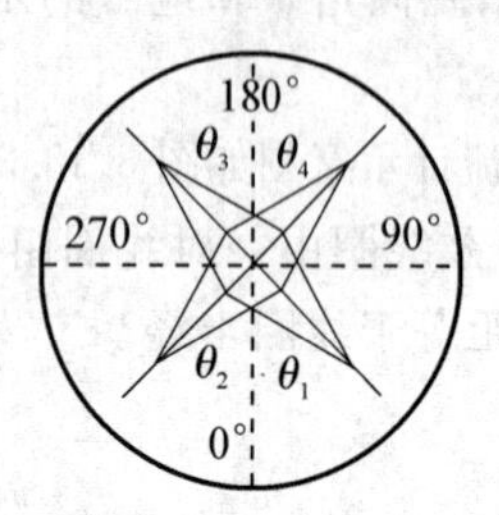

图 3.13.5　罗盘读数示意图

(4) 选择合适的电源电压及电阻箱的阻值，接通电源，这时线圈产生的磁场将使磁针旋转，从罗盘上可读出旋转角 θ_1。为了消除罗盘磁针偏心误差，应通过换向开关使亥姆霍兹线圈的磁场反向，读出相应的旋转角 θ_2。同时又可以读出 θ_3 和 θ_4。最后偏转角为 $\theta=\dfrac{(\theta_1+\theta_2+\theta_3+\theta_4)}{4}$，如图 3.13.5所示。

(5) 在 0～8 mA 范围内选取 I 值，每隔 1 mA，测得相应的一系列的偏转角 θ。将测得的电流 I 值与 θ 值作 $I-\tan\theta$ 图线，从中算出斜率 K 值及 $B_{/\!/}$ 值。在处理实验数据时，也可采用最小二乘法求斜率 K 值。

五、注意事项

实验时将易产生磁场的仪器设备(如安培表、通电的线圈等)尽可能远离正切电流计，以免产生较大的误差。

六、数据记录及处理

表 3.13.1

I=50 mA　　线圈半径：R=105 mm

线圈匝数		10	20	30	50	100
罗盘偏转角	正					
	反					

续表

线圈匝数	10	20	30	50	100
线圈磁场					
大地磁场					

表 3.13.2

$N=30$ 匝

电流/mA		20	40	60	80	100
罗盘偏转角	正					
	反					
平均角度						
$\tan\theta$						

七、思考题

1. 地球磁场有哪些地磁要素？这些因素之间有何关系？
2. 如何利用正切电流计测量地磁的水平分量 $B_{/\!/}$？
3. 如何正确地调节正切电流计？为什么？
4. 为什么要通过换向开关改变电流的方向？
5. 试分析实验的误差。估计误差的大小，说明减小和消除误差大小的方法。
6. 试评价利用正切电流计测量地磁水平分量的优缺点。
7. 试设计一个利用冲击电流计测量地磁场的水平分量和垂直分量的实验。

实验 14　普朗克常量的测定

一、实验目的

1. 通过实验深刻理解爱因斯坦的光电效应理论，了解光电效应的基本规律。
2. 掌握用光电管进行光电效应研究的方法。
3. 测量光电管的伏安特性曲线，验证饱和光电流和入射光通量成正比。
4. 测定普朗克常量。

二、实验仪器

本实验采用 LB-PH3A 型光电效应(普朗克常量)实验仪。实验仪由汞灯及电源、滤色片、光阑、光电管、测试仪(含光电管和微电流放大器)构成,实验仪结构如图 3.14.1 所示,测试仪的调节面板如图 3.14.2 所示。

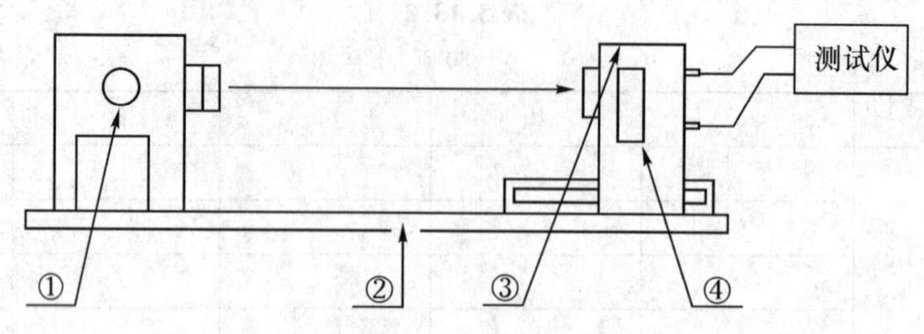

图 3.14.1 PE-Ⅱ型光电效应(普朗克常量)实验仪结构图

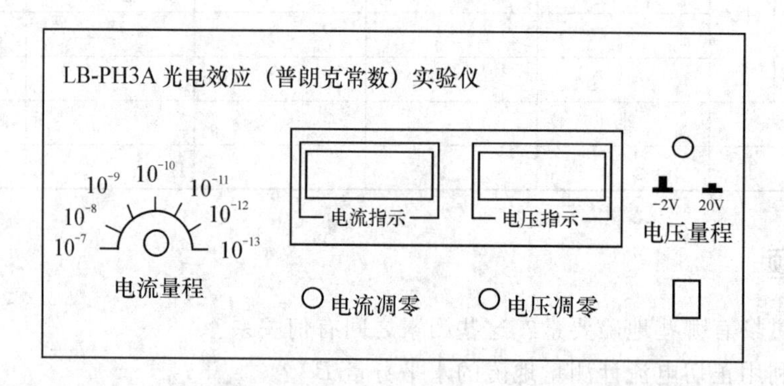

图 3.14.2 LB-PH3A 型光电效应(普朗克常量)实验仪结构图面板

三、实验原理

根据近代物理的知识,光电效应的基本规律、真空式光电管的伏安特性和光照特性。图 3.14.3 是研究光电效应实验规律和测量普朗克常量 h 的实验原理图。图中 A、K 组成抽成真空的光电管,A 为阳极,K 为阴极。当一定频率 ν 的光射到金属材料做成的阴极 K 上,就有光电子逸出金属。若在 A、K 两端加上电压 U_{AK} 后,光电子将由 K 定向地运动到 A,在回路中形成光电流 I。

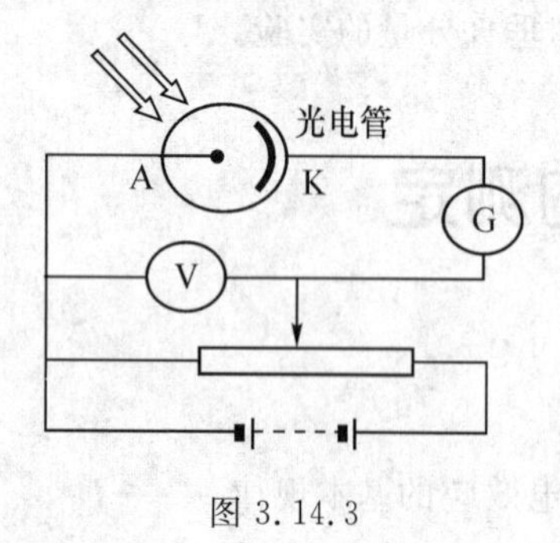

图 3.14.3

1905 年爱因斯坦提出了光量子理论,按照光量子理论和能量守恒定律,他得出了著名的光电效应方程:

$$\frac{1}{2}mv^2=h\nu-W \tag{3.14.1}$$

即金属中的自由电子,从入射光中吸收一个光子的能量 $h\nu$,克服了电子从金属表面逸出时所需的逸出功 W 后,逸出金属表面,具有初动能 $\frac{1}{2}mv^2$。由式(3.14.1)可知,要能够产生光电效应，需$\frac{1}{2}mv^2>0$，即$h\nu-W>0$，$\nu>\frac{W}{h}$，而$\frac{W}{h}$就是截止频率ν_0。

由$eU_0=\frac{1}{2}mv^2=h\nu-W$，可得

$$U_0=\frac{h}{e}\nu-\frac{W}{e}=\frac{h}{e}\nu-\frac{h}{e}\nu_0 \tag{3.14.2}$$

即：以不同频率ν的光照射同一只光电管的阴极时，所测得的U_0-ν关系为线性关系，如图3.14.4所示。实验时，测出不同频率ν的光入射时的遏止电压U_0，作U_0-ν曲线，可得一直线。从直线斜率$\frac{h}{e}$中可求出普朗克常量h；从直线与横坐标轴的交点可求出阴极金属的截止频率ν_0；从直线与纵坐标轴的交点$\left(-\frac{W}{e}\right)$，可求出阴极金属的逸出电势功$W$。

四、实验内容

1. 准备工作

将测试仪及汞灯电源接通，预热20 min。把汞灯及光电管暗箱遮光盖盖上，将汞灯暗箱的光输出口对准光电管暗箱的光输入口，调整汞灯光电管于汞灯距离约30 cm处并保持不变。用专用连接线将光电管暗箱电压输入端与测试仪电压输出端(后面板上)连接起来(红—红，黑—黑)。

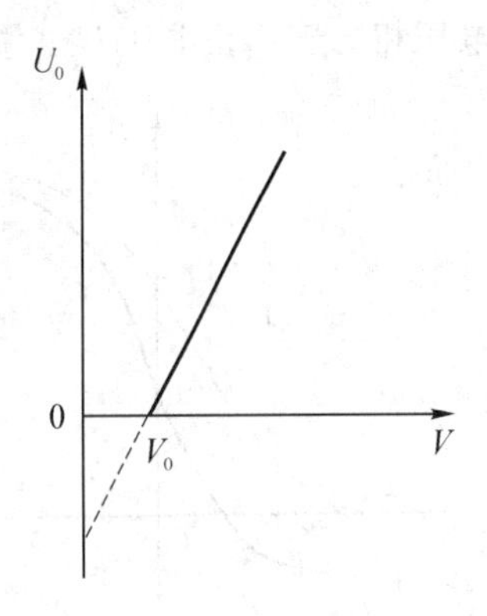

图3.14.4　U_0-ν关系曲线

仪器在充分预热后，进行测试前调零：先将测试仪与光电管断开，在无光电流输入的情况下，将“电流量程”选择开关置于10^{-13}挡，旋转“电流调零”旋钮使电流指示为“0000”。

用高频匹配电缆将光电管暗箱电流输出端K与测试仪微电流输入端(后面板上)连接起来。

2. 测量光电管的伏安特性曲线

光电管暗箱的光输入口装435.8 nm滤光片和2 mm光阑，先将电压选择按键置于−2 V挡，将“电流量程”选择开关置于10^{-13}挡，缓慢调节电压旋钮，令电压输出值缓慢由−2 V增加到0 V，在−2 V到0 V之间每隔0.2 V记一个电流值，再将电压选择按键置于+20 V挡，将“电流量程”选择开关置于10^{-11}挡，在0 V到20 V之间每隔2 V记一个电流值。将对应的电压、电流值记录在表3.14.1中。利用表3.14.1中的数据在坐标纸上作伏安特性曲线。

3. 验证饱和电流与入射光通量成正比

确定汞灯与光电管之间的距离L(记录其数值)，将电压选择按键置于+20 V挡，将“电流量程”选择开关置于10^{-11}挡，在光电管两端的电压U_{AK}为20 V时(这时认为光电管中的电流已达到最大值，即为饱和电流I_m)，依次换上365.0 nm、404.7 nm、435.8 nm、546.1 nm、578.0 nm的滤色片，改变光阑孔径φ(分别为：2 mm，4 mm，8 mm)，记录对应的饱和光电流I_m于表3.14.2中。

由于照到光电管上的光强与光阑面积成正比，用表3.14.2的数据验证光电管的饱和电流与入射光通量成正比。

4. 普朗克常量的测定

测出不同频率 ν 的光入射时的遏止电压 U_0，作出 U_0-ν 关系曲线，从直线斜率 $k=\frac{h}{e}$ 求出普朗克常量 h。

理论上，测出在不同频率的光照射下阴极电流为零时对应的 U_{AK}，其绝对值即为该频率的遏止电压，然而实际上由于光电管的阳极反向电流、暗电流、本底电流及极间接触电位差的影响，实测电流并非阴极电流，实测电流为零时对应的 U_{AK} 也并非遏止电压。当分别用不同频率的入射光照射光电管时，实际测得光电效应的伏安特性曲线如图 3.14.5 所示。实测光电流曲线上的每一个点的电流为正向光电流、反向光电流、本底电流和暗电流的代数和，致使光电流的遏止电压点也从 U_0 下移到 U_0' 点。它不是光电流为零的点，而是光电效应的伏安特性曲线中直线部分抬头和曲线部分相接处的点，称为“抬头点”。“抬头点”所对应的电压相当于遏止电压 U_0。据此，确定遏止电压可采取以下三种方法：

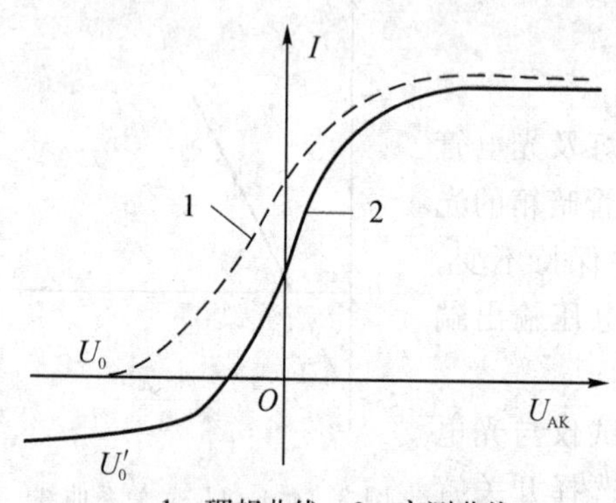

1—理想曲线；2—实测曲线

图 3.14.5 光电效应的伏安特性曲线

(1) 拐点法：以“抬头点”所对应的电压为遏止电压 U_0；

(2) 交点法（零电流法）：以实测曲线与 U 轴交点（光电流为零）对应的电压 U_{AK} 为遏止电压 U_0；

(3) 补偿法：此法可以补偿暗电流和杂散光产生的电流对测量结果的影响。

本实验仪器采用了新型结构的光电管，光电管的阳极反向电流、暗电流、本底电流水平很低，因此本实验采用交点法（零电流法）或补偿法。

交点法（零电流法）测量步骤：将电压选择按键置于 -2 V 挡，将“电流量程”选择开关置于 10^{-13} 挡，将测试仪电流输入电缆断开，调零后重新接上；调到直径 4 mm 的光阑及 365.0 nm 的滤色片。从低到高调节电压，测量光电流为零时该波长的光所对应的 U_0，并将数据取绝对值记录在表 3.14.3 中。依次换上 404.7 nm、435.8 nm、546.1 nm、578.0 nm 的滤色片，重复以上测量步骤。

补偿法测量步骤：将电压选择按键置于 -2 V 挡，将“电流量程”选择开关置于 10^{-13} 挡，将测试仪电流输入电缆断开，调零后重新接上；调到直径 4 mm 的光阑及 365.0 nm 的滤色片。从低到高调节电压 U_{AK} 使电流为零后，保持 U_{AK} 不变，遮挡汞灯光源，此时测得的电流 I_1 为电压接近遏止电压时的暗电流和杂散光产生的电流。重新让汞灯照射光电管，调节电压 U_{AK} 使电流至 I_1，将此时对应的电压 U_{AK} 作为遏止电压 U_0，并将数据取绝对值记录在表 3.14.3 中。依次换上 404.7 nm、435.8 nm、546.1 nm、578.0 nm 的滤色片，重复以上测量步骤。

作出 U_0-ν 直线，求出直线的斜率 k，利用 $k=\frac{h}{e}$，求出普朗克常量 h 及与 h 的公认值 h_0 比较，求出相对误差 $E_r=\frac{|h-h_0|}{h_0}$。

（公认值：$e=1.602\times10^{-19}$ C，$h_0=6.626\times10^{-34}$ J·s）

五、注意事项

(1) 实验前请先将汞灯打开,预热 20 min。

(2) 将光电效应测试仪打开,断开"光电流输入"与"光电流输出"两端口,调节"电流调零"旋钮,使"电流指示"表显示为"0000"后,再连接所有连线。

(3) 电流量程倍率请置于 10^{-13} 挡。

(4) 在进行测量时,各表头数值请在完全稳定后记录,如此可减小人为读数误差。

(5) 光电管应保持清洁,避免用手摸,而且应放置在遮光罩内,不用时禁止用光照射。

(6) 在光电管不使用的时候,要断掉施加在光电管阳极与阴极间的电压,保护光电管,防止意外的光线照射。

六、数据记录及处理

表 3.14.1 测量光电管的伏安特性曲线

滤光片 λ=435.8 nm,光阑 φ=2 mm

U/V	−2	−1.8	−1.6	−1.4	−1.2	−1.0	−0.8
$I/(\times 10^{-11}$ A)							
U/V	−0.6	−0.4	−0.2	0	2	4	8
$I/(\times 10^{-11}$ A)							
U/V	10	12	14	16	18	20	
$I/(\times 10^{-11}$ A)							

表 3.14.2 验证饱和光电流与入射光通量成正比

U_{AK}=20 V

光阑孔径 / 饱和光电流	φ=2 mm	φ=4 mm	φ=8 mm
$I_{m(365.0)}/(\times 10^{-11}$ A)			
$I_{m(404.7)}/(\times 10^{-11}$ A)			
$I_{m(435.8)}/(\times 10^{-11}$ A)			
$I_{m(546.1)}/(\times 10^{-11}$ A)			
$I_{m(578.0)}/(\times 10^{-11}$ A)			

表 3.14.3 普朗克常量的测定

光阑孔径 φ=4 mm

波长/nm	365.0	404.7	435.8	546.1	578.0
频率/(10^{14} Hz)	8.214	7.408	6.879	5.490	5.196
遏止电压 U_0/V					

七、思考题

1. 写出爱因斯坦方程,并说明它的物理意义。

2. 实测的光电管的伏安特性曲线与理想曲线有何不同？“抬头点”的确切含义是什么？

3. 当加在光电管两极间的电压为零时，光电流却不为零，这是为什么？

4. 实验结果的准确度和误差主要取决于哪几个方面？

实验 15　温差电偶定标实验

一、实验目的

1. 加深对温差电现象的理解。
2. 了解热电偶测温的基本原理和方法。
3. 了解热电偶定标基本方法。

二、实验仪器

铜—康铜热电偶；YJ-RZ-4A 数字智能化热学综合实验仪；保温杯；数字万用表等。

三、实验原理

1. 温差电效应

在物理测量中，经常将非电学量如温度、时间、长度等转换为电学量进行测量，这种方法叫作非电量的电测法。其优点是不仅使测量方便、迅速，而且可提高测量精密度。温差电偶是利用温差电效应制作的测温元件，在温度测量与控制中有广泛的应用。本实验是研究一给定温差电偶的温差电动势与温度的关系。

如果用 A、B 两种不同的金属构成一闭合电路，并使两接点处于不同温度，如图 3.15.1 所示，则电路中将产生温差电动势，并且有温差电流流过，这种现象称为温差电效应。

2. 热电偶

两种不同金属串接在一起，其两端可以和仪器相连进行测温（见图 3.15.2）的元件称为温差电偶，也叫热电偶。温差电偶的温差电动势与二接头温度之间的关系比较复杂，但是在较小温差范围内可以近似认为温差电动势 E_t 与温度差 $(t-t_0)$ 成正比，即

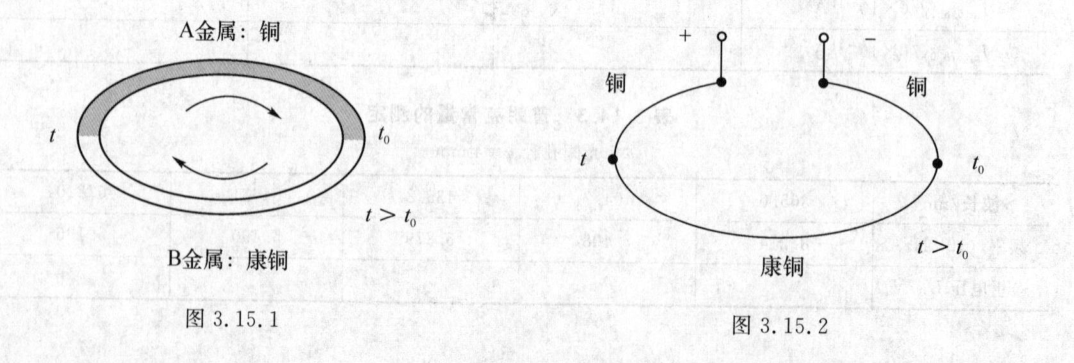

图 3.15.1　　　　图 3.15.2

$$E_t = c(t - t_0) \tag{3.15.1}$$

式中 t 为热端的温度，t_0 为冷端的温度，c 称为温差系数（或称温差电偶常量）单位为 μV/℃，

它表示二接点的温度相差 1 ℃时所产生的电动势，其大小取决于组成温差电偶材料的性质，即

$$c=\left(\frac{k}{e}\right)\ln\left(\frac{n_{0A}}{n_{0B}}\right) \tag{3.15.2}$$

式中 k 为玻耳兹曼常量，e 为电子电量，n_{0A} 和 n_{0B} 为两种金属单位体积内的自由电子数目。

如图 3.15.3 所示，温差电偶与测量仪器有以下两种连接方式：

(a) 金属 B 的两端分别和金属 A 焊接，测量仪器 M 插入 A 线中间(或者插入 B 线之间)；

(b) A、B 的一端焊接，另一端和测量仪器连接。

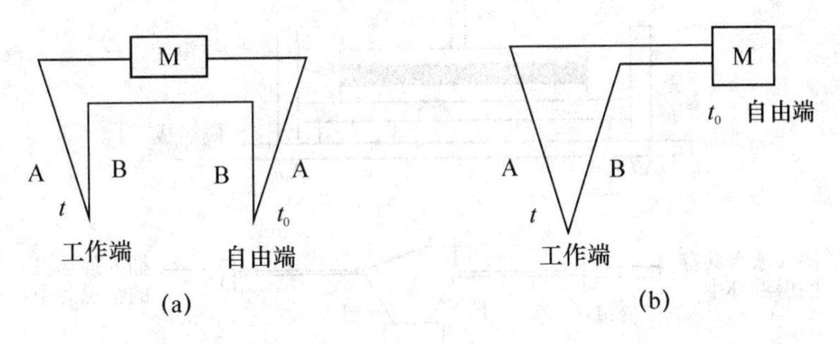

图 3.15.3

在使用温差电偶时，总要将温差电偶接入电势差计或数字电压表，这样除了构成温差电偶的两种金属外，必将有第三种金属接入温差电偶电路中，理论上可以证明，在 A、B 两种金属之间插入任何一种金属 C，只要维持它和 A、B 的连接点在同一个温度，这个闭合电路中的温差电动势总是和只由 A、B 两种金属组成的温差电偶中的温差电动势一样。

温差电偶的测温范围可以从 4.2 K(−268.95 ℃)的深低温直至 2 800 ℃的高温。必须注意，不同的温差电偶所能测量的温度范围各不相同。

3. 热电偶的定标

热电偶定标的方法有两种。

(1) 比较法：即用被校热电偶与一标准组分的热电偶去测同一温度，测得一组数据，其中被校热电偶测得的热电势即由标准热电偶所测的热电势所校准，在被校热电偶的使用范围内改变不同的温度，进行逐点校准，就可得到被校热电偶的一条校准曲线。

(2) 固定点法：这是利用几种合适的纯物质在一定气压下(一般是标准大气压)，将这些纯物质的沸点或熔点温度作为已知温度，测出热电偶在这些温度下对应的电动势，从而得到电动势—温度关系曲线，这就是所求的校准曲线。

本实验采用固定点法且连接方法参照图 3.15.3 中的(a)对热电偶进行定标。

实验中的铜-康铜热电偶分为“热电偶热端”和“热点偶冷端”两部分，它们都是由受热管和两股材料分别为铜和康铜的导线组成，如图 3.15.4 所示，其中，铜导线外部是红色绝缘层，康铜导线外部是黑色绝缘层，且两股导线在受热管中焊接在一起，但和外部的受热管绝缘，受热管的作用只是让其内部的两导线焊接端良好受热。

连接热电偶时，将“热电偶热端”和“热电偶冷端”的“红”接“红”，“黑”接“黑”，以保证形成热电偶。为了测出电压，可将数字万用表接在它们的“红”与“红”之间，或“黑”与“黑”之间，把冷端浸入冰水共存的保温杯中，热端插入加热盘的恒温腔中，如图 3.15.5 所示，是其

中一种连接方法。

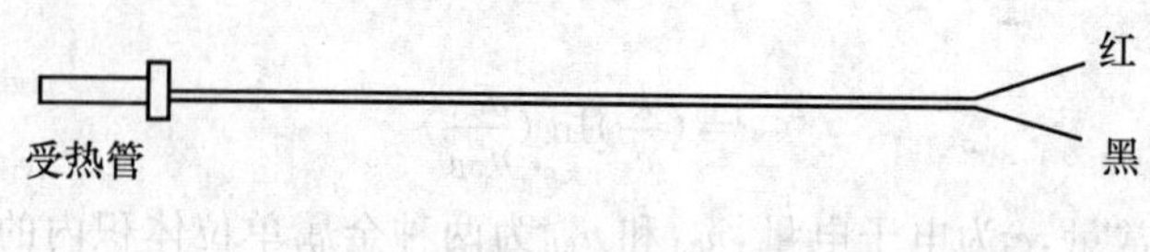

图 3.15.4

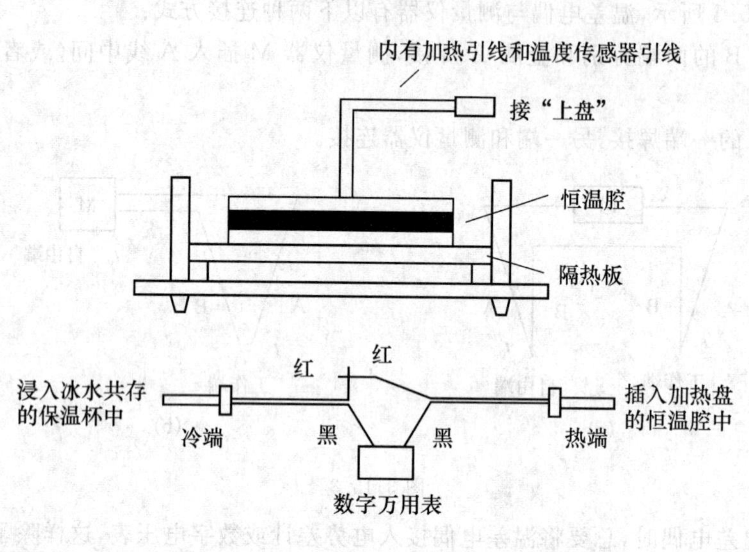

图 3.15.5

定标时，加热盘可恒温在 50～120 ℃之间。用数字万用表测定出对应点的温差电动势。以电动势 E 为纵轴，以热端温度 t 为横轴，标出以上各点，连成直线。如图 3.15.6 所示，即为热电偶的定标曲线。有了定标曲线，就可以利用该热电偶测温度了。这时，仍将冷端保持在原来的温度($t_0=0$ ℃)，将热端插入待测物中，测出此时的温差电动势，再由 E-t 图线，查出待测温度。

四、实验内容与步骤

1. 测温差电动势

连接好实验装置，将“热电偶热端”置于恒温腔中，将“热电偶冷端”置于保温杯的冰水混合物中，将“温度选择”开关置于“设定温度”，调节“设定温度初选”和“设定温度细选”，选择加热盘所需的温度(如 50 ℃)，按下“加热开关”开始加热，待加热盘温度稳定时，温度可能达不到设定值，可适当调节“设定温度细选”使其温度达到所需的温度(如 50.0 ℃)，这时给其设定的温度要高于所需的温度，读出数字万用表中此时的温差电动势。

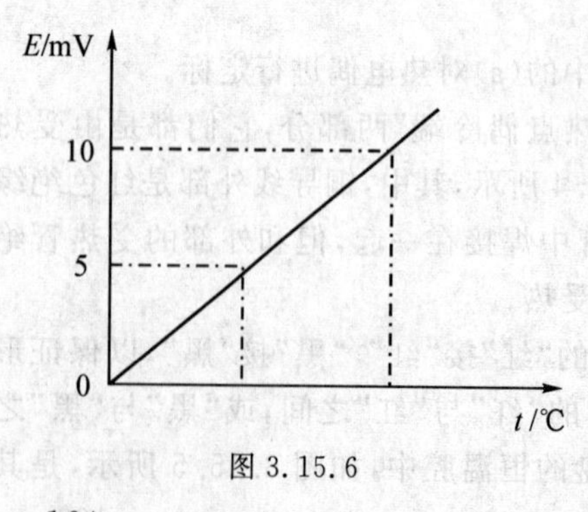

图 3.15.6

2. 热电偶定标

如步骤 1，调节加热盘的温度，使其每次递增10 ℃(如依次达到 60 ℃、70 ℃、80 ℃、90 ℃、100 ℃)，热电偶冷端不变，测量不同温度下的温差电动势，作出热电偶的 E-t 定标曲线。

3. 利用热电偶测温验证 *E-t* 定标曲线

使恒温腔的温度达到某一值(如 75 ℃),将冷端置于保温杯中,热端插入恒温腔中,测出此时的温差电动势,由 *E-t* 定标曲线查出对应的温度值,与恒温腔的实际温度值进行比较,分析误差。

五、注意事项

(1) 加热罐通电升温时,为使整个装置升温均匀,应不断上下搅拌加热罐中的搅拌器。

(2) 为减小测量误差,数字电压表应尽可能调到灵敏度最高的挡位。

(3) 为便于作图,每次温差的测量点宜取在 5 ℃或 10 ℃的整数倍位置。

六、数据记录及处理

(1) 测量出对应温度的温差电动势。

表 3.15.1

t/℃	E/mV	t/℃	E/mV
$t_0=$	$E_0=$	$t_3=t_0+30=$	$E_3=$
$t_1=t_0+10=$	$E_1=$	$t_4=t_0+30=$	$E_4=$
$t_2=t_0+20=$	$E_2=$	$t_5=t_0+50=$	$E_5=$

(2) 作出热电偶的 *E-t* 定标曲线。

(3) 验证 *E-t* 定标曲线。

恒温腔的实际温度/℃	
测出的温差电动势/mV	
由曲线查出的对应温度/℃	

七、思考题

1. 实验中的误差是如何产生的?

2. 如果实验过程中,热电偶的冷端不在冰水混合物中,而是暴露在空气中(室温下),对实验结果有何影响?

3. 大气压对实验有什么影响?

实验 16　物质旋光性的研究与测量

一、实验目的

1. 观察光的偏振现象和偏振光通过旋光物质后的旋光现象。

2. 了解旋光仪的结构原理,学习测定旋光性溶液的旋光率和浓度的方法。

3. 进一步熟悉用图解法处理数据。

二、实验仪器

旋光仪一台;量糖计一只;已知浓度的糖溶液;待测浓度的糖溶液;旋光仪的光学系统如图 3.16.1 所示。

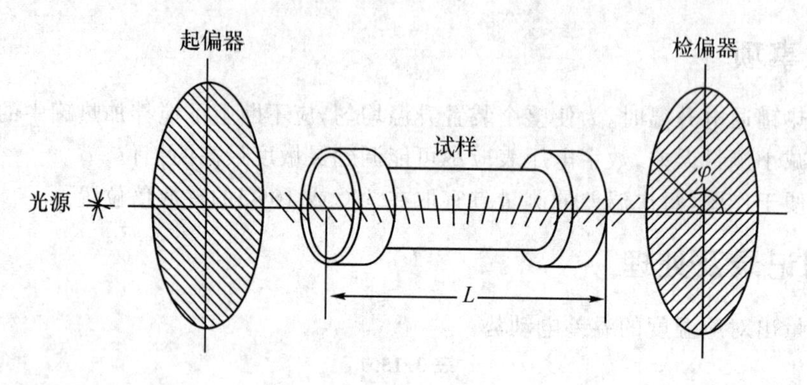

图 3.16.1

三、实验原理

1. 偏振光的基本概念

根据麦克斯韦的电磁场理论,光是一种电磁波。光的传播就是电场强度 E 和磁场强度 H 以横波的形式传播的过程。而 E 与 H 互相垂直,也都垂直于光的传播方向,因此光波是一种横波。由于引起视觉和光化学反应的是 E,所以 E 矢量又称为光矢量,把 E 的振动称为光振动,E 与光波传播方向之间组成的平面叫振动面。光在传播过程中,光振动始终在某一确定方向的光称为线偏振光,简称偏振光,见图 3.16.2(a)。普通光源发射的光是由大量原子或分子辐射而产生,单个原子或分子辐射的光是偏振的,但由于热运动和辐射的随机性,大量原子或分子所发射的光的光矢量出现在各个方向的概率是相同的,没有哪个方向的光振动占优势,这种光源发射的光不显现偏振的性质,称为自然光,见图 3.16.2(b)。还有一种光线,光矢量在某个特定方向上出现的概率比较大,也就是光振动在某一方向上较强,这样的光称为部分偏振光,见图 3.16.2(c)。

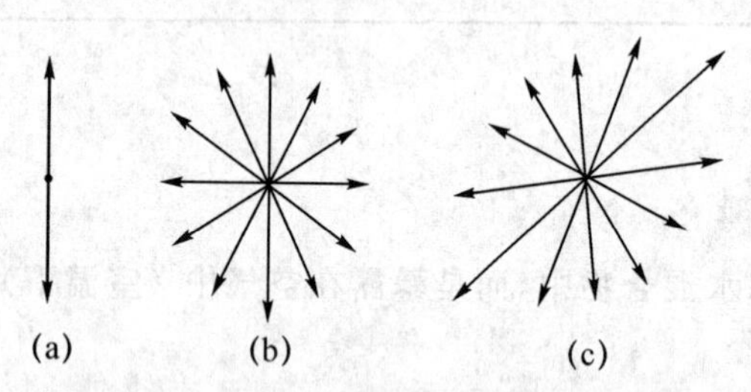

图 3.16.2 光线从纸面内垂直射出时,偏振光、自然光和部分偏振光光振动分布的图示

2. 旋光现象

偏振光通过某些晶体或某些物质的溶液以后,偏振光的振动面将旋转一定的角度,这种现象称为旋光现象。如图 3.16.3 所示,这个角 α 称为旋光角。它与偏振光通过溶液的长度 L 和溶液中旋光性物质的浓度 C 成正比,即

$$\alpha=\alpha_m LC \tag{3.16.1}$$

式中 α_m 称为该物质的旋光率。如果 L 的单位用 dm,浓度 C 定义为在 1 cm^3 溶液内溶质的克数,单位用 g/cm^3,那么旋光率 α_m 的单位为$(^\circ)cm^3/(dm\cdot g)$。

实验表明,同一旋光物质对不同波长的光有不同的旋光率。因此,通常采用钠黄光

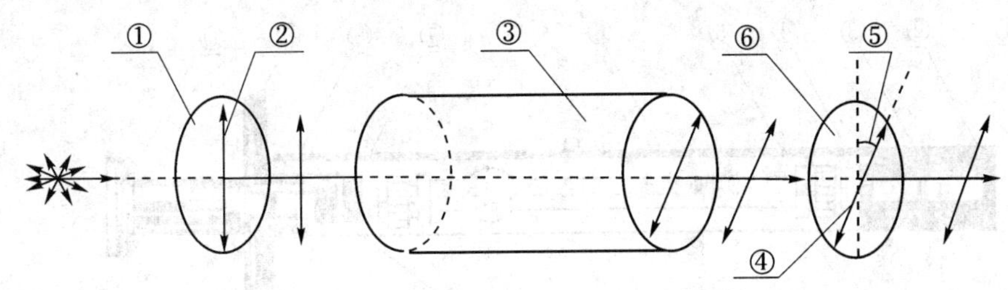

①—起偏器；②—起偏器偏振化方向；③—旋光物质；④—检偏器偏振化方向；⑤—旋光角；⑥—检偏器

图 3.16.3

(589.3 nm)来测定旋光率。旋光率还与旋光物质的温度有关。如对于蔗糖水溶液，在室温条件下温度每升高(或降低)1 ℃，其旋光率约减小(或增加)0.024° $cm^3/(dm \cdot g)$。因此对于所测的旋光率，必须说明测量时的温度。旋光率还有正负，这是因为迎着射来的光线看去，如果旋光现象使振动面向右(顺时针方向)旋转，这种溶液称为右旋溶液，如葡萄糖、麦芽糖、蔗糖的水溶液，它们的旋光率用正值表示。反之，如果振动面向左(逆时针方向)旋转，这种溶液称为左旋溶液，如转化糖、果糖的水溶液，它们的旋光率用负值表示。严格来讲旋光率还与溶液浓度有关，在要求不高的情况下，此项影响可以忽略。

若已知待测旋光性溶液的浓度 C 和液柱的长度 L，测出旋光角 α，就可以由(3.16.2)式算出旋光率 α_m。也可以在液柱长 L 不变的条件下，依次改变浓度 C，测出相应的旋光角，然后画出 α 与 C 的关系图线(称为旋光曲线)，它基本是条直线，直线的斜率为 $\alpha_m \cdot L$，由直线的斜率也可求出旋光率 α_m。反之，在已知某种溶液的旋光曲线时，只要测量出溶液的旋光角，就可以从旋光曲线上查出对应的浓度。

3. 仪器原理

当偏振光通过某些透明物质时，光矢量 E 的振动面会绕着光前进的方向旋转，这种现象称为“物质的旋光性”。具有旋光性的物质叫作旋光物质(如某些果汁、糖溶液、石油及一些有机化合物的溶液)。当观察者迎着光线看时，振动面沿着顺时针方向旋转的物质称为“右旋”(或正旋)物质；振动面沿着反时针方向旋转的物质称为“左旋”(或负旋)物质。

实验的仪器原理，见图 3.16.4。光线从光源①投射到聚光镜②、滤色片③、起偏镜④后变成平面直线偏振光，再经半玻片⑤分解成寻常光与非常光后，视场中出现了三分视界，旋光物质盛入试管⑥放入镜筒测定，由于溶液具有旋光性，故把平面偏振光旋转了一个角度，通过检偏镜⑦起分析作用，从目镜⑨中观察，就能看到中间亮(或暗)，左右暗(或亮)的照度不等，三分视场，见图 3.16.5(a)或(b)，转动度盘手轮⑫带动度盘⑪，检偏镜 7 觅得视场照度(暗视场)相一致，见图 3.16.5(c)时为止，然后从放大镜中读出度盘旋转的角度，见图 3.16.6。

旋光仪的外形如图 3.16.4 所示，为便于操作，将光系统倾斜 20°安装在基座上，如图 3.16.6。

4. 仪器描述

(1) 反光镜使自然光向仪器内集中照射，毛玻璃使亮度均匀，透镜使照射光变为平行光，滤波片使平行光变为单色平行光，通过起偏片的光就变成单色偏振光。

(2) 石英片制成的光栏(也叫半玻片)，有两分视场和三分视场两种，如图 3.16.5 所示。

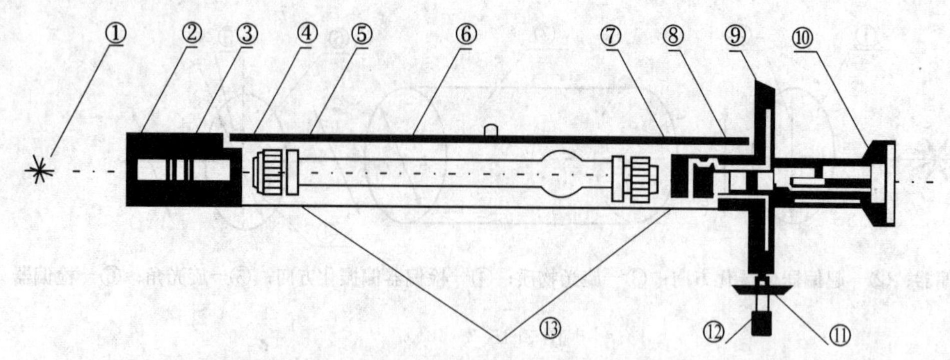

①—光源；②—聚光镜；③—滤色镜；④—起偏片；⑤—石英光栏(半玻片)；⑥—试管溶液；⑦—检偏片；⑧—物镜；⑨—目镜；⑩—放大镜；⑪—分度盘；⑫—度盘转动手轮；⑬—保护片

图 3.16.4

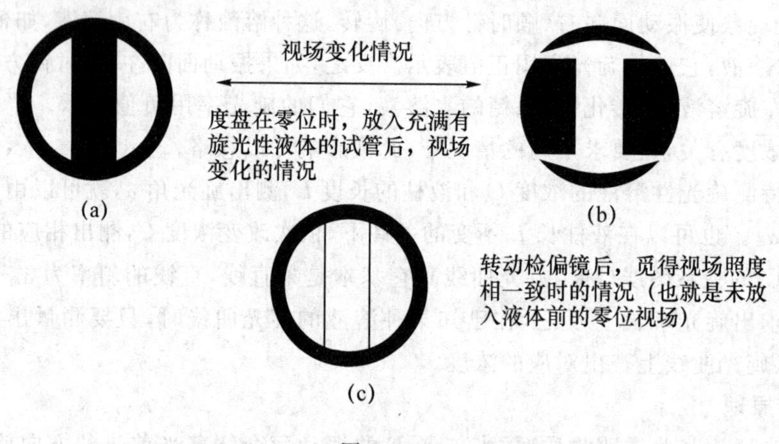

图 3.16.5

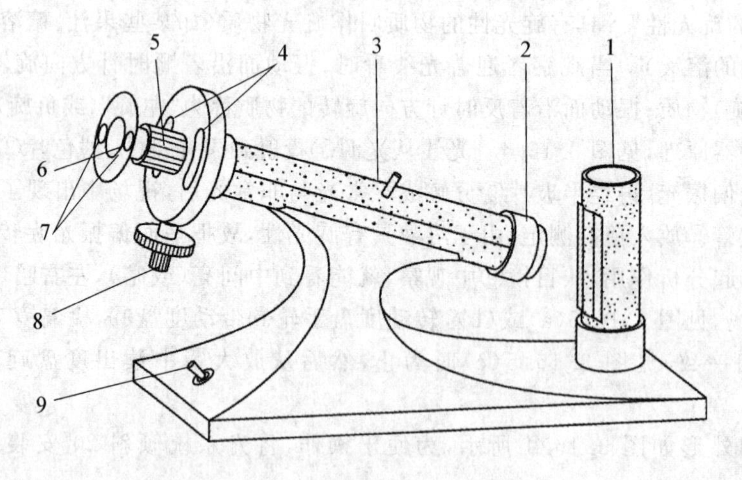

图 3.16.6

(3) 石英本身也是旋光物质，当偏振光束经过石英光栏前，光束中两部分光矢量振动面方向是一致的；即两部分的光矢量 E_1 与 E_2 平行；经过石英光栏后，光束中经过石英片的那部分光线的光矢量 E_2 的振动面旋转了一个角度，但光束中经过空气的那部分光线的光矢

量 E_1 的振动面不旋转，即 E_1 的方向保持不变，如图 3.16.7 所示。

(4) 光束经过石英光栏后，光束中两部分光线的光矢量 E_1 与 E_2 已不再同方向，所以它们的振动面已不再同方向，但是当光束进入旋光性溶液后，在同一种旋光性溶液中，E_1 和 E_2 的振动面都要发生旋转，同时转过了相同的旋光角 α。

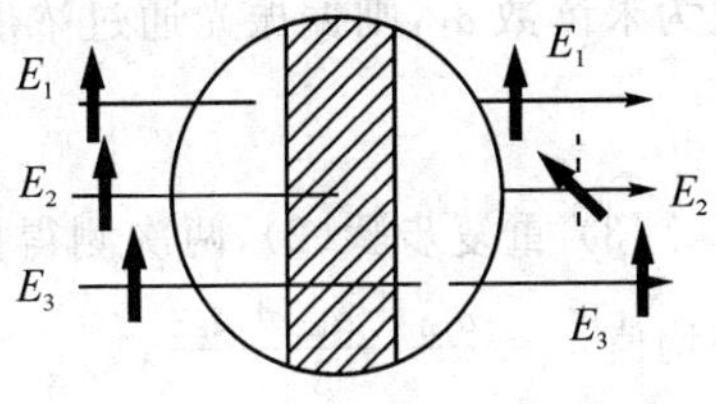

图 3.16.7

α 的大小，通过检偏片转动的刻度数测得，检偏片及刻度盘和望远镜牢固连接，同时转动。目镜可伸缩调焦，使像清晰。

四、实验内容

1. 调试仪器

(1) 旋光仪接于 220 V 交流电源，启开电源开关，3～5 min 后，光源发光正常，可开始工作。

(2) 调焦，使视场中能清楚地看到三分视场(或两分视场)。因为旋光仪中放入溶液之前，经过石英光栏后的偏振光束中已包含两种不同方向的光矢量 E_1 和 E_2，它们在检偏片(偏转化方向)AA′上的投影不相等(照度不同)，所以视场中呈现明暗不等的三分视场(或两分视场)。只要把检偏片(偏振化方向)由 AA′转到 E_1 与 E_2 夹角的平分角线方向 CC′位置，这时 E_1 及 E_2 在检偏片上的投影就相等，望远镜中就可看到一照度均匀的视场，叫零视场(或标准相)；当然检偏片也可从 AA′，转到平分角线 CC′的垂直线 BB′方向，E_1 与 E_2 在 BB′上的投影也相等，望远镜中也能观察到照度均匀的视场，也是零视场(标准相)。见图 3.16.8。实验证明：检偏片在 CC′位置时的标准相，视场亮度较强，人眼不耐久；检偏片在 BB′位置时的标准相，视场亮度较弱，人眼能够耐久，且对视场亮度变化很敏感。所以在测量时，一般采用“弱标准相”的位置。

2. 测量步骤

偏振光通过溶液后，振动面的转角见图 3.16.9。

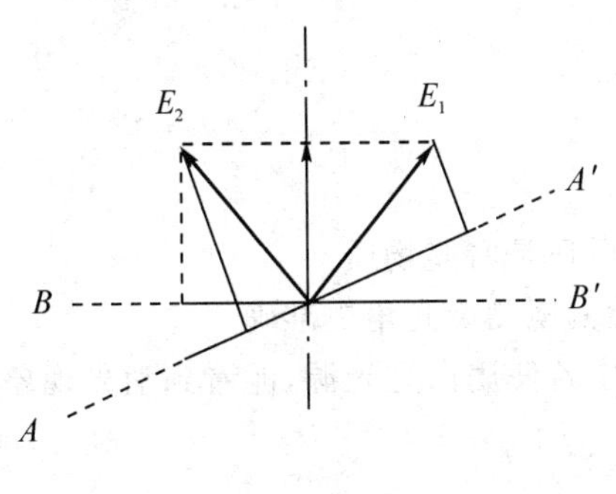

图 3.16.8

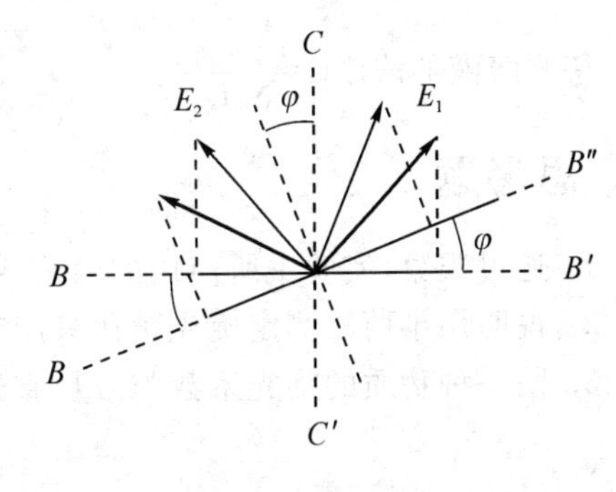

图 3.16.9

(1) 放入溶液前，先调整检偏片到 BB' 位置(观察视场中第一次呈现“弱标准相”时即为 BB′位置)记下这时刻度盘上初读数 α_0。

(2) 把浓度为 C_1 的糖溶液玻璃管放入旋光仪的镜筒槽中，由于偏振光经过溶液后，E_1 及 E_2 都转过了相同的角度，破坏了视场中原来的弱标准相，这时，再次旋转检偏振片，使从原来的BB′位置转到BB″位置时，第二次又出现原来的“弱标准相”，记下这时刻度盘上的读数为末读数 α_1，则偏振光通过浓度为 C_1 的溶液后，由(3.16.1)式得振动面转过的角度：

$$\alpha_m=\frac{\alpha_1-\alpha_0}{C_1L} \tag{3.16.2}$$

(3) 重复步骤(2)，两次测得振动面相应的转角分别为 α_{m2} 及 α_{m3}，得糖溶液旋光系数的平均值 $\bar{\alpha}_m=\dfrac{\alpha_{m1}+\alpha_{m2}+\alpha_{m3}}{3}$。

(4) 换上待测浓度 C 的糖溶液，找出两次对应的“弱”标准相，测出对应的旋光角，将步骤(3)中求得的旋光系数作为已知，由(3.16.1)式求待测溶液的浓度。

(5) 由量糖计直接读出浓度 C 分析比较上述三种方法测出的 C 值，哪一种更为精确。

五、注意事项

(1) 盛液管要洗净，凡更换不同浓度的溶液时，先用蒸馏水洗净、甩干。

(2) 溶液必须装满试管，不能留有气泡，万一有气泡，必须赶到气泡井里，放置时有井一端向上。

(3) 仪器接通电源后，连续工作时间不宜超过 4 h，如使用时间较长应关熄 15 min 以后再继续使用。

(4) 读数盘上的读数为正时是右旋（正旋）物质；读数为负时是左旋（负旋）物质。如果刻度盘上游标读数窗的读数值 $A=B$，且刻度盘转到任意位置都是如此，表明仪器没有偏心差，读数时亦可采用双游标读数法：$\alpha=(A+B)/2$。

六、数据记录及处理

表 3.16.1 糖溶液旋光系数

溶液浓度 /%	溶液长度 L/dm	零视场(标准相)		旋光角 α/°	旋光系数 α_m/(°/dm)	
		初读数 α_0	末读数 α_1	$\alpha_1-\alpha_0$	各次	平均
C						

待测溶液的浓度 $\bar{C}=\dfrac{\bar{\alpha}}{\bar{\alpha}_mL}$。

七、思考题

1. 通过观察，实验中所使用的糖溶液是左旋物质还是右旋物质？
2. 说明用半荫法测定旋光角比只用起偏镜和检偏镜测旋光角更准确。
3. 同一种物质的旋光系数与波长有光，在实验中若使用白光光源，能看到消光现象吗？

实验 17 劈尖干涉法测微小直径

一、实验目的

1. 通过实验加深对等厚干涉现象的理解。

2. 掌握用劈尖干涉法测微小直径的方法。

3. 通过实验熟悉测量显微镜的使用方法。

二、实验仪器

测量显微镜；钠光灯；劈尖装置和待测细丝。

三、实验原理

当一束单色光入射到透明薄膜上时，通过薄膜上下表面依次反射而产生两束相干光。如果这两束反射光相遇时的光程差仅取决于薄膜厚度，则同一级干涉条纹对应的薄膜厚度相等，这就是所谓的等厚干涉。本实验研究劈尖所产生的等厚干涉。

1. 等厚干涉

如图 3.17.1 所示，玻璃板 A 和玻璃板 B 二者叠放起来，中间加有一层空气（形成了空气劈尖）。设光线 1 垂直入射到厚度为 d 的空气薄膜上。入射光线在 A 板下表面和 B 板上表面分别产生反射光线 2 和 2′，二者在 A 板上方相遇，由于两束光线都是由光线 1 分出来的（分振幅法），故频率相同、相位差恒定（与该处空气厚度 d 有关）、振动方向相同，因而会产生干涉。我们现在考虑光线 2 和 2′的光程差与空气薄膜厚度的关系。显然光线 2′比光线 2 多传播了一段距离 $2d$。此外，由于反射光线 2′是由光密媒质（玻璃）向光疏媒质（空气）反射，会产生半波损失。故总的光程差还应加上半个波长$\frac{\lambda}{2}$，即 $\Delta=2d+\frac{\lambda}{2}$。

根据干涉条件，当光程差为波长的整数倍时相互加强，出现亮纹；为半波长的奇数倍时互相减弱，出现暗纹。

因此有：

$$\Delta=2d+\frac{\lambda}{2}=\begin{cases} 2K\cdot\frac{\lambda}{2} & K=1,2,3,\cdots\text{亮纹} \\ (2K+1)\cdot\frac{\lambda}{2} & K=1,2,3,\cdots\text{暗纹} \end{cases}$$

光程差 Δ 取决于产生反射光的薄膜厚度。同一条干涉条纹所对应的空气厚度相同，故称为等厚干涉。

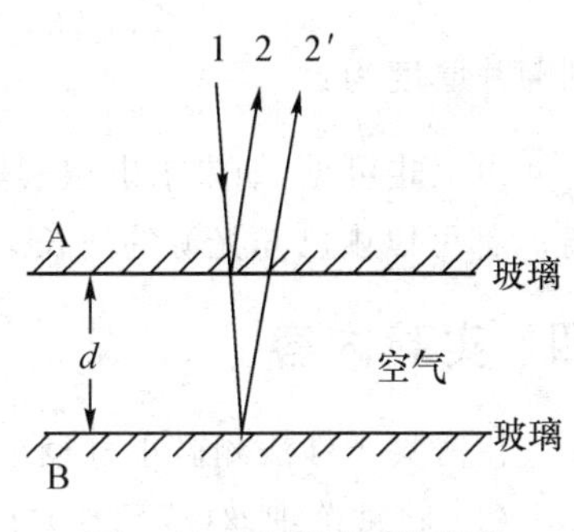

图 3.17.1　等厚干涉的形

2. 劈尖干涉

在劈尖架上两个光学平玻璃板中间的一端插入一薄片（或细丝），则在两玻璃板间形成一空气劈尖。当一束平行单色光垂直照射时，则被劈尖薄膜上下两表面反射的两束光进行相干叠加，形成干涉条纹。其光程差为

$$\Delta=2d+\frac{\lambda}{2}\quad(d\text{ 为空气隙的厚度})$$

产生的干涉条纹是一簇与两玻璃板交接线平行且间隔相等的平行条纹，如图 3.17.2(b) 所示。同样根据牛顿环的明暗纹条件有：

$$\Delta=2d+\frac{\lambda}{2}=(2m+1)\frac{\lambda}{2},\qquad m=1,2,3,\cdots\text{ 时，为干涉暗纹。}$$

$$\Delta=2d+\frac{\lambda}{2}=2m\,\frac{\lambda}{2},\qquad m=1,2,3,\cdots\text{ 时，为干涉明纹。}$$

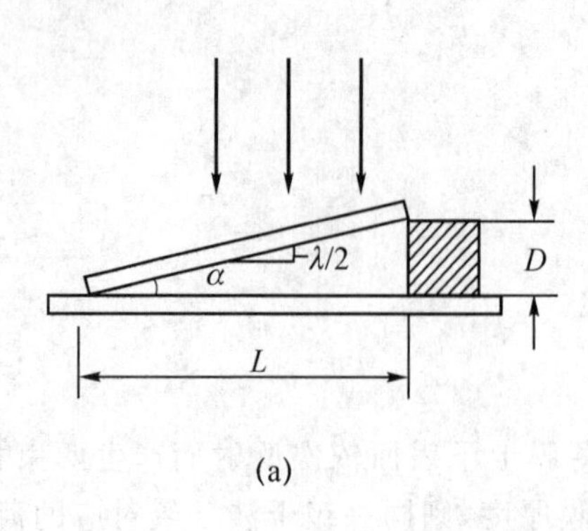

(a)

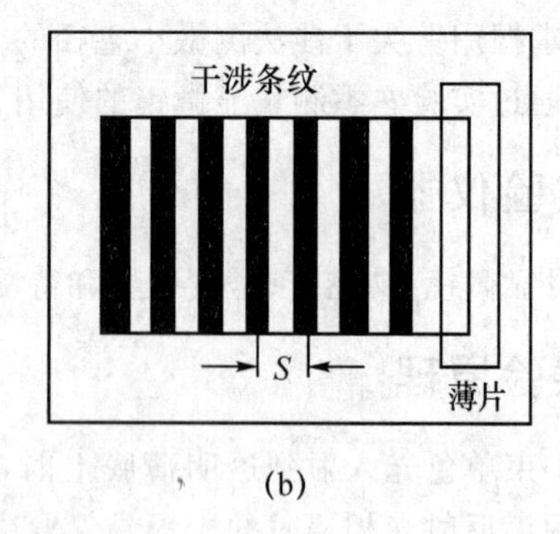

(b)

图 3.17.2　劈尖干

显然,同一明纹或同一暗纹都对应相同厚度的空气层,因而是等厚干涉。同样易得,两相邻明条纹(或暗条纹)对应空气层厚度差都等于$\frac{\lambda}{2}$;则第 m 级暗条纹对应的空气层厚度为:$D_m=m\cdot\frac{\lambda}{2}$,假若夹薄片后劈尖正好呈现 N 级暗纹,则薄层厚度为

$$D=N\cdot\frac{\lambda}{2} \tag{3.17.1}$$

用 α 表示劈尖形空气间隙的夹角、s 表示相邻两暗纹间的距离、L 表示劈间的长度,则有

$$\alpha\approx\tan\alpha=\frac{\lambda}{2s}=\frac{D}{L}$$

则薄片厚度为:

$$D=\frac{L}{s}\cdot\frac{\lambda}{2} \tag{3.17.2}$$

由上式可见,如果求出空气劈尖上总的暗条纹数,或测出劈尖的 L 和相邻暗纹间的距离 s,都可以由已知光源的波长 λ 测定薄片厚度(或细丝直径)D。

四、实验内容

用劈尖干涉法测微小直径

(1) 将被测细丝(或薄片)夹在两块平玻璃之间,然后置于显微镜载物台上。用显微镜观察、描绘劈尖干涉的图像。改变细丝在平玻璃板间的位置,观察干涉条纹的变化。

(2) 由式(3.17.1)可见,当波长已知时,在显微镜中数出干涉条纹数 m,即可得相应的薄片厚度。一般说 m 值较大。为避免记数 m 出现差错,可先测出某长度 L_X 间的干涉条纹数 X,得出单位长度内的干涉条纹数 $n=X/L_X$。若细丝与劈尖棱边的距离为 L,则共出现的干涉条纹数 $m=n\cdot L$。代入式(3.17.2)可得到薄片的厚度 $D=n\cdot L\cdot\lambda/2$。

五、注意事项

(1) 根据衍射原理,所选择的测量对象的直径不可过大。

(2) 选择细锐的暗条纹进行测量。

(3) 用读数显微镜测量时,要尽量避免螺纹间隙空程差的影响。

六、数据记录及处理

表 3.17.1

X	10	20	30	40	50	60	70	80	90	100
L_X 读数/mm										
L 读数/mm										
D 厚度/mm										

七、思考题

1. 何谓等厚干涉？如何应用光的等厚干涉测量平凸透镜的曲率半径和细金属丝直径？

2. 在使用读数显微镜时，怎样判断是否消除了视差？使用时最主要的注意事项是什么？

3. 如何用劈尖干涉检验光学平面的表面质量？

实验 18　磁滞回线和磁化曲线的测量

一、实验目的

1. 掌握磁滞、磁滞回线和磁化曲线的概念，加深对铁磁材料的主要物理量：矫顽力、剩磁和磁导率的理解。

2. 学会用示波法测绘基本磁化曲线和磁滞回线。

3. 根据磁滞回线确定磁性材料的饱和磁感应强度 B_S、剩磁 B_r 和矫顽力 H_C 的数值。

4. 研究不同频率下动态磁滞回线的区别，并确定某一频率下的磁感应强度 B_S、剩磁 B_r 和矫顽力 H_C 数值。

5. 改变不同的磁性材料，比较磁滞回线形状的变化。

二、实验仪器

环状铁氧体(红色胶带作绝缘层)；环状硅钢带样品(黑色胶带作绝缘层)；FB310 型动态磁滞回线实验仪；示波器。

三、实验原理

1. 磁化曲线

如果在由电流产生的磁场中放入铁磁物质，则磁场将明显增强，此时铁磁物质中的磁感应强度比单纯由电流产生的磁感应强度增大百倍，甚至在千倍以上。铁磁物质内部的磁场强度 H 与磁感应强度 B 有如下的关系：

$$B=\mu \cdot H$$

对于铁磁物质而言，磁导率 μ 并非常数，而是随 H 的变化而改变的物理量，即 $\mu=$

$f(H)$,为非线性函数。所以如图 3.18.1 所示,B 与 H 也是非线性关系。

铁磁材料的磁化过程为:其未被磁化时的状态称为去磁状态,这时若在铁磁材料上加一个由小到大的磁化场,则铁磁材料内部的磁场强度 H 与磁感应强度 B 也随之变大,其 $B-H$ 变化曲线如图 3.18.1 所示。但当 H 增加到一定值(H_S)后,B 几乎不再随 H 的增加而增加,说明磁化已达饱和,从未磁化到饱和磁化的这段磁化曲线称为材料的起始磁化曲线。如图 3.18.1 中的 OS 段曲线所示。

2. 磁滞回线

当铁磁材料的磁化达到饱和之后,如果将磁化场减少,则铁磁材料内部的 B 和 H 也随之减少,但其减少的过程并不沿着磁化时的 OS 段退回。从图 3.18.2 可知当磁化场撤销,$H=0$ 时,磁感应强度仍然保持一定数值 $B=B_r$ 称为剩磁(剩余磁感应强度)。

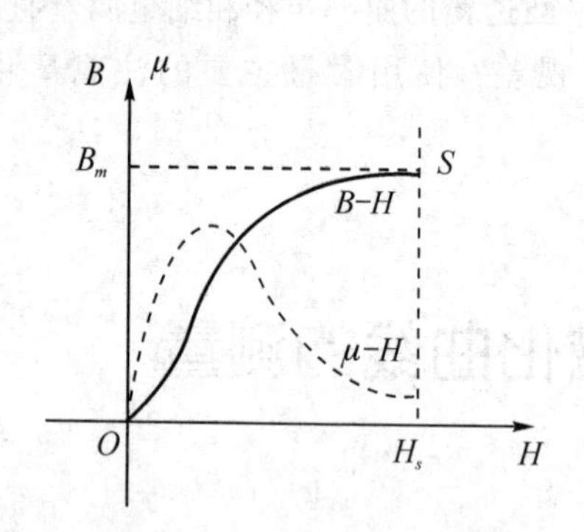

图 3.18.1　起始磁化曲线与 μ-H 曲线

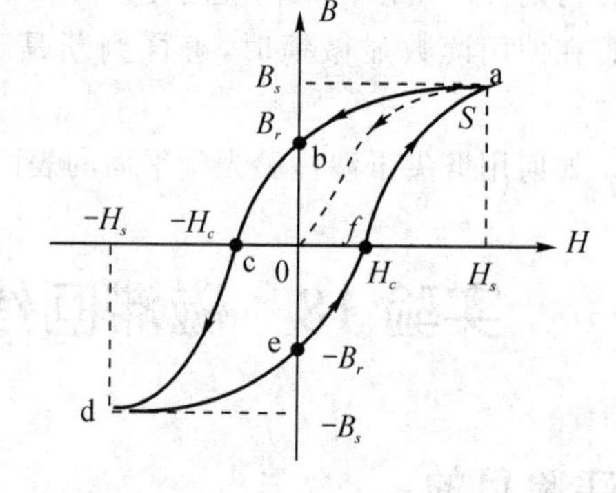

图 3.18.2　起始磁化曲线与磁滞回线

若要使被磁化的铁磁材料的磁感应强度 B 减少到 0,必须加上一个反向磁场并逐步增大。当铁磁材料内部反向磁场强度增加到 $H=H_c$ 时(图 3.18.2 上的 c 点),磁感应强度 B 才是 0,达到退磁。图 3.18.2 中的的 bc 段曲线为退磁曲线,Hc 为矫顽磁力。如图 3.18.2 所示,当 H 按 $O\rightarrow H_s\rightarrow O\rightarrow -H_c\rightarrow -H_s\rightarrow O\rightarrow H_c\rightarrow H_s$ 的顺序变化时,B 相应沿 $O\rightarrow B_s\rightarrow B_r\rightarrow O\rightarrow -B_s\rightarrow -B_r\rightarrow O\rightarrow B_s$ 顺序变化。图中的 Oa 段曲线称起始磁化曲线,所形成的封闭曲线 $abcdefa$ 称为磁滞回线。bc 曲线段称为退磁曲线。由图 3.18.2 可知:

(1) 当 $H=0$ 时,$B\neq 0$,这说明铁磁材料还残留一定值的磁感应强度 B_r,通常称 B_r 为铁磁物质的剩余感应强度(剩磁);

(2) 若要使铁磁物质完全退磁,即 $B=0$,必须加一个反方向磁场 H_c,这个反向磁场强度 H_c,称为该铁磁材料的矫顽磁力;

(3) B 的变化始终落后于 H 的变化,这种现象称为磁滞现象;

(4) H 上升与下降到同一数值时,铁磁材料内的 B 值并不相同,退磁化过程与铁磁材料过去的磁化经历有关;

(5) 当从初始状态 $H=0,B=0$ 开始周期性地改变磁场强度的幅值时,在磁场由弱到强地单调增加过程中,可以得到面积由大到小的一簇磁滞回线,如图 3.18.3 所示,其中最大面积的磁滞回线称为极限磁滞回线;

(6) 由于铁磁材料磁化过程的不可逆性及具有剩磁的特点,在测定磁化曲线和磁滞回线时,首先,必须将铁磁材料预先退磁,以保证外加磁场 $H=0,B=0$;其次,磁化电流在实验过程中只允许单调增加或减少，不能时增时减。在理论上，要消除剩磁 B_r，只需通一反向磁化电流，使外加磁场正好等于铁磁材料的矫顽磁力即可。实际上，矫顽磁力的大小通常并不知道，因而无法确定退磁电流的大小。我们从磁滞回线得到启示，如果使铁磁材料磁化达到磁饱和，然后不断改变磁化电流的方向，与此同时逐渐减少磁化电流，直到于零，则该材料的磁化过程中就是一连串逐渐缩小而最终趋于原点的环状曲线，如图 3.18.4 所示。当 H 减小到零时，B 亦同时降为零，达到完全退磁。

实验表明，经过多次反复磁化后，$B-H$ 的量值关系形成一个稳定的闭合的“磁滞回线”。通常以这条曲线来表示该材料的磁化性质。这种反复磁化的过程称为“磁锻炼”。本实验使用交变电流，所以每个状态都是经过充分的“磁锻炼”，随时可以获得磁滞回线。

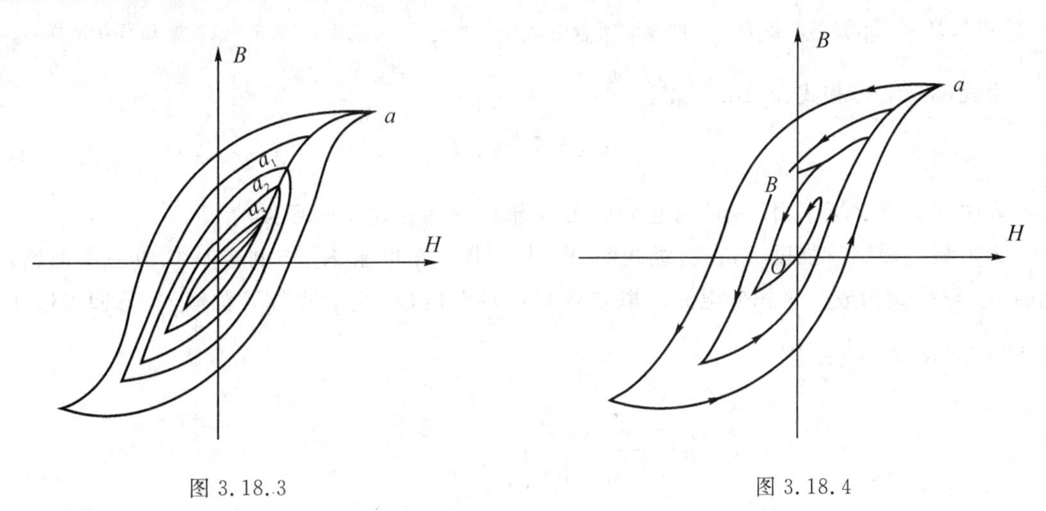

图 3.18.3　　　　图 3.18.4

我们把图 3.18.3 中原点 O 和各个磁滞回线的顶点 a_1，a_2，…，a 所连成的曲线，称为铁磁性材料的基本磁化曲线。不同的铁磁材料其基本磁化曲线是不相同的。为了使样品的磁特性可以重复出现，也就是指所测得的基本磁化曲线都是由原始状态（$H=0$，$B=0$）开始，在测量前必须进行退磁，以消除样品中的剩余磁性。

在测量基本磁化曲线时，每个磁化状态都要经过充分的“磁锻炼”。否则，得到的 $B-H$ 曲线即为开始介绍的起始磁化曲线，两者不可混淆。

3. 示波器显示 $B-H$ 曲线的原理线路

示波器测量 $B-H$ 曲线的实验线路如图 3.18.5 所示。本实验研究的铁磁物质是一个环状试样（如图 3.18.6 所示）。在式样上绕有励磁线圈 N_1 匝和测量线圈 N_2 匝。若在线圈 N_1 中通过磁化电流 I_1 时，此电流在式样内产生磁场，根据安培环路定律 $HL=N_1L_1$，磁场强度的大小为

$$H=\frac{N_1\cdot L_1}{L} \tag{3.18.1}$$

其中 L 为的环状式样的平均磁路长度（在图 3.18.6 中用虚线表示）。设磁环内直径为 D_1，外直径为 D_2，则：$L=\pi\dfrac{L\cdot R_2}{N_1}$。

由图 3.18.5 可知示波器 X 轴偏转板输入电压为

$$U_X=I_1\cdot R_1 \tag{3.18.2}$$

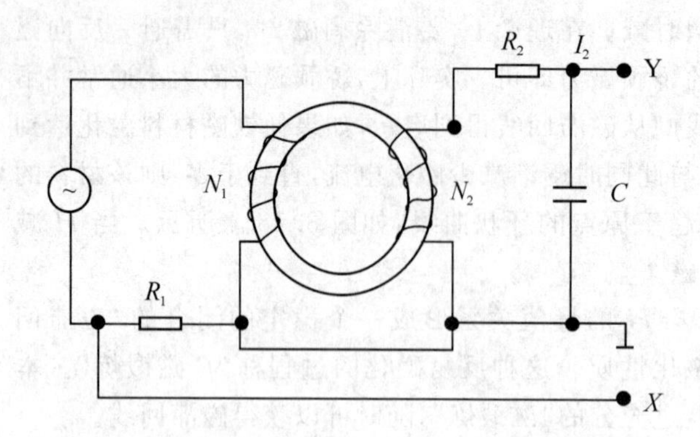

图 3.18.5　示波器测量 $B-H$ 曲线的实验电路

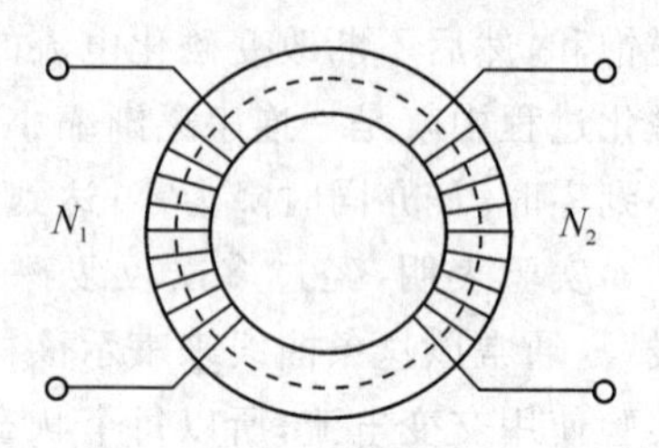

图 3.18.6　铁磁物质环状试样

由式(3.18.1)和式(3.18.2)得：

$$U_X=\frac{L\cdot R_2}{N_1}\cdot H \tag{3.18.3}$$

上式表明在交变磁场下，任一时刻电子束在 X 轴的偏转正比于磁场强度 H。

为了测量磁感应强度 B，在次级线圈 N_2 上串联一个电阻 R_2 与电容 C 构成一个回路，同时 R_2 与 C 又构成一个积分电路。取电容 C 两端电压 U_C 至示波器 Y 轴输入，若适当选择 R_2 和 C 使 $R_2\gg\frac{1}{\omega\cdot C}$，则

$$I_2=\frac{E_2}{\left[R_2^2+\left(\frac{1}{\omega\cdot C}\right)^2\right]^{\frac{1}{2}}}\approx\frac{E_2}{R_2}$$

式中，ω 为电源的角频率，E_2 为次级线圈的感应电动势。

因交变的磁场 H 的样品中产生交变的磁感应强度 B，则

$$E_2=N_2\cdot\frac{\mathrm{d}Q}{\mathrm{d}t}=N_2\cdot S\cdot\frac{\mathrm{d}B}{\mathrm{d}t}$$

式中 $S=\frac{(D_1+D_2)}{2}\cdot h$ 为环试样的截面积，设磁环厚度为 h，则

$$\begin{aligned}U_Y=U_C&=\frac{Q}{C}=\frac{1}{C}\int I_2\,\mathrm{d}t=\frac{1}{C\cdot R_2}\int E_2\,\mathrm{d}t\\&=\frac{N_2\cdot S}{C\cdot R_2}\int\mathrm{d}B=\frac{N_2\cdot S}{C\cdot R_2}\cdot B\end{aligned} \tag{3.18.4}$$

上式表明接在示波器 Y 轴输入的 U_Y 正比于 B。

$R_2\cdot C$ 电路在电子技术中称为积分电路，表示输出的电压 U_C 是感应电动势 E_2 对时间的积分。为了如实地绘出磁滞回线，要求：

(1) $R_2\gg\frac{1}{2\pi\cdot f\cdot C}$；

(2) 在满足上述条件下，U_C 振幅很小，不能直接绘出大小适合需要的磁滞回线。

为此，需将 U_C 经过示波器 Y 轴放大器增幅后输至 Y 轴偏转板上。这就要求在实验磁场的频率范围内，放大器的放大系数必须稳定，不会带来较大的相位畸变。事实上示波器难以完全达到这个要求，因此在实验时经常会出现如图 3.18.7 所示的畸变。观测时将 X 轴

输入选择"AC",Y轴输入选择"DC"挡,并选择合适的R_1和R_2的阻值可得到最佳磁滞回线图形,避免出现这种畸变。这样,在磁化电流变化的一个周期内,电子束的径迹描出一条完整的磁滞回线。适当调节示波器X和Y轴增益,再由小到大调节信号发生器的输出电压,即能在屏上观察到由小到大扩展的磁滞回线图形。逐次记录其正顶点的坐标,并在坐标纸上把它联成光滑的曲线,就得到样品的基本磁化曲线。

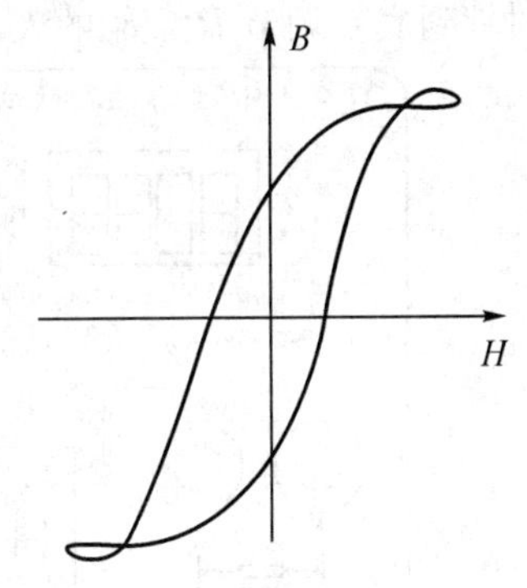

图 3.18.7　示波器显示的磁滞回线

4. 示波器的定标

从前面说明中可知从示波器上可以显示出待测材料的动态磁滞回线,但为了定量研究磁化曲线和磁滞回线,必须对示波器进行定标。即还须确定示波器的X轴的每格代表多少H值(A/m),Y轴每格实际代表多少B(T)。

一般示波器都有已知的X轴和Y轴的灵敏度,可根据示波器的使用方法,结合实验使用的仪器就可以对X轴和Y轴分别进行定标,从而测量出H值和B值的大小。

设X轴灵敏度为S_X(V/格),Y轴的灵敏度为S_Y(V/格)(上述S_X和S_Y均可从示波器的面板上直接读出),则:

$$U_X=S_X\cdot X\quad,\quad U_Y=S_Y\cdot Y$$

式中X,Y分别为测量时记录的坐标值(单位:格,注意,指一大格)。

由于本实验使用的R_1,R_2和C都是阻抗值已知的标准元件,误差很小,其中的R_1,R_2为无感交流电阻,C的介质损耗非常小。所以综合上述分析,本实验定量计算公式为:

$$H=\frac{N_1\cdot S_X}{L\cdot R_1}\cdot X \tag{3.18.5}$$

$$B=\frac{R_2\cdot C\cdot S_Y}{N_2\cdot S}\cdot Y \tag{3.18.6}$$

式中各量的单位:R_1,R_2的单位是Ω;L单位是m;S单位是m^2;C单位是F;S_X,S_Y单位是V/格;X,Y单位是格;H的单位是A/m;B的单位是T。

四、实验内容

1. 显示和观察2种样品在25 Hz、50 Hz、100 Hz、150 Hz交流信号下的磁滞回线图形

(1) 按图3.18.8所示线路接线。

① 逆时针调节幅度调节旋钮到底,使信号输出最小。

② 调示波器显示工作方式为$X-Y$方式,即图示仪方式。

③ 示波器X输入为AC方式,测量采样电阻R_1的电压。

④ 示波器Y输入为DC方式,测量积分电容的电压。

⑤ 插上环状硅钢带样品(黑色胶带作绝缘层)实验样品于实验仪样品架。

⑥ 接通示波器和FB310型动态磁滞回线实验仪电源,适当调节示波器辉度,以免荧光屏中心受损。预热10 min后开始测量。

(2) 示波器光点调至显示屏中心,调节实验仪频率调节旋钮,频率显示窗显示25.00 Hz。

(3) 单调增加磁化电流,即缓慢顺时针调节幅度调节旋钮,使示波器显示的磁滞回线上B值增加缓慢,达到饱和。改变示波器上X、Y输入增益段开关并锁定增益电位器(一般为顺时针到底)，调节 R_1、R_2 的大小，使示波器显示出典型美观的磁滞回线图形。

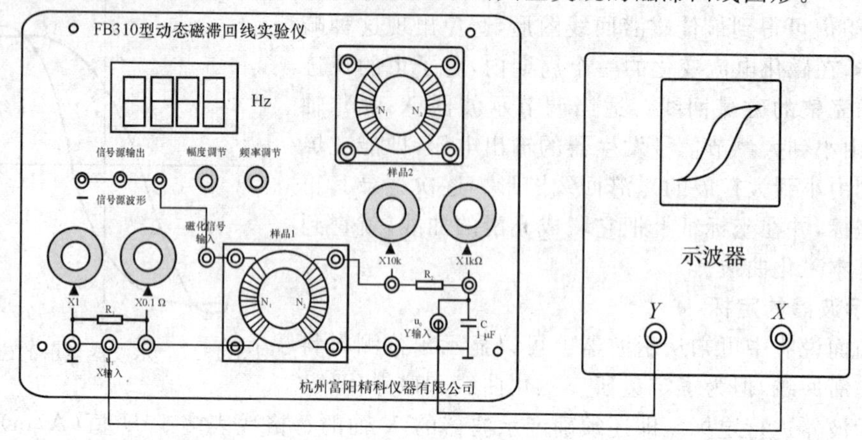

图 3.18.8

(4) 单调减小磁化电流，即缓慢逆时针调节幅度调节旋钮，直到示波器最后显示为一点，位于显示屏的中心，即 X 和 Y 轴线的交点，如不在中间，可适当调节示波器的 X 和 Y 位移旋钮，把显示图形移到显示屏的中心。

(5) 单调增加磁化电流，即缓慢顺时针调节幅度调节旋钮，使示波器显示的磁滞回线上 B 值缓慢增加，达到饱和，改变示波器上 X、Y 输入增益波段开关和 R_1、R_2 的值，示波器显示典型美观的磁滞回线图形。磁化电流在水平方向上的读数为(−5.00，+5.00)格。

(6) 逆时针调节(幅度调节旋钮到底)，使信号输出最小，调节实验仪频率调节旋钮，频率显示窗分别显示 50.00 Hz、100 Hz、150 Hz，重复上述(3)～(5)的操作步骤，比较磁滞回线形状的变化，表明磁滞回线形状与信号频率有关，频率越高磁滞回线包围面积越大，用于信号传输时磁滞损耗也大。

(7) 换环状铁氧体(红色胶带作绝缘层)实验样品，重复上述(2)～(6)步骤，观察 50.00 Hz时的磁滞回线。

2. 测磁化曲线和动态磁滞回线，实验样品为环状硅钢带(黑色胶带作绝缘层)

(1) 在实验仪样品架上插好实验样品，逆时针调节幅度调节旋钮到底，使信号输出最小。将示波器光点调至显示屏中心，调节实验仪频率调节旋钮，频率显示窗显示 50.00 Hz。

(2) 退磁。

① 单调增加磁化电流，顺时针缓慢调节信号幅度旋钮，使示波器显示的磁滞回线上 B 值增加变得缓慢，达到饱和。改变示波器上 X、Y 输入增益和 R_1,R_2 的值，示波器显示典型美观的磁滞回线图形。磁化电流在水平方向上的读数为(−5.00，+5.00)格，此后，保持示波器上 X、Y 输入增益波段开关和 R_1、R_2 值固定不变并锁定增益电位器(一般为顺时针到底)，以便进行 H、B 的标定。

② 单调减小磁化电流，即缓慢逆时针调节幅度调节旋钮，直到示波器最后显示为一点，位于显示屏的中心，即 X 和 Y 轴线的交点，如不在中间，可调节示波器的 X 和 Y 位移旋钮。实验中可用示波器 X、Y 输入的接地开关检查示波器的中心是否对准屏幕 X、Y 坐标的交点。

(3) 磁化曲线(测量大小不同的各个磁滞回线的顶点的连线)。

单调增加磁化电流，即缓慢顺时针调节幅度调节旋钮，磁化电流在 X 方向读数为 0、0.20、0.40、0.60、0.80、1.00、2.00、3.00、4.00、5.00，单位为格，记录磁滞回线顶点在 Y 方向上读数如表1,单位为格,磁化电流在 X 方向上的读数为(−5.00,+5.00)格时,示波器显示典型美观的磁滞回线图形。此后,保持示波器上 X、Y 输入增益波段开关和 R_1、R_2 值固定不变并锁定增益电位器(一般为顺时针到底),以便进行 H、B 的标定。

(4) 动态磁滞回线。

在磁化电流 X 方向上的读数为(−5.00,+5.00)格时,记录示波器显示的磁滞回线在 X 坐标为5.0、4.0、3.0、2.0、1.0、0、−1.0、−2.0、−3.0、−4.0、−5.0格时,相对应的 Y 坐标,在 Y 坐标为4.0、3.0、2.0、1.0、0、−1.0、−2.0、−3.0、−4.0格时相对应的 X 坐标,显然 Y 最大值对应饱和磁感应强度 B_S。

$X=0$,Y 读数对应剩磁 B_r。$Y=0$,X 读数对应矫顽力 H_c。

(5) 改变磁化信号的频率,重新进行上述实验。

3. 作磁化曲线

由前所述 H、B 的计算公式为

$$H=\frac{N_1 \cdot S_X}{L \cdot R_1} \cdot X$$

$$B=\frac{R_2 \cdot C \cdot S_Y}{N_2 \cdot S} \cdot Y$$

上述公式中,根据硅钢带铁芯实验样品和实验装置参数,计算 H 和 B,并作图。

五、注意事项

(1) 实验前先熟悉实验的原理和仪器的构成。

(2) 使用仪器前先将信号源输出幅度调节旋钮逆时针到底(多圈电位器),使输出信号为最小。

(3) 调节频率调节旋钮,因为频率较低时,负载阻抗较小,在信号源输出相同电压下负载电流较大,会引起采样电阻发热。

六、数据记录与处理

1. 磁化曲线

表 3.18.1

序号	1	2	3	4	5	6	7	8	9	10	11	12
X/格												
Y/格												

2. 动态磁滞回线

表 3.18.2

X/格	Y/格	X/格	Y/格

七、思考题

1. 铁磁材料的磁化行为有什么特点?

2. 在实验过程中如何测量基本磁化曲线、磁滞迴线？

3. 何谓“磁锻炼”？为什么要进行磁锻炼？

4. 为什么一定要对样品退磁？如何退磁？

5. 如何估计磁化电流变化的时间对测量结果的影响？

6. 如何从 $B-H$ 曲线获得 $\mu-H(B=\mu H)$ 曲线？

7. 设计一个测量磁滞回线的实验，包括步骤、方法、实验中存在的主要困难及解决的办法。

实验 19　阻尼运动与受迫振动特性研究——波尔共振仪的应用

一、实验目的

1. 研究波尔共振仪中弹性摆轮受迫振动的幅频特性和相频特性。

2. 研究不同阻尼力矩对受迫振动的影响，观察共振现象。

3. 学习用频闪法测定运动物体的相位差。

4. 利用计算机软件处理数据和学习误差的分析。

二、实验仪器

本实验装置如图 3.19.1 所示。

三、实验原理

本实验采用摆轮在弹性力矩作用下自由摆动，在电磁阻尼力矩作用下作受迫振动来研究受迫振动特性，可直观地显示机械振动中的一些物理现象。

当摆轮受到周期性强迫外力矩 $M=M_0\cos\omega t$ 的作用，并在有空气阻尼和电磁阻尼的媒质中运动时(阻尼力矩为 $-b\dfrac{\mathrm{d}\theta}{\mathrm{d}t}$)其运动方程为

$$J\frac{\mathrm{d}^2\theta}{\mathrm{d}t^2}=-k\theta-b\frac{\mathrm{d}\theta}{\mathrm{d}t}+M_0\cos\omega t \tag{3.19.1}$$

式中，J 为摆轮的转动惯量，$-k\theta$ 为弹性力矩，M_0 为强迫力矩的幅值，ω 为强迫力的圆频率。

令
$$\omega_0^2=\frac{k}{J},2\beta=\frac{b}{J},m=\frac{M_0}{J}$$

则式(3.19.1)变为

$$\frac{\mathrm{d}^2\theta}{\mathrm{d}t^2}+2\beta\frac{\mathrm{d}\theta}{\mathrm{d}t}+\omega_0^2\theta=m\cos\omega t \tag{3.19.2}$$

当只有 $m\cos\omega t=0$ 时，式(3.19.2)即为阻尼振动方程。

当 $\beta=0$，$m\cos\omega t$ 即在无阻尼情况时式(3.19.2)变为简谐振动方程，ω_0 即为系统的固有频率。

一般情况下方程(3.19.2)的通解为

$$\theta=\theta_1\mathrm{e}^{-\beta}\cos(\omega_f t+\alpha)+\theta_2\cos(\omega t+\varphi_0) \tag{3.19.3}$$

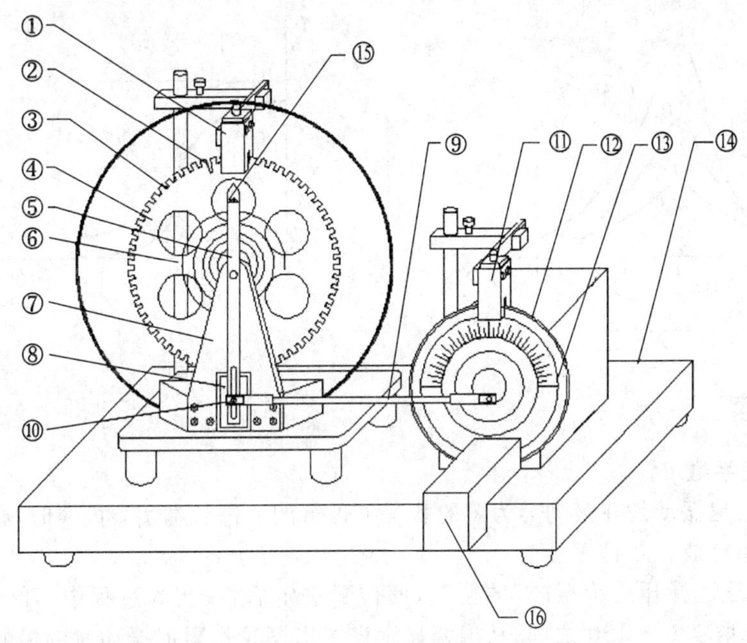

①—光电门H；②—长凹槽D；③—短凹槽D；④—铜质摆轮A；⑤—摇杆M；⑥—蜗卷弹簧B；⑦—支承架；⑧—阻尼线圈K；⑨—连杆E；⑩—摇杆调节螺钉；⑪—光电门I；⑫—角度盘G；⑬—有机玻璃转盘F；⑭—底座；⑮—弹簧夹持螺钉L；⑯—闪光灯

图 3.19.1　波尔振动仪

由式(3.19.3)可见，受迫振动可分成两部分：

第一部分，$\theta_1 e^{-\beta}\cos(\omega_f t+\alpha)$表示阻尼振动，经过一定时间后衰减消失；

第二部分，说明强迫力矩对摆轮做功，向振动体传送能量，最后达到一个稳定的振动状态。

振幅
$$\theta_2=\frac{m}{\sqrt{(\omega_0^2-\omega^2)^2+4\beta^2\omega^2}} \tag{3.19.4}$$

它与强迫力矩之间的相位差 φ 为

$$\varphi=\tan^{-1}\frac{2\beta\omega}{\omega_0^2-\omega^2} \tag{3.19.5}$$

由式(3.19.4)和式(3.19.5)可看出，振幅 θ_2 与相位差 φ 的数值取决于强迫力矩 m、频率 ω、系统的固有频率 ω_0 和阻尼系数 β 四个因素，而与振动起始状态无关。

由$\frac{\partial}{\partial\omega}[(\omega_0^2-\omega^2)^2+4\beta^2\omega^2]=0$ 极值条件可得出，当强迫力的圆频率 $\omega=\sqrt{\omega_0^2-2\beta^2}$时，产生共振，$\theta_2$ 有极大值。若共振时圆频率和振幅分别用 ω_r、θ_r 表示，则

$$\omega_r=\sqrt{\omega_0^2-2\beta^2} \tag{3.19.6}$$

$$\theta_r=\frac{m}{2\beta\sqrt{\omega_0^2-2\beta^2}} \tag{3.19.7}$$

式(3.19.6)、(3.19.7)表明，阻尼系数 β 越小，共振时圆频率越接近于系统固有频率，振幅 θ_r 也越大。图 3.19.2 和图 3.19.3 表示出在不同 β 时受迫振动的幅频特性和相频特性。

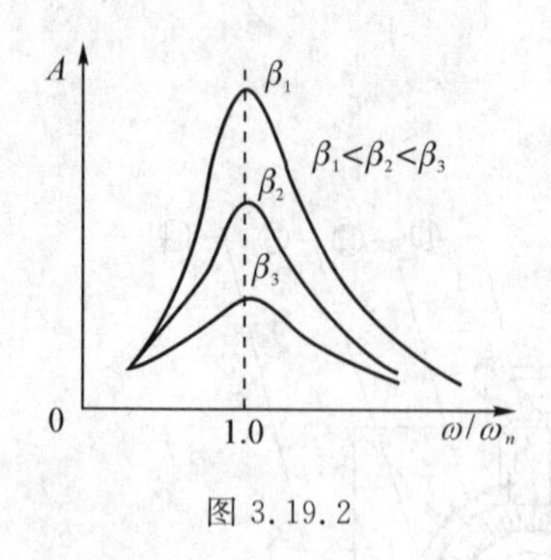

图 3.19.2

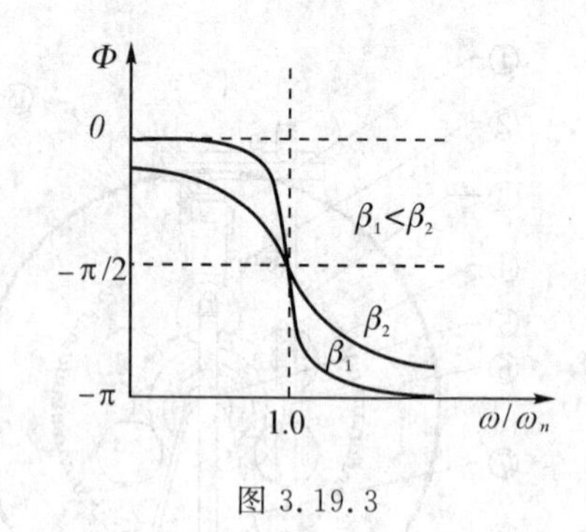

图 3.19.3

四、实验内容

1. 测定阻尼系数 $\boldsymbol{\beta}$

如前所述,阻尼振动是在策动力为零的状况下进行的。进行本实验内容时,必须切断电机电源,角度盘指针放在0°位置。

将面板上阻尼选择开关旋至"2"的位置,此位置选定后,在实验过程中不能任意改变。手拨动摆轮 θ_0 选取130°~150°之间,从振幅显示窗读出摆轮作阻尼振动时的振幅随周期变化的数值 $\theta_1,\theta_2,\cdots,\theta_n$。

这里由于没有策动力的作用,根据式(3.19.3)有 $\theta=\theta_1 e^{-\beta t}\cos(\omega_f t+\alpha)$,相应的 $\theta_1=\theta_0 e^{-\beta T}$,$\theta_2=\theta_0 e^{-2\beta T}$,$\cdots$,$\theta_n=\theta_0 e^{-n\beta T}$,利用 $\ln\dfrac{\theta_i}{\theta_j}=\ln\dfrac{\theta_0 e^{-\beta(iT)}}{\theta_0 e^{-\beta(jT)}}=(i-j)\beta T$,可求出 β 值,式中 θ_i、θ_j 分别为第 i,第 j 次振动的振幅。T 为阻尼振动周期的平均值。可以连续出每个振幅对应的振动周期值,然后取平均值。可采用逐差法处理数据,求出 β 值。

2. 测定受迫振动的幅频特性与相频特性曲线

(1) 测出系统的固有频率。将阻尼开关旋至0位置,手拨动摆轮的"120°~150°"测出摆轮摆动的10个周期所需的时间,连续测三次,然后计算系统的固有频率 ω_0。

(2) 恢复阻尼开关到原位置。改变电机转速,即改变策动力矩频率。当受迫振动稳定后,读取摆轮的振幅值。(这时方程解的第一项趋于零,只有第二项存在)并利用闪光灯测定受迫振动位移与策动力相位差 Φ(电机转速的改变可依据 $\Delta\Phi$ 控制在10°左右而定)。

(3) 策动力矩的频率 ω 可从摆轮振动周期算出,也可以将周期选择开关拨向"10"处直接测定策动力矩的10个周期后算出,在达到稳定状态时,两者数值相同。前者为4位有效数字,后者为5位有效数字。

(4) 在共振点附近由于曲线变化较大,因此测量数据要相对密集些,此时电机转速的微小变化会引起 $\Delta\Phi$ 很大改变。电机转速旋钮上的读数是一参考数值,建议在不同 ω 时都记下此值,以便实验中要重新测量数据时参考。

(5) 以 ω/ω_0 为横坐标,振幅 θ 为纵坐标,作幅频曲线。

(6) 以 ω/ω_0 为横坐标,位相差 Φ 为纵坐标,作相频曲线。

这两条曲线全面反映了该振动系统的特点。

五、注意事项

(1) 波尔共振仪各部分均是精密装配,不能随意乱动。控制箱功能与面板上旋钮、按键均较多，务必在弄清其功能后，按规则操作。在进行阻尼振动时，电动机电源必须切断。

(2) 阻尼选择开关位置一经选定，在整个实验过程中就不能任意改变。

六、数据记录及处理

(1) 测摆轮固有周期(T_0)与振幅的关系。

阻尼开关位置设为“0”挡。

(2) 当阻尼开关的位置设为“1”挡。

① 阻尼系数 β 的计算。

摆轮 10 次振动周期：$10T=\underline{16.030}$s　　$\overline{T}=\underline{1.6030}$s

摆轮作阻尼振动时，阻尼系数的测定

表 3.19.1

θ 序号	振幅 θ 值	θ 序号	振幅 θ 值	$\ln \theta_i/\theta_{i+5}$
θ_1		θ_6		
θ_2		θ_7		
θ_3		θ_8		
θ_4		θ_9		
θ_5		θ_{10}		

振动系统阻尼系数 β 的测量表达式：__________________。

② 描绘受迫振动的幅频和相频特性曲线阻尼开关位置 1 挡。

表 3.19.2

i	策动力相位 10T	弹簧的固有振动 T_0	振幅	相位差测得值	T_0/T	相位差计算值
1						
2						
3						
4						
5						
6						
7						
8						
9						
10						

七、思考题

1. 阻尼振动周期比无阻尼(或阻尼很小时)振动周期长，你能否利用此实验装置设法加以证明？

2. 现有直径不同而质量相同的有机玻璃圆扳，可安装在滑块上，圆板面和振动方向垂直，滑块在振动时在有机玻璃圆板的后面将产生空气的旋涡，这时有压差阻力作用在圆板上。研究加上圆板后，振动系统黏性阻尼常量 b 将如何变化？b 值和圆板面积大小有何关系？

3. 分析讨论黏性阻力和磁阻尼力是否满足线性相加的关系。

附　录

一、国际单位制

1. 七个 SI 基本单位的定义

(1) 长度单位——米(m)。

米等于光在真空中 1/299 792 458 *s* 时间间隔内所经路径的长度(第 17 届国际计量大会,1983)。

(2) 质量单位——千克(kg)。

千克是质量单位,等于国际千克原器的质量(第 1 届国际计量大会,1889;第 3 届国际计量大会,1901)。

(3) 时间单位——秒(s)。

秒是铯——133 原子基态的两个超精细能级之间跃迁所对应的辐射的 9 192 631 770 个周期的持续时间(第 13 届国际计量大会,1967,决议 1)。

(4) 电流单位——安[培](A)。

安[培]是电流的单位。在真空中,截面可忽略的两根相距 1m 的无限长平行圆直导线内通以等量恒定电流时,若导线间相互作用力在每米长度上为 2×10^{-7} N,则每根导线中的电流为 1A(国际计量委员会,1946,协议 2;第 9 届国际计量大会,1948,批准)。

(5) 热力学温度单位——开[尔文](K)。

热力学温度单位开[尔文]是水三相点热力学温度的 1/273.16(第 13 届国际计量大会,1967,决议 4)。

(6) 物质的量单位——摩[尔](mol)。

摩[尔]是一系统的物质的量,该系统中所包含的基本单元数与 0.012 kg 碳-12 的原子数目相等。在使用摩尔时,基本单元应予指明,可以是原子、分子、离子、电子及其他粒子,或是这些粒子的特定组合(第 14 届国际计量大会,1971,决议 3)。

(7) 光强度单位——坎[德拉](cd)。

坎德拉是一光源在给定的方向上的发光强度,该光源发出频率为 450×10^{12} Hz 的单色辐射,且在此方向上的辐射强度为(1/683) W/sr(第 16 届国际计量大会,1979,决议 3)。

2. SI 的基本内容

国际单位制(SI)的基本内容包括:

(1) SI 基本单位及其定义与符号。

(2) 有专门名称的 SI 导出单位(包括 SI 辅助单位)及其定义与符号。

(3) SI 词头与符号。

(4) 可与SI并用的单位及其与SI的关系。

分别列表如下：

表1　国际单位制(SI)的基本单位

量的名称	单位名称	单位符号
长度	米	m
质量	千克	kg
时间	秒	s
电流	安[培]	A
热力学温度	开[尔文]	K
物质的量	摩[尔]	mol
发光强度	坎[德拉]	cd

表2　包括SI辅助单位在内具有专门名称的SI导出单位

量的名称			
SI导出单位			
名称	符号	用SI基本单位和SI导出单位表示	
[平面]角	弧度	rad	$rad=m/m=1$
立体角	球面度	sr	$sr=m^2/m^2=1$
频率	赫[兹]	Hz	$Hz=s^{-1}$
力,重力	牛[牛顿]	N	$N=kg\cdot m/s^2$
压力,压强,应力	帕[斯卡]	Pa	$Pa=N/m^2=m^{-1}\cdot kg\cdot s^{-2}$
能[量],功,热量	焦[耳]	J	$J=N\cdot m=m^2\cdot kg\cdot s^{-2}$
功率,辐[射能]通量	瓦[特]	W	$W=J/s=m^2\cdot kg\cdot s^{-3}$
电荷[量]	库[仑]	C	$C=A\cdot s$
电压,电动势,电位	伏[特]	V	$V=M/A=m^2\cdot kg\cdot s^{-3}\cdot A^{-1}$
电容	法[拉]	F	$F=C/A=m^{-2}\cdot kg^{-1}\cdot s^4\cdot A^2$
电阻	欧[姆]	Ω	$\Omega=V/A=m^2\cdot kg\cdot s^{-3}\cdot A^{-2}$
电导	西[门子]	S	$S=\Omega^{-1}=m^{-2}\cdot kg^{-1}\cdot s^3\cdot A^2$
磁通[量]	韦[伯]	Wb	$Wb=V\cdot s=m^2\cdot kg\cdot s^{-2}\cdot A^{-1}$
磁通[量]密度	特[斯拉]	T	$T=Wb/m^2=kg\cdot s^{-2}\cdot A^{-1}$
电感	亨[利]	H	$H=Wb/A=m^2\cdot kg\cdot s^{-2}\cdot A^{-2}$
摄氏温度	摄氏度	℃	℃$=K-273.15$
光通量	流[明]	lm	$lm=cd\cdot sr$
[光]照度	勒[克斯]	lx	$lx=lm/m^2=m^{-2}\cdot cd\cdot sr$

表 3　因人类健康安全防护上的需要而确定的具有专门名称的 SI 导出单位

量的名称	SI 导出单位		
	名称	符号	用 SI 基本单位和 SI 导出单位表示
[放射性]活度	贝可[勒尔]	Bq	$Bq=s^{-1}$
吸收剂量 比授[予]能 比释动能	戈[瑞]	Gy	$Gy=J/kg=m^2\cdot s^{-2}$
剂量当量	希[沃特]	Sv	$Sv=J/kg=m^2\cdot s^{-2}$

表 4　SI 词头

因数	词头名称		符号
	原文[法]	中文	
10^{24}	yotta	尧[它]	Y
10^{21}	zetta	泽[它]	Z
10^{18}	exa	艾[可萨]	E
10^{15}	peta	拍[它]	P
10^{12}	tera	太[拉]	T
10^{9}	giga	吉[咖]	G
10^{6}	mega	兆	M
10^{3}	kilo	千	k
10^{2}	hecto	百	h
10^{1}	deca	十	da
10^{-1}	deci	分	d
10^{-2}	centi	厘	c
10^{-3}	milli	毫	m
10^{-6}	micro	微	μ
10^{-9}	nano	纳[诺]	n
10^{-12}	pico	皮[可]	p
10^{-15}	femto	飞[母托]	f
10^{-18}	atto	阿[托]	a
10^{-21}	zepto	仄[普托]	z
10^{-24}	yocto	幺[科托]	y

表 5　部分与国际单位制并用的单位

单位名称	单位符号	用 SI 单位表示的值
分	min	1min=60 s
[小]时①	h	1 h=60 min=3 600 s
日	d	1 d=24 h=86 400 s
度	°	1°=(π/180) rad
[角]分	′	1′=(1/60°)=(π/10 800) rad
[角]秒	″	1″=(1/60)′=(π/648 000) rad
升②	L,1	1 L=1 dm^3 =10^{-3} m^3
吨③	t	1 t=10^3 kg

注:① 这个单位的符号包括在第 9 届国际计量大会(1948)的决议 7 中。

② 这个单位及其符号 1 是国际计量委员会于 1879 年通过的。为了避免升的符号 1 和数字 1 之间发生混淆,第 16 届国际计量大会通过了另一个符号 L。

③ 这个单位及其符号是国际计量委员会所通过的(1879)。在一些讲英语的国家,这个单位叫作"米制吨"。

除表 5 所列单位外,还有两个单位允许与 SI 并用于某些领域,它们分别是"电子伏"(eV)和"原子质量单位"(u)。这两个单位是独立定义的,即它们本身就是物理常量,只是由于国际间协议而作为单位使用。

二、常用物理参数

表 6　基本和重要的物理常数

名称	符号	数值	单位符号
真空中的光速	c	$2.997\,924\,58\times10^{-8}$	$m\cdot s^{-1}$
基本电荷	e	$1.602\,177\,33(49)\times10^{-19}$	C
电子的静止质量	m_e	$9.109\,389\,7(54)\times10^{-31}$	kg
中子质量	m_n	$1.674\,928\,6(10)\times10^{-27}$	kg
质子质量	m_p	$1.672\,623\,1(10)\times10^{-27}$	kg
原子质量单位	u	$1.660\,540(10)\times10^{-27}$	kg
普朗克常量	h	$6.626\,075\,5(40)\times10^{-34}$	J · s
阿佛加德罗常量	N_0	$6.022\,136\,7(36)\times10^{23}$	mol^{-1}
摩尔气体常量	R	$8.314\,510(70)$	$J\cdot mol^{-1}\cdot K^{-1}$
玻尔兹曼常量	k	$1.380\,658(12)\times10^{-23}$	$J\cdot K^{-1}$
万有引力常量	G	$6.672\,59(85)\times10^{-11}$	$N\cdot m^2\cdot kg^{-2}$
法拉第常量	F	$9.648\,530\,9(29)\times10^{4}$	$C\cdot mol^{-1}$
热功当量	J	4.186	$J\cdot Cal^{-1}$
里德伯常量	R_∞	$1.097\,373\,153\,4(13)\times10^{7}$	m^{-1}
洛喜密脱常量	n	$2.686\,763(23)\times10^{25}$	m^{-3}
库仑常数	$e^2/4\pi\varepsilon$	14.42	$cV\cdot m^{-19}$
电子荷质比	e/m_e	$-1.758\,819\,62(53)\times10^{11}$	$C\cdot kg^{2}$

续 表

名称	符号	数值	单位符号
标准大气压	P_a	$1.013\,25\times10^5$	Pa
冰点绝对温度	T_0	273.15	K
标准状态下声音在空气中的速度	$\eta_{声}$	331.46	$m\cdot s^{-1}$
标准状态下干燥空气的密度	$\rho_{空气}$	1.293	$kg\cdot m^{-2}$
标准状态下水银密度	$\rho_{水银}$	13 595.04	$kg\cdot m^{-2}$
标准状态下理想气体的摩尔体积	V_m	$22.413\,10(19)\times10^{-3}$	$m^3\cdot mol^{-1}$
真空介电常数(电容率)	ε_0	$8.854\,187\,817\times10^{-12}$	$F\cdot m^{-1}$
真空的磁导率	η_0	$12.563\,706\,14\times10^{-7}$	$H\cdot m^{-1}$
钠光谱中黄线波长	D	589.3×10^{-9}	m
在 15 ℃,101 325 Pa 时			
镉光谱中红线的波长	λ_{od}	$643.846\,99\times10^{-9}$	m

表 7　在 20 ℃时常用固体和液体的密度

物质	密度 $\rho/(kg\cdot m^{-3})$	物质	密度 $\rho/(kg\cdot m^{-3})$
铝	2 698.9	水晶玻璃	2 900～3 000
铜	8 960	窗玻璃	2 400～2 700
铁	7 874	冰(0 ℃)	880～920
银	10 500	甲醇	792
金	19 320	乙醇	789.4
钨	19 300	乙醚	714
铂	21 450	汽车用汽油	710～720
铅	11 350	弗利昂——12	1329
锡	7 298	(氟氯烷——12)	
水银	13 546.2	变压器油	840～890
钢	7 600～7 900	甘油	1 260
石英	2 500～2 800	蜂蜜	1 435

表 8　在标准大气压下不同温度的不同密度

温度					
t/℃	密度				
$\rho/(kg\cdot m^{-3})$	温度				
t/℃	密度				
$\rho/(kg\cdot m^{-3})$	温度				
t/℃	密度				
$\rho/(kg\cdot m^{-3})$					
0	999.841	17	998.774	34	994.371

续表

温度					
1	999.900	18	998.595	35	994.031
2	999.941	19	998.405	36	993.68
3	999.965	20	998.203	37	993.33
4	999.973	21	997.992	38	992.96
5	999.965	22	997.770	39	992.59
6	999.941	23	997.538	40	992.21
7	999.902	24	997.296	41	991.83
8	999.849	25	997.044	42	991.44
9	999.781	26	996.783	50	988.04
10	999.700	27	996.512	60	983.21
11	999.605	28	996.232	70	977.78
12	999.498	29	995.944	80	971.80
13	999.377	30	995.646	90	965.31
14	999.244	31	995.340	100	958.35
15	999.099	32	995.025		
16	998.943	33	994.702		

表 9　在海平面上不同纬度处的重力加速度

纬度 ψ/(°)	$g/(m\cdot s^{-2})$	纬度 ψ/(°)	$g/(m\cdot s^{-2})$
0	9.780 49	50	9.810 79
5	9.780 88	55	9.815 15
10	9.782 04	60	9.819 24
15	9.783 94	65	9.822 94
20	9.786 52	70	9.826 14
25	9.789 69	75	9.828 73
30	9.793 38	80	9.830 65
35	9.797 46	85	9.831 82
40	9.801 80	90	9.832 21
45	9.806 29		

表 10　固体的线膨胀系数

物质	温度或温度范围/℃	$a/(10^{-6}℃^{-1})$
铝	0～100	23.8
铜	0～100	17.1
铁	0～100	12.2
金	0～100	14.3

续表

物质	温度或温度范围/℃	$a/(10^{-6}℃^{-1})$
银	0～100	19.6
钢(碳 0.05%)	0～100	12.0
康铜	0～100	15.2
铅	0～100	29.2
锌	0～100	32
铂	0～100	9.1
钨	0～100	4.5
石英玻璃	20～200	0.56
窗玻璃	20～200	9.5
花岗石	20	6～9
瓷器	20～700	3.4～4.1

表 11　20 ℃时某些金属的弹性模量(杨氏模量)

金属		
杨氏模量 E		
吉帕/(GPa)	$Pa(N\cdot m^{-2})$	
铝	70.00～71.00	$7.00～7.100\times10^{10}$
钨	415.0	4.150×10^{11}
铁	190.0～210.0	$1.900～2.100\times10^{11}$
铜	105.00～130.0	$1.050～1.300\times10^{11}$
金	79.00	7.900×10^{10}
银	70.00～82.00	$7.000～8.200\times10^{10}$
锌	800.0	8.000×10^{11}
镍	205.0	2.050×10^{11}
铬	240.0～250.0	$2.400～2.500\times10^{11}$
合金钢	210.0～220.0	$2.100～2.200\times10^{11}$
碳钢	200.0～220.0	$2.000～2.100\times10^{11}$
康铜	163.0	1.630×10^{11}

表 12　在 20 ℃时与空气接触的液体的表面张力系数

液体	$\sigma/(10^{-3}\cdot m^{-1})$	液体	$\sigma/(10^{-3}\cdot m^{-1})$
航空汽油(在 10 ℃时)	21	甘油	63
石油	30	水银	513
煤油	24	甲醇	22.6
松节油	28.8	甲醇(在 0 ℃时)	24.5
水	72.75	乙醇	22.0
肥皂溶液	40	甲醇(在 60 ℃时)	18.4
弗利昂-12	9.0	甲醇(在 0 ℃时)	24.1
蓖麻油	36.4		

表 13　在不同温度下与空气接触的水的表面张力系数

温度/℃	$\sigma/(10^{-3}\cdot m^{-1})$	温度/℃	$\sigma/(10^{-3}\cdot m^{-1})$	温度/℃	$\sigma/(10^{-3}\cdot m^{-1})$
0	75.62	16	73.34	30	71.15
5	74.90	17	73.20	40	69.55
6	74.76	18	73.05	50	67.90
8	74.48	19	72.89	60	66.17
10	74.20	20	72.75	70	64.41
11	74.07	21	72.60	80	62.60
12	73.92	22	72.44	90	60.74
13	73.78	23	72.28	100	58.84
14	73.64	24	72.12		
15	73.48	25	71.96		

表 14　不同温度时水的黏滞系数

温度/℃	黏度 $\eta/(10^{-6}N\cdot m^{-2}\cdot s)$	温度/℃	黏度 $\eta/(10^{-6}N\cdot m^{-2}\cdot s)$
0	1 787.8	60	469.7
10	1 305.3	70	406.0
20	1 004.2	80	355.0
30	801.2	90	314.8
40	653.1	100	282.5
50	549.2		

表 15　液体的黏滞系数

液体	温度/℃	$\eta/(\mu Pa\cdot s)$	液体	温度/℃	$\eta/(\mu Pa\cdot s)$
汽油	0	1 788	甘油	−20	134×10^{6}
	18	530		0	121×10^{5}
甲醇	0	717		20	$1\,499\times10^{3}$
	20	584		100	12 945
乙醇	−20	2 780	蜂蜜	20	650×10^{4}
	0	1 780		80	100×10^{8}
	20	1 190	鱼肝油	20	45 600
乙醚	0	296		80	4 600
	20	243	水银	−20	1 855
变压器油	20	19 800		0	1 685
蓖麻油	10	242×10^{4}		20	1 554
葵花子油	20	5 000		100	1 224

表 16 固体的比热

物质	温度/℃		
比热			
kcal/(kg·K)	kJ/(kg·K)		
铝	20	0.214	0.895
黄铜	20	0.091 7	0.380
铜	20	0.092	0.385
铂	20	0.032	0.134
生铁	0～100	0.13	0.54
铁	20	0.115	0.481
铅	20	0.030 6	0.130
镍	20	0.115	0.481
银	20	0.056	0.234
钢	20	0.107	0.447
锌	20	0.093	0.389
玻璃		0.14～0.22	0.585～0.920
冰	−40～0	0.43	1.797
水		0.999	4.176

表 17 液体的比热

液体	温度/℃		
比热			
kJ/(kg·K)	kcal/(kg·K)		
乙醇	0	2.30	0.55
	20	2.47	0.59
甲醇	0	2.43	0.58
	20	2.47	0.59
乙醚	20	2.34	0.56
水	0	4.220	1.009
	20	4.182	0.999
弗利昂-12	20	0.84	0.20
变压器油	0～100	1.88	0.45
汽油	10	1.42	0.34
	50	2.09	0.50
水银	0	0.146 5	0.035 0
	20	0.139 0	0.033 2
甘油	18		0.58

表 18　某些金属和合金的电阻率及其温度系数

金属或合金	温度系数/(℃$^{-1}$)	电阻率/(μΩ·m)	金属或合金	温度系数/(℃$^{-1}$)	电阻率/(μΩ·m)
铝	0.028	42×10^{-4}	锌	0.059	42×10^{-4}
铜	0.0172	43×10^{-4}	锡	0.12	44×10^{-4}
银	0.016	40×10^{-4}	水银	0.958	10×10^{-4}
金	0.024	40×10^{-4}	伍德合金	0.52	37×10^{-4}
铁	0.098	60×10^{-4}	钢(0.10%～0.15%碳)	0.10～0.14	6×10^{-3}
铅	0.205	37×10^{-4}	康铜	0.47～0.51	$(-0.04\sim0.01)\times10^{-3}$
铂	0.105	39×10^{-4}	铜锰镍合金	0.34～1.00	$(-0.03\sim0.02)\times10^{-3}$
钨	0.055	48×10^{-4}	镍铬合金	0.98～1.10	$(0.03\sim0.4)\times10^{-3}$

表 19　标准化热电偶的特性

名称	国标	分度号	旧分度号	测量范围	
/(℃)	100 ℃时的				
电动势/mV					
铂铑 10-铂	GB 3772—1983	S	LB-3	0～1 600	0.645
铂铑 30-铂铑 6	GB 2902—1982	B	LL-2	0～1 800	0.033
铂铑 13-铂	GB 1598—1986	R	FDB-2	0～1 600	0.647
镍铬-镍硅	GB 2614—1985	K	EU-2	－200～1 300	4.095
镍铬-考铜			EA-2	0～800	6.985
镍铬-康铜	GB 4993—1985	E		－200～900	5.268
铜-康铜	GB 2903—1989	T	CK	－200～350	4.277
铁-康铜	GB 4994—1985	J		－40～750	6.317

表 20　在常温下某些物质相对于空气的光的折射率

物质	H^a 线(656.3 nm)	D 线(589.3 nm)	H 线(486.1 nm)
水(18 ℃)	1.334 1	1.333 2	1.337 3
乙醇(18 ℃)	1.306 9	1.362 5	1.366 5
二硫化碳(18 ℃)	1.619 9	1.629 1	1.654 1
冕玻璃(轻)	1.512 7	1.515 3	1.521 4
冕玻璃(重)	1.612 6	1.615 2	1.621 3
燧石玻璃(轻)	1.603 8	1.608 5	1.620 0
燧石玻璃(重)	1.743 8	1.751 5	1.772 3
方解石(寻常光)	1.654 5	1.658 5	1.667 9
方解石(非常光)	1.484 6	1.486 4	1.490 8
水晶(寻常光)	1.541 8	1.544 2	1.549 6
水晶(非常光)	1.550 9	1.553 3	1.558 9

表 21　常用光源的谱线波长(单位:nm)

一、H(氢)	447.15 蓝	589.592(D_1)黄
656.28 红	402.62 蓝紫	588.995(D_2)黄
486.13 绿蓝	388.87 蓝紫	五、Hg(汞)
434.05 蓝	三、Ne(氖)	623.44 橙
410.17 蓝紫	650.65 红	579.07 黄
397.01 蓝紫	640.23 橙	576.96 黄
二、He(氦)	639.30 橙	646.07 绿
706.52 红	626.65 橙	491.60 绿蓝
667.82 红	621.73 橙	435.83 蓝
587.56(D_2)黄	614.31 橙	407.68 蓝紫
501.57 绿	588.19 黄	404.66 蓝紫
492.19 绿蓝	585.25 黄	六、He-Ne 激光
471.31 蓝	四、Na(钠)	632.8 橙